Studienbücher der
Geographie

Jörg Bendix
Geländeklimatologie

Studienbücher der
Geographie

(früher: Teubner Studienbücher der Geographie)

Herausgegeben von

Prof. Dr. Ernst Löffler, Saarbrücken
Prof. Dr. Jörg Bendix, Marburg
Prof. Dr. Hans Gebhardt, Heidelberg
Prof. Dr. Paul Reuber, Münster

Die Studienbücher der Geographie behandeln wichtige Teilgebiete, Probleme und Methoden des Faches, insbesondere der Allgemeinen Geographie. Über Teildisziplinen hinweggreifende Fragestellungen sollen die vielseitigen Verknüpfungen der Problemkreise sichtbar machen. Je nach der Thematik oder dem Forschungsstand werden einige Sachgebiete in theoretischer Analyse oder in weltweiten Übersichten, andere hingegen stärker aus regionaler Sicht behandelt. Den Herausgebern liegt besonders daran, Problemstellungen und Denkansätze deutlich werden zu lassen. Großer Wert wird deshalb auf didaktische Verarbeitung sowie klare und verständliche Darstellung gelegt. Die Reihe dient den Studierenden zum ergänzenden Eigenstudium, den Lehrern des Faches zur Fortbildung und den an Einzelthemen interessierten Angehörigen anderer Fächer zur Einführung in Teilgebiete der Geographie.

Geländeklimatologie

Von

Dr. rer. nat. Jörg Bendix
Professor an der Philipps-Universität
Marburg

Mit 127 Abbildungen und 15 Tabellen

Gebrüder Borntraeger Verlagsbuchhandlung
Berlin · Stuttgart 2004

Prof. Dr. Jörg Bendix

Geboren 1961 in Troisdorf-Sieglar, Studium der Geographie (Nebenfächer Bodenkunde, Kulturtechnik und Limnologie) an den Universitäten Trier und Bonn. 1988 Diplom in Geographie, 1992 Promotion, 1997 Habilitation, 1999 Ernennung zum Universitätsprofessor für Angewandte Physische Geographie an der LMU München. Seit 2000 Universitätsprofessor für Geoökologie (Schwerpunkte Klimatologie und Fernerkundung) am Fachbereich Geographie der Philipps Universität Marburg.

Gedruckt auf alterungsbeständigem Papier nach ISO 9706-1994

Verlag: Gebrüder Borntraeger Verlagsbuchhandlung
Johannesstr. 3 A, 70176 Stuttgart, Germany
e-mail: mail@schweizerbart.de
www.borntraeger-cramer.de
ISBN 3-443-07139-2

Druck: Strauss Offsetdruck, 69509 Mörlenbach

Printed in Germany

Vorwort

Seit der Arbeit von Knoch (1949) ist Geländeklimatologie als eigenständige Teildisziplin der Klimatologie eingeführt. Im Vordergrund der Betrachtungen steht die kleinräumige Modifikation des Großklimas durch die spezifischen Wechselwirkungen zwischen Relief bzw. Oberflächentyp (Wald, Feld, Stadt etc.) und Atmosphäre. Dabei hat sich die geländeklimatologische Forschung v.a. aufgrund der Verfügbarkeit neuer Methoden in den letzten Jahren rasant fortentwickelt. Ein weiterer Grund ist, dass gerade in jüngerer Zeit der Schutz des lokalen Klimas (z.B. Schutzgut Klima in der UVP) vermehrt ins öffentliche Interesse gerückt ist. Jeder in der Umweltplanung tätige Klimageograph muss sich heute mit den entsprechenden Normen und Verfahren auseinandersetzen (UVP, BImSchG, TA-Luft etc.). Grundlegende Kenntnisse der Geländeklimatologie sind dabei unverzichtbares Rüstzeug. In Standardlehrbüchern zur allgemeinen Klimageographie kann dieser wichtigen Teildisziplin meist nur ein beschränkter Raum eingeräumt werden. Das Fehlen eines kompakten Studienbuchs zur Geländeklimatologie in der deutschsprachigen Geographie hat letztlich Anlass gegeben, das vorliegende Werk zu verfassen. Es richtet sich primär an Studierende der Geographie, aber auch an alle Interessenten aus verwandten Wissenschaftsgebieten (z.B. Ökologie), die sich im Rahmen ihrer Arbeit mit Geländeklima auseinandersetzen müssen. Aufgrund des eingeschränkten Umfangs ist es nicht möglich gewesen, Grundlagen der allgemeinen Klimatologie zu berücksichtigen. Für den damit nicht vertrauten Leser empfiehlt es sich daher, im Vorfeld ein einführendes Werk zur allgemeinen Klimatologie (z.B. Lauer & Bendix 2004 bzw. Weischet 2002) zu konsultieren.

Der Inhalt des vorliegenden Werks beschäftigt sich vorrangig mit dem mesoskaligen Anteil von Geländeklima. Nach einer einführenden Erläuterung grundlegender Prinzipien folgen Ausführungen zur atmosphärischen Grenzschicht, in der Geländeklima stattfindet. Danach werden die einzelnen Klimaelemente in ihrer spezifischen Wechselwirkung mit dem Relief und dem räumlich wechselnden Oberflächenbedeckungstyp diskutiert. In jüngerer Zeit haben sich die Methoden der Geländeklimatologie deutlich verändert bzw. diversifiziert. Das letzte Kapitel geht daher ausführlich auf moderne Messmethoden (z.B. automatische Klimastationen, boden- und satellitengestützte Fernerkundung) sowie numerische Auswerteverfahren (z.B. GIS und numerische Modellierungsansätze) ein. Ein Anhang mit Berechnungsbeispielen und grundlegenden Tabellen bzw. Gleichungen schließt das Buch ab.

Ohne die Hilfe zahlreicher Personen wäre das vorliegende Buch nicht zustande gekommen. Mein Dank gilt besonders meiner Frau Dipl.-Geogr. Astrid Bendix für das aufwendige Korrekturlesen und die vielen hilfreichen Kommentare zum Manuskript. Ohne die unermüdliche Arbeit der Kartographie am Fachbereich Geographie der Philipps Universität Marburg wären die umfangreichen Illustrationen im Text nicht möglich gewesen. Hier gilt mein Dank besonders Frau Christiane Enderle, Frau Cordula Mann und Frau Gabriele Ziehr. Ich widme das vorliegende Werk meiner Frau Astrid und meinen Kindern Joshua und Arianna. Das Verfassen des Buchs hat wie so oft Zeit in Anspruch genommen, die eigentlich ihnen zugestanden hätte.

Marburg im Februar 2004 Jörg Bendix

Inhalt

Vorwort 5
Abbildungsverzeichnis 11
Tabellenverzeichnis 17

1 Grundprinzipien der Geländeklimatologie 23

2 Die planetare Grenzschicht 31
2.1 Vertikale Schichtung 31
2.2 Mischungsschicht und Topographie 38
2.3 Austauschprozesse in der planetaren Grenzschicht 39
2.3.1 Molekularer Transport 39
2.3.2 Turbulenter Transport 40

3 Gelände und Strahlungsbilanz 45
3.1 Geländegestalt und solare Bestrahlungsstärke 46
3.1.1 Der Einfluss von Atmosphäre und Geländehöhe auf die solare Direktstrahlung 46
3.1.2 Geländeabschattung der Direktstrahlung 49
3.1.3 Einfluss von Hangneigung und Exposition auf die Direktstrahlung 51
3.1.4 Einfluss des Geländes auf die diffuse Himmelsstrahlung 55
3.1.5 Oberflächentyp und Albedo 59
3.1.6 Beeinflussung der Reflexstrahlung durch Atmosphäre und Gelände 61
3.2 Geländegestalt und effektive Ausstrahlung 64
3.2.1 Die langwellige Ausstrahlung auf ebenen Flächen 65
3.2.2 Die atmosphärische Gegenstrahlung auf ebenen Flächen bei Strahlungswetterlagen 66
3.2.3 Effektive topographische Ausstrahlung 67

4 Gelände und Wärmebilanz 71
4.1 Oberflächenbeschaffenheit und Bodenwärmestrom 71
4.2 Geländeoberfläche und atmosphärische Wärmeströme 74
4.2.1 Der fühlbare Wärmestrom 75
4.2.2 Der latente Wärmestrom 77
4.3 Tagesgang der Wärmebilanz 78
4.4 Jahresgang der Wärmebilanz 81

5 Gelände und Lufttemperatur 85
5.1 Temperaturänderung der Luft 85
5.2 Dynamik von Temperaturinversionen 89
5.2.1 Strahlungsinversionen 90
5.2.2 Dynamische Inversionen und planetarische Grenzschicht 93

5.3 Thermische Differenzierung im Gelände 95
5.3.1 Temperatur und Landoberfläche 95
5.3.2 Temperatur und Topographie 98

6 Gelände und atmosphärischer Wasserdampf 109
6.1 Verdunstung 110
6.1.1 Verdunstung und Landoberfläche 113
6.1.2 Verdunstung und Geländehöhe 114
6.2 Luftfeuchte und Gelände 117
6.2.1 Luftfeuchte und Landoberfläche 118
6.2.2 Luftfeuchte und Topographie 120

7 Gelände, Wolken und Niederschlag 123
7.1 Wolken, Niederschlag und Landoberfläche 123
7.1.1 Räumliche Differenzierung während der Einstrahlungsperiode 123
7.1.2 Räumliche Differenzierung während der Ausstrahlungsperiode 128
7.2 Wolken, Niederschlag und Relief 137
7.2.1 Wolken, Niederschlag und thermische Auslösung 138
7.2.2 Wolken, Niederschlag und dynamische Auslösung 139
7.2.3 Wolken, Niederschlag und thermisch-dynamische Auslösung 142

8 Gelände und Wind 151
8.1 Thermische Systeme 151
8.1.1 Grundlagen 151
8.1.2 Thermische Systeme und Oberflächenbedeckung – Land-Seewind 154
8.1.3 Thermische Systeme in komplexer Topographie – Berg-Talwind . 160
8.1.3.1 Anabatische Hangaufwinde 160
8.1.3.2 Katabatische Hangabwinde bzw. Kaltluftabflüsse 162
8.1.3.3 Der Berg- Talwindzyklus 165
8.2 Dynamisch induzierte Systeme 175
8.2.1 Interaktion von Berg-/Talwind und synoptischer Strömung 175
8.2.2 Bergum- bzw. Bergüberströmung, Rotorbildung, Leewellen 179
8.2.3 Niedertroposphärische Maxima der Windgeschwindigkeit 181

9 Methoden der Geländeklimatologie 185
9.1 Direkte bodengebundene Messsysteme 186
9.1.1 Die automatische Klimastation 186
9.1.2 Temperaturmessung 190
9.1.3 Messung der Luftfeuchte 193
9.1.4 Erfassung des Windfelds 195
9.1.5 Messung von Niederschlag 197
9.1.6 Strahlungssensoren 199
9.1.7 Erfassung des Bodenwärmestroms 202
9.1.8 Luftdruckmessung 202

9.2 Indirekte bodengebundene Messsysteme 203
9.2.1 Messung der Bodenfeuchte mit TDR 203
9.2.2 Indirekte Luftfeuchtemessung mit Absorptionshygrometern 205
9.2.3 Indirekte Windmessung und Turbulenz – das Ultraschallanemometer 206
9.2.4 Messtechnische Erfassung der horizontalen Sichtweite 209
9.3 Indirekte Profilmessungen 211
9.3.1 Messung der Wolkenhöhe – Ceilometer 212
9.3.2 SODAR 213
9.3.3 Wind-RADAR 216
9.3.4 Ableitung von Temperaturprofilen – RASS 217
9.3.5 Profiling der Luftfeuchte 219
9.4 Spezielle Methoden der Weiterverarbeitung 219
9.4.1 Kombination von Sensoren – Bestimmung von Wärmeflüssen 219
9.4.2 Geostatistik und GIS 222
9.4.3 Satellitenfernerkundung 224
9.5 Numerische Simulationsmodelle 229
9.5.1 Grundlegende Modellarchitektur 230
9.5.2 Mesoskalamodelle 234
9.5.3 SVAT-Modelle 236

Anhang 239
Literatur 267
Register 277

Abbildungsverzeichnis

Abb. 1.1 Mögliche Skaleneinteilung in Klimageographie und Meteorologie
Abb. 1.2 Skaleninvarianz von Kaltluftseen
Abb. 1.3 Typische Windsituation in einem Mittelgebirgstal (Rheintal bei Bonn)
Abb. 1.4 Überlagerung thermischer Windsysteme in einem N-S orientierten Tal
Abb. 2.1 Die planetarische Grenzschicht bei unterschiedlicher Geländebeschaffenheit
Abb. 2.2 Beeinflussung des Windfelds durch die Oberflächenstruktur
Abb. 2.3 Windfeld, Turbulenz und Oberflächenstruktur
Abb. 2.4 Untergrenze von mechanisch und thermisch internen Grenzschichten bei wechselnder Geländerauhigkeit
Abb. 2.5 Typischer Tagesgang der Schichtung in der planetaren Grenzschicht
Abb. 2.6 Jahresgang der relativen Häufigkeit (% aller Beobachtungstage) der mittäglichen (12:00 Uhr) maximalen Mischungsschichthöhe für Essen (1966–1973)
Abb. 2.7 Typischer Aufbau der konvektiven Grenzschicht (CBL) über Gebirgen
Abb. 2.8 Tageszeitliche Entwicklung der idealisierten Mischungsschichthöhe über dem Oberrheingraben und dem Schwarzwald am 19.9.1992
Abb. 2.9 Turbulenter Austauschkoeffizient A in 30 m Höhe für eine labil (20°C) bzw. stabil (0°C) geschichtete bodennahe Grenzschicht in Abhängigkeit von Oberflächenrauhigkeit und Windgeschwindigkeit
Abb. 2.10 Gradient-Richardson-Zahl über Jülich während der Smog-Wetterlage vom 2.–14. Februar 1993
Abb. 3.1 Einfluss von Sonnenstand und Geländehöhe auf die Transmission
Abb. 3.2 Einfluss der Topographie auf die Direktstrahlung, Schlagschatten
Abb. 3.3 Schlagschatten im Gebiet von Charazani (Bolivien)
Abb. 3.4 Einstrahlungsgeometrie der Direktstrahlung in ebenem und geneigtem Gelände
Abb. 3.5 Jahresgang der potentiellen topographischen Direktstrahlung für einen 35° geneigten Hang bei verschiedenen Expositionen
Abb. 3.6 Topographische Bestrahlungsstärke sowie Kern- und Schlagschatten
Abb. 3.7 Diffuse Solarstrahlung und Modifikation durch das Relief
Abb. 3.8 Modellierte Sky View Faktoren für das Charazani-Gebiet
Abb. 3.9 Gemessene Albedo im Grasparamo von Papallacta (Ecuador)
Abb. 3.10 Albedo verschiedener Oberflächen und Nettostrahlung
Abb. 3.11 Typen des Reflexionsverhaltens und möglicher Strahlungstransfer im Gelände

Abb. 3.12 Modellierte Geländesichtfaktoren (Ψ_{Ter}) und Beispiel für die Bestrahlungsstärken durch Geländereflexion für das Charazani Gebiet
Abb. 3.13 Atmosphärische Emissivität und Gegenstrahlung in Abhängigkeit der Höhenlage für drei Standardatmosphären
Abb. 3.14 Potentielle $\hat{K}\downarrow$ (links) und $0{,}96 \cdot L_{BB}$ (rechts) berechnet für das Charazani Gebiet
Abb. 4.1 Typischer Tagesgang des Bodenwärmestroms zwischen der Bodenoberfläche und 5 cm Tiefe für verschiedene Materialien (Strahlungstag)
Abb. 4.2 Typischer Tagesgang von Erwärmung bzw. Abkühlung der obersten Bodenschicht (5 cm) für verschiedene Materialien
Abb. 4.3 Fühlbarer Wärmestrom für einen warmen Tag (20°C) mit labilen Schichtungsverhältnissen in Abhängigkeit des vertikalen Temperaturgradienten in der bodennahen Grenz- und Luftschicht und der Strömungs- bzw. Turbulenzverhältnisse
Abb. 4.4 Latenter Wärmestrom für einen warmen Tag (20°C, 75% Luftfeuchte) mit labilen Schichtungsverhältnissen in Abhängigkeit des vertikalen Temperatur- und Feuchtegradienten in der bodennahen Grenz- und Luftschicht sowie der Strömungs- bzw. Turbulenzverhältnisse
Abb. 4.5 Tagesgang der Wärmebilanz für verschiedene Oberflächen an Strahlungstagen
Abb. 4.6 Typische Jahresgänge (monatliche Mittelwerte) der Wärmebilanz
Abb. 4.7 Typische Jahresgänge der Wärmebilanz für verschiedene Klimate
Abb. 5.1 Steuergrößen zur Veränderung der Lufttemperatur
Abb. 5.2 Entwicklung von Oberflächen- und Lufttemperatur über einem Weizenfeld
Abb. 5.3 Typische jahres- und tageszeitliche Entwicklung der Lufttemperatur in verschiedenen Höhen an einem Strahlungstag bzw. bei Bewölkung
Abb. 5.4 Typische Dynamik einer Strahlungsinversion
Abb. 5.5 Jahres- und tageszeitliche Auftrittshäufigkeit von seichten Bodeninversionen (zwischen 2 und 10 m) im Lahntal bei Sarnau, 2002–2003
Abb. 5.6 Gemessene (SODAR) Inversionshöhe und nach TA-Luft berechnete Mischungsschichthöhen (Mittelwerte und Spannbreite) im Lahntal bei Sarnau, Frühjahr 2002
Abb. 5.7 Thermische Schichtung über Köln (potentielle Temperatur) während der Smogwetterlage vom 1.–9.12.1962
Abb. 5.8 Veränderung der Oberflächentemperatur eines Nadelwalds (Mittlere Baumhöhe 20 m) und einer 4 km breiten Schneise an einem idealen Strahlungstag
Abb. 5.9 Temperaturprofile (potentielle Temperatur) über Land und Meer an einem idealen Strahlungstag

Abb. 5.10 Schema zum thermischen Verhalten von Hohlformen im Gegensatz zur Ebene
Abb. 5.11 Horizontale Temperaturgradienten für verschiedene Höhenlagen entlang der Talachse zwischen dem unteren Inntal (Radfeld) und dem Alpenvorland (Kobel)
Abb. 5.12 Mittlerer Tagesgang der Temperaturentwicklung für verschiedene Höhenlagen im Ötztal (Obergurgel), Monatsmittel von Juli 1954 und Januar 1955
Abb. 5.13 Mittlere Lage und Intensität der „Warmen Hangzone“ im Ötztal
Abb. 5.14 Tageszeitliche Temperaturdynamik in Tälern
Abb. 5.15 Potentielle Einstrahlung und Erwärmungsrate in einem kleinen Alpental (Dischmatal)
Abb. 5.16 Thermische Schichtung mit und ohne Nebel im Rheintal bei Bonn, (SODARgramm vom 15.12.1994)
Abb. 6.1 Steuergrößen zum atmosphärischen Wasserhaushalt der planetaren Grenzschicht
Abb. 6.2 Mittlerer Tagesgang der Verdunstung des Kiefernforstes (*Pinus silvestris*) Hartheim (Nähe Freiburg) im Frühjahr 1992
Abb. 6.3 Verdunstung des Kiefernforstes (*Pinus silvestris*) Hartheim (Nähe Freiburg) im Oktober 1992 in Abhängigkeit von Bodenfeuchte und Niederschlag
Abb. 6.4 Jahresgang der potentiellen Landschaftsverdunstung (pLV) nach Lauer & Frankenberg für verschiedene Klimazonen und Oberflächentypen
Abb. 6.5 Modellierte (SVAT-Modell PROMET-V) differentielle Verdunstung der Landoberfläche im bayerischen Voralpenraum (Testgebiet Weilheim) für die Vegetationsperiode 1993 bei identischer Ausprägung der Klimaelemente und einheitlichem Substrat (Lehmboden)
Abb. 6.6 Veränderung der Verdunstung freier Wasserflächen (Class-A Pan) mit der Höhe in den Tropen und Subtropen
Abb. 6.7 Relative und spezifische Feuchte im Tages- und Jahresgang, Rheintal bei Bonn
Abb. 6.8 Modelliertes Mischungsverhältnis im Zusammenhang mit atmosphärischen Wärmeströmen und Vertikalwind
Abb. 6.9 Feuchteadvektion am Beispiel des Seewinds an der südaustralischen Coorong-Küste nach Flugzeugmessungen
Abb. 6.10 Höhengradient von spezifischer und relativer Luftfeuchte in den chilenischen Anden bei ca. 22°40' S nach Messungen in 2 m Höhe, Januar-Mittelwerte 1991–1994
Abb. 6.11 Entwicklung der Luftfeuchte im Rheintal bei Mannheim am 12.9.1967

Abb. 7.1 Entwicklung der hygrischen Schichtung im Tagesverlauf über einem Eucalyptus-Wald und einer benachbarten landwirtschaftlichen Fläche in Westaustralien
Abb. 7.2 Schema zur Wolkenbildung in Abhängigkeit der Oberflächeneigenschaften
Abb. 7.3 Änderungen im Wasser- und Energiehaushalt durch Degradation des Tropenwaldes zu krautiger Vegetation; Simulationsergebnisse für die Guinea-Küste
Abb. 7.4 Häufigkeit niederschlagswirksamer Konvektionsbewölkung in Ecuador, abgeleitet aus Meteosat-3 Daten für 45 Tage (1991/92)
Abb. 7.5 Räumliche Nebeltypen und Konsequenzen für die Bestimmung von Nebel nach dem Sichweitekriterium
Abb. 7.6 Bildung von Strahlungsnebel
Abb. 7.7 Modellierte Nebelbildung in Abhängigkeit der Landbedeckung
Abb. 7.8 Nebelhäufigkeit und Stadteffekt am Beispiel der Poebene
Abb. 7.9 Grundtypen thermisch induzierter Wolken- und Niederschlagsbildung in komplexer Topographie
Abb. 7.10 Modelliertes Wolkenwasser bei gezwungener Hebung für die Cascade Mountains (Washington State) bei Westanströmung
Abb. 7.11 Typen der Wolkenbildung durch gezwungene Hebung in Abhängigkeit der Schichtungsverhältnisse
Abb. 7.12 Wolkenbildung durch vertikale Verwirbelungen und Wellenbildung
Abb. 7.13 Typen der Wolkenbildung durch thermisch-dynamische Interaktion bei schichtweise labilen Verhältnissen
Abb. 7.14 Nebelbildung und –verlagerung im Alpenvorland
Abb. 7.15 Bewölkungshäufigkeit (Morgen-Mittag) in den tropischen Anden, äquatornahes Querprofil
Abb. 7.16 Niederschlags-Querprofil durch die Ostalpen (Tirol), Periode 1931–1960
Abb. 7.17 (a) Globale Niederschlags-Höhenprofile und (b) ausgewählte Profile für die Tropen
Abb. 8.1 Entstehung einer direkten thermischen Zirkulation
Abb. 8.2 Schema zur Land-Seewindzirkulation
Abb. 8.3 Tagesperiodische Ausprägung der Land-Seewindzirkulation in Djakarta
Abb. 8.4 Strömungsdynamik an der Seewindfront
Abb. 8.5 Strömungsdynamik an der Seewindfront bei Konvergenz von Seewind und synoptischer Strömung
Abb. 8.6 Modellierte thermische Winde im Bereich von Steilküsten
Abb. 8.7 Entstehung der thermischen Hangwindzirkulation am Morgen und Ausprägung der Zirkulationszelle bei symmetrischer Hangerwärmung gegen Mittag

Abb. 8.8 Energieschema nächtlicher Kaltluftabflüsse (Hangabwinde) und Ausprägung der Zirkulationszelle gegen Morgen
Abb. 8.9 Tagesperiodischer Wechsel der Luftdruckdifferenz zwischen Inntal und Alpenvorland
Abb. 8.10 Das idealisierte Berg-/Talwindsystem bei symmetrischer Hangerwärmung und -abkühlung
Abb. 8.11 Jahres- und tageszeitliche Verteilung des Berg-/Talwindsystems in den Mittelbreiten, Beispiel Alpen
Abb. 8.12 Entwicklung des Talwindsystems bei asymmetrischer Hangerwärmung, Beispiel Dischmatal
Abb. 8.13 Massenbilanz und Ausgleichsströmungen des Berg-/Talwind-Phänomens
Abb. 8.14 Massenbilanz und Ausgleichsströmungen des Talwindphänomens in einem komplexen Talsystem mit Seitentälern
Abb. 8.15 Kaltluftdynamik in einer synoptisch ruhigen, sommerlichen Strahlungsnacht
Abb. 8.16 Inversionshöhe (SODAR) und Windrichtung
Abb. 8.17 Einfluss des synoptischen Windes auf das nächtliche Windfeld in Tälern
Abb. 8.18 Häufigkeit der Bodenwindrichtung (10 m) im Rheintal bei Bonn (Bonn-Friesdorf, Lage s. Abb. 8.15) im Vergleich zum synoptischen Wind (850 hPa, ~1500 m) an der Radiosonde Essen
Abb. 8.19 Schema zur Kanalisierung der synoptischen Strömung in Tälern bei westlicher und östlicher Anströmung (Nordhalbkugel)
Abb. 8.20 Kanalisierung bei verschiedenen Anströmungsrichtungen auf der Nordhalbkugel
Abb. 8.21 Strömungsverhältnisse im Lee von Gebirgen
Abb. 8.22 Niedertroposphärische Windmaxima im Tagesverlauf bzw. in Abhängigkeit des Reliefs
Abb. 8.23 Genetische Einteilung von Grenzschichtstrahlströmen
Abb. 9.1 Typische Ausstattung einer automatischen Klimastation
Abb. 9.2 Prinzip eines Widerstandsthermometers (Pt100) sowie Messanordnungen für die Lufttemperaturmessung
Abb. 9.3 Typische Kalibrierungskurven für Widerstandsthermometer
Abb. 9.4 Typischer Aufbau und exemplarische Kalibrierungskurve für eine Thermocouple
Abb. 9.5 Verbreitete Messanordnungen zur Erfassung der Luftfeuchte
Abb. 9.6 Messprinzipien zur Erfassung des Windfelds
Abb. 9.7 Messprinzip einer Niederschlagswippe
Abb. 9.8 Messprinzipien eines Pyranometers
Abb. 9.9 Messprinzip einer Wärmeflussplatte

Abb. 9.10 Zusammenhang zwischen Bodenfeuchte und Dielektrizitätskonstante
Abb. 9.11 Prinzip einer TDR-Messung
Abb. 9.12 Prinzip eines Absorptionshygrometers
Abb. 9.13 Prinzip eines Sonic-Anemometers
Abb. 9.14 Vektorielle Darstellung des Schallwegs bei Windbewegung
Abb. 9.15 Prinzipien zur Messung der horizontalen Sichtweite
Abb. 9.16 Grundsätzliches Messprinzip von Impulsmessgeräten zum Profiling der atmosphärischen Grenzschicht
Abb. 9.17 Typische Bauart eines Doppler-SODARs
Abb. 9.18 Typischer Aufbau eines RASS-Systems
Abb. 9.19 Schema einer GIS-gestützten Analyse in der Geländeklimatologie
Abb. 9.20 (oben) MSG Bild (HRV und SEVIRI #2) vom 12.2.2003 (13:24 UTC) und (unten) TERRA-MODIS Bild (#2 in 250 m und 1 km Auflösung) vom 7.12.2001 (10:24 UTC)
Abb. 9.21 Schematischer Aufbau eines numerischen Simulationsmodells in der Geländeklimatologie
Abb. 9.22 Skalendiagramm für Simulationsmodelle in der Meteorologie
Abb. 9.23 Hydrostatisch und nicht-hydrostatisch modellierte potentielle Temperatur für das Tal des Colorado River
Abb. 9.24 Räumliche Gültigkeitsbereiche verschiedener Modellannahmen
Abb. 9.25 Schema eines typischen SVAT-Modells

Tabellenverzeichnis

Tab. 3.1 Transmission und relative optische Luftmasse in Abhängigkeit der Sonnenhöhe
Tab. 3.2 Transmission, relative/absolute optische Luftmasse und Direktstrahlung in Abhängigkeit der Geländehöhe
Tab. 3.3 Sonnenstand, Relief und topographische Bestrahlungsstärke
Tab. 4.1 Zeitverzögerung (h) des Temperaturmaximums in verschiedenen Bodentiefen in Bezug zur Bodenoberfläche
Tab. 4.2 Albedo (%) und Bodenfarbe im trockenen und Wasser gesättigten Zustand
Tab. 6.1 Schichtung und Sättigungsdefizit in der US-Standardatmosphäre
Tab. 6.2 Niederschlag und potentielle Evapotranspiration (mittlere jährliche Werte in mm) für ausgewählte Bergstationen Ecuadors (innere Tropen)
Tab. 6.3 Spezifische Feuchte für verschiedene Standardatmosphären
Tab. 7.1 Nebeldichteklassen
Tab. 7.2 Räumliche und genetische Nebeltypen
Tab. 7.3 Verdunstungsstrecke von Tropfen bei 900 hPa, 5°C und einer relativen Luftfeuchte von 90%
Tab. 8.1 Richtwerte für thermische Größen von Wasser und Landoberflächen
Tab. 8.2 Typische Werte für die Kaltluftproduktion über verschiedenen Oberflächen
Tab. 9.1 Qualität der Niederschlagsinterpolation mit KED für 13 unabhängige Stationen in Ecuador
Tab. 9.2 Ausgewählte Satellitensysteme/Instrumente mit Nutzungsmöglichkeiten für die Geländeklimatologie

Im Text verwendete Symbole und Einheiten

a	Absorptionsvermögen	
	Absolute Feuchte	$[g \cdot m^{-3}]$
c	Lichtgeschwindigkeit =2,997925·10^8	$[m \cdot s^{-1}]$
c_p	Spezifische Wärme von Luft bei konstantem Druck = 1005	$[J \cdot kg^{-1} \cdot K^{-1}]$
c_v	Spez. Wärmekapazität der Luft bei konstantem Volumen = 718	$[J \cdot kg^{-1} \cdot K^{-1}]$
d_0	Verschiebungshöhe	[m]
e	Dampfdruck	[hPa]
f	Coriolis Parameter	$[s^{-1}]$
g	Schwerebeschleunigung ~9,81	$[m \cdot s^{-2}]$
h	Stundenwinkel der wahren Sonne	[°]
k	Karman Zahl = 0,4	
m_r	Relative optische Luftmasse	
m_a	Absolute optische Luftmasse	
o	Ozonsäule N.T.P	[cm]
p	Luftdruck	[hPa]
pw	Niederschlagsverfügbares Wasser	$[g \cdot cm^{-2}]$
rF	relative Luftfeuchte	
s	spezifische Feuchte	$[kg \cdot kg^{-1}]$
t	Mittlere Sonnenzeit allgemein: Zeit	[h] [s]
u	Zonale Windkomponente (W-E)	$[m \cdot s^{-1}]$
u_*	Schubspannungsgeschwindigkeit	$[m \cdot s^{-1}]$
v	Horizontale Windgeschwindigkeit Meridionale Windkomponente (N-S)	$[m \cdot s^{-1}]$ $[m \cdot s^{-1}]$
w	Vertikale Windgeschwindigkeit Vertikale Windkomponente	$[m \cdot s^{-1}]$ $[m \cdot s^{-1}]$
z	Strecke	[m]
z_0	Rauhigkeitslänge (*roughness length*)	[m]
zt	Zeitgleichung	[h]

A	Turbulenter Austauschkoeffizient	$[kg \cdot m^{-1} \cdot s^{-1}]$
B	Bodenwärmestrom	$[W \cdot m^{-2}]$
Bo	Bowen-Ratio	
C	Kondensationsrate	$[g \cdot m^{-3} \cdot s^{-1}]$
	Schallgeschwindigkeit	$[m \cdot s^{-1}]$
C_a	Wärmekapazitätsdichte der Luft	$[J \cdot m^{-3} \cdot K^{-1}]$
C_D	Bodenreibungskoeffizient (*drag coefficient*)	
DN	Grauwert (*Digital Number*)	
$D\downarrow$	Bestrahlungsstärke der solaren Diffusstrahlung	$[W \cdot m^{-2}]$
$\hat{D}\downarrow$	Topographische Bestrahlungsstärke der solaren Diffusstrahlung	$[W \cdot m^{-2}]$
E	Sättigungsdampfdruck	[hPa]
Ex	Exzentrizitätsfaktor	
Fr	Froude-Zahl	
Fr_L	Längen-Froude-Zahl	
Fr_i	Interne Froude-Zahl	
I_0	Solarkonstante	$[W \cdot m^{-2}]$
K	Turbulenter Diffusionskoeffizient	$[m^2 \cdot s^{-1}]$
K_L	Turbulenter Diffusionskoeffizient für den Wärmetransport	$[m^2 \cdot s^{-1}]$
K_W	Turbulenter Diffusionskoeffizient für den Wasserdampftransport	$[m^2 \cdot s^{-1}]$
$K\downarrow$	Solare Bestrahlungsstärke	$[W \cdot m^{-2}]$
$K\uparrow$	Spezifische Ausstrahlung (solarer Anteil)	$[W \cdot m^{-2}]$
$\hat{K}\downarrow$	Topographische solare Bestrahlungsstärke	$[W \cdot m^{-2}]$
$\hat{K}\uparrow$	Topographische Ausstrahlung (solarer Anteil)	$[W \cdot m^{-2}]$
L	Fühlbarer Wärmestrom	$[W \cdot m^{-2}]$
	Charakteristische Länge	[m]
$L\downarrow$	Atmosphärische Gegenstrahlung (langwellig)	$[W \cdot m^{-2}]$
$L\uparrow$	Spezifische Ausstrahlung (langwellig)	$[W \cdot m^{-2}]$
$\hat{L}\downarrow$	Topographische atmosphärische Gegenstrahlung	$[W \cdot m^{-2}]$
$L\uparrow$	Topographische Ausstrahlung (langwellig)	$[W \cdot m^{-2}]$
$\hat{L}*$	Effektive topographische Ausstrahlung (langw.)	$[W \cdot m^{-2}]$
$L\downarrow\lambda$	Spektrale topographische Bestrahlungsstärke	$[W \cdot m^{-2} \cdot \mu m^{-1}]$

$L\uparrow_\lambda$	Spektrale Strahldichte am Satellit	[$W \cdot m^{-2} \cdot sr^{-1} \cdot \mu m^{-1}$]
$Lp\uparrow_\lambda$	Spektrale Strahldichte des Strahlungspfads	[$W \cdot m^{-2} \cdot sr^{-1} \cdot \mu m^{-1}$]
L_v	Spezifische Verdunstungswärme, T-abhängig	[$J \cdot kg^{-1}$]
LAI	Leaf Area Index (Blattflächenindex)	[$m^2 \cdot m^{-2}$]
LWC	Flüssigwassergehalt	[$g \cdot m^{-3}$]
M	Mittlere Anomalie der Sonne	[°]
	Molekulargewicht der Luft = 0,02896	[$kg \cdot mol^{-1}$]
MO	Monin-Obukhov-Länge	[m]
N	Julianischer Tag (Tagnummer im Jahr, 1-365)	
	Brunt-Väisälä-Frequenz	[s^{-1}]
$N\downarrow$	Strahldichte der diffusen Einstrahlung	[$W \cdot m^{-2} \cdot sr^{-1}$]
Q_*	Strahlungsbilanz	[$W \cdot m^{-2}$]
Q_t	Wärmebilanz des vertikal-turbulenten Transports	[$W \cdot m^{-2}$]
Q_m	Wärmebilanz des vertikal-molekularen Transports	[$W \cdot m^{-2}$]
Q_a	Wärmebilanz des lateralen Transports (Advektion)	[$W \cdot m^{-2}$]
Q	Molekulare Wärmestromdichte	[$W \cdot m^{-2}$]
R	Reflexionsfaktor	
	Rotorparameter	
	Universelle Gaskonstante = 8,314	[$J \cdot mol^{-1} \cdot K^{-1}$]
Ri	Gradient-Richardson Zahl	
$S\downarrow$	Bestrahlungsstärke der solaren Direktstrahlung	[$W \cdot m^{-2}$]
$\hat{S}\downarrow$	Topographische Bestrahlungsstärke der solaren Direktstrahlung	[$W \cdot m^{-2}$]
T	Temperatur, Lufttemperatur	[K]
T_d	Taupunkttemperatur	[K]
T_s	Oberflächentemperatur	[K]
T_v	Virtuelle Temperatur	[K]
UTC	= *Coordinated Universal Time* = GMT	
	= Mitteleuropäische Winterzeit-1 h	[h]
V	Latenter Wärmestrom	[$W \cdot m^{-2}$]
VIS	Horizontale Sichtweite	[km]
Z	Sonnenzenitwinkel = 90°-β, Zenitwinkel	[°]
α	Albedo	
β	Sonnenhöhe	[°]

$\hat{\beta}$	Inklination (Hangneigung)	[°]
β_{ext}	Extinktionskoeffizient	[km^{-1}]
ε	Emissionsvermögen	
ε_c	Kontrastschwellenwert; 0,02 (Auge) bzw. 0,05 (Transmissometer)	
ε_r	Dielektrizitätskonstante	
ϕ	Geographische Breite	[°]
δ	Deklination der Sonne	[°]
λ	Wellenlänge	[µm]
Δ	Geographische Länge	[°]
Δ_θ	Geozentrische scheinbar ekliptale Länge der Sonne	[°]
Λ	Wärmeleitfähigkeit	[$W \cdot m^{-1} \cdot K^{-1}$]
π	3,14159265358979323846264338327950	
θ	Potentielle Temperatur	[K]
$\hat{\theta}$	Geländewinkel	[°]
ρ	Luftdichte	[$kg \cdot m^{-3}$]
ρ_w	Wasserdampfdichte (= a bei Sättigung)	[$kg \cdot m^{-3}$]
σ	STEFAN-BOLTZMANN Konstante $=5{,}6693 \cdot 10^{-8}$	[$W \cdot m^{-2} \cdot K^{-4}$]
τ	Transmissionsvermögen	
τ_{ext}	Optische Dicke	
τ_{extAe}	Aerosol Optische Dicke	
ω	Raumwinkel	[sr]
	Winkelgeschwindigkeit der Erde $= 7{,}29 \cdot 10^{-5}$	[s^{-1}]
Δz	Weglänge	[km]
Ω	Sonnenazimut	[°]
$\hat{\Omega}$	Exposition (Hangausrichtung)	[°]
Ψ_{Sky}	Himmelssichtfaktor (*sky view factor*)	
Ψ_{Ter}	Geländesichtfaktor (*terrain view factor*)	
Π	Tagwinkel	[°]
∇	Horizontaler Nabla-Operator, $\nabla = \frac{\partial}{\partial x} + \frac{\partial}{\partial y}$	

1 Grundprinzipien der Geländeklimatologie

Der Begriff **Geländeklimatologie** wurde erstmals von KNOCH (1949) als wichtige Teildisziplin der Klimatologie eingeführt. In seiner grundlegenden Arbeit verweist er auf mögliche Anwendungsbereiche der Geländeklimatologie in der Land- und Forstwirtschaft, im Städtebau und bei der Planung von Kurorten. Aus der Sicht der Raumplanung fordert er eine einheitliche Landesklimaaufnahme, bei der auf der Basis des Messtischblatts (1:25.000) **Klimabonitätskarten** erstellt werden sollen, die für bestimmte Nutzungstypen klimatisch geeignete bzw. ungünstige Lagen ausweisen.

KNOCH geht bei seinen Betrachtungen von der Annahme aus, dass eine kleinräumige und somit azonale Differenzierung im Großklima verschiedener Klimazonen maßgeblich durch zwei Klimafaktoren hervorgerufen wird:

- Die sich lokal ändernde Geländeform (Topographie)
- sowie die unterschiedliche Beschaffenheit der Erdoberfläche (Vegetation, Fels, Wasser etc.)

Aufgrund des maßgeblichen Einflusses der Topographie wird Geländeklima im anglo-amerikanischen Sprachraum auch mit dem Begriff **Topoklima** (**Topoclimate**) gleichgesetzt.

Trotz dieser grundlegenden Arbeit hat sich bis heute keine einheitliche Definition des Begriffs Geländeklima durchsetzen können. Je nach Sichtweise des jeweiligen Autors finden sich in der Literatur verschiedenste Definitionen, die sich auch mit der Frage auseinandersetzen, typische Raum- und Zeitskalen von Geländeklima festzulegen. Darüber hinaus werden in manchen Fällen Begriffe wie **Kleinklima**, **Lokalklima**, **Topoklima** und **Mesoklima** als Synonym für Geländeklima verwendet. Eine umfassende Übersicht über die zum Teil recht unterschiedliche Terminologie einzelner Autoren geben die Lehrbücher von YOSHINO (1974) und ERIKSEN (1975).

Grundsätzlich soll und kann es nicht Aufgabe des vorliegenden Lehrbuchs sein, eine weitere Interpretation des Begriffs Geländeklimatologie zu geben, gleichwohl ist eine Positionierung bezogen auf dessen kontroverse Auslegung notwendig. Die Einordnung des vorliegenden Buchs soll auf der Basis von grundsätzlichen **Prinzipien** der Geländeklimatologie vorgenommen werden, die im folgenden kurz dargestellt werden, ohne an dieser Stelle bereits auf die Details der angesprochenen Themenkreise eingehen zu können.

a) Die Skalenfrage

Atmosphärische Prozesse umfassen ein **Kontinuum** in Raum und Zeit von etwa 10^8 m und 10^7 s für stehende Wellen bis ungefähr 10^{-2} m und 10^0 s für die kleinsten turbulenten Wirbel. Der Begriff Kontinuum weist bereits darauf hin, dass Klimate verschiedener Skalen (und damit auch das Geländeklima) fließend ineinander übergehen und somit einer sinnvollen raum-zeitlichen Skalendefinition deutliche Grenzen gesetzt sind. Trotzdem haben sich sowohl in der Klimageographie als auch in der Meteorologie unterschiedliche Skalensysteme etabliert (Abb. 1.1).

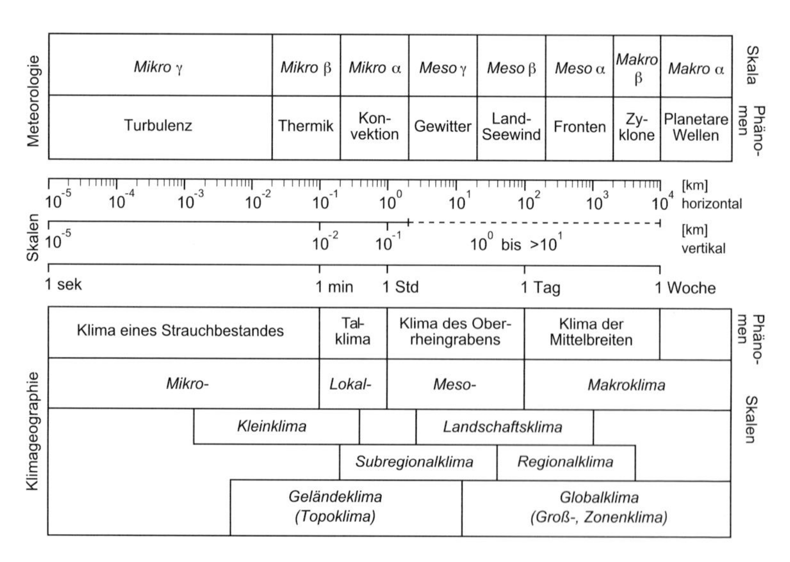

Abb. 1.1: Mögliche Skaleneinteilung in Klimageographie und Meteorologie (zusammengestellt nach ORLANSKI 1975 und WANNER 1986)

Die Kriterien, die zur jeweiligen Skalenabgrenzung in den beiden Disziplinen führen, sind grundsätzlich verschieden (STEYN *et al.* 1981).

Die Vielzahl der in Abbildung 1 dargestellten **semantischen Skalen** aus der Klimageographie zeigt deutlich das der jeweiligen Grenzziehung zugrundeliegende Prinzip. Die Skalendefinition erfolgt ausschließlich auf der Basis **außenbürtiger (extrinsic)**, das heißt auf das Klima modifizierend einwirkender Faktoren. Dieses Prinzip bestimmt auch die Nomenklatur klimageographischer Phänomene, wie z.B. die Begriffe **Bestandsklima** (Klimafaktor Vegetation) oder **Talklima** (Klimafaktor Topographie) deutlich erkennen lassen.

Die **meteorologische Skalendefinition** basiert demgegenüber auf den spezifischen Skalenlängen von Gruppen atmosphärischer Prozesse. Damit handelt es sich um eine **innenbürtige (intrinsic)** Abgrenzung, die eben nicht auf der Wirkung von Klimafaktoren beruht. Die meteorologischen Skalen lassen sich aus diesem Grund besser quantifizieren als klimageographische Grenzwerte. So fand z.B. v. d. Hoven (1957) im Rahmen der Untersuchung von Frequenzspektren der Windgeschwindigkeit drei deutliche Maxima bei etwa 1,2 Minuten (Mikroskala), 10 Minuten (Mesoskala) und 100 Stunden, die sich auch bezogen auf die jeweilige Raumskala unterschiedlichen atmosphärischen Prozessklassen zuordnen lassen. Es verwundert daher nicht, dass als Beispielphänomene der meteorologischen Skalen ausschließlich atmosphärische Prozesse wie z.B. Turbulenz (Mikro γ) oder Gewitter (Meso γ) genannt werden.

Betrachtet man abschließend die Einordnung der Geländeklimatologie in die unterschiedlichen Skalensysteme (Abb. 1.1), so fällt deutlich eine recht enge Begrenzung ins Auge. Bezogen auf das klimageographische Skalensystem reicht die Geländeklimatologie von der Mikroklimatologie bis in den Bereich der Mesoklimatologie. Bezüglich der meteorologischen Terminologie deckt das Geländeklima einen Bereich von der Mikro Υ bis zur Meso Υ Skala ab. Auffallend ist dabei, dass atmosphärische Prozesse mit einer horizontalen Skalenlänge >20 km, deren Genese aber wie zum Beispiel im Fall des Land-Seewindphänomens deutlich von der Ausprägung des Klimafaktors Landbedeckung (Land-/Wasserverteilung) abhängen, nach dieser Definition nicht unbedingt Thema der Geländeklimatologie wären. Dass eine solch enge Abgrenzung der Geländeklimatologie durchaus problematisch sein kann, soll die folgende Betrachtung zeigen.

b) Skaleninvarianz klimatologischer Phänomene

Die meisten der von kleinräumig wechselnden Klimafaktoren beeinflussten Klimaphänomene treten in unterschiedlichen Skalen zutage.

Ein Beispiel dafür ist die nächtliche Genese von Kaltluftseen. Grundsätzlich bilden sich Kaltluftseen in Tälern und Senken dann aus, wenn bei Strahlungswetterlagen die effektive Ausstrahlung in den Nachtstunden besonders hoch ist und die auf den Randhöhen gebildeten Kaltluftpolster in Gefällerichtung abfließen. In Tälern und Senken wird sich diese Kaltluft sammeln, so dass die dort entstehenden Kaltluftseen ein eindeutig vom Relief bestimmtes Phänomen darstellen. Somit sollte die Dynamik von Kaltluftseen ein Thema der Geländeklimatologie sein. Tatsächlich ist dieses Klimaphänomen aber auf ganz unterschiedlichen Raumskalen wirksam (Abb. 1.2).

So finden sich ausgedehnte Kaltluftseen mit einer horizontalen Erstreckung >100 km in den gesamten voralpinen Beckenlandschaften (z.B. Poebene, Schweizer

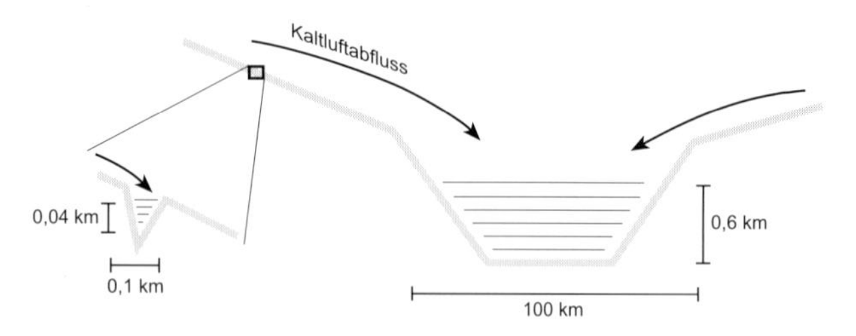

Abb. 1.2: Skaleninvarianz von Kaltluftseen

Mittelland), aber auch in sehr kleinen Mittelgebirgstälern mit einer horizontalen Erstreckung von vielleicht 100 Metern. Legt man die enge Skalendefinition aus Abbildung 1.1 zugrunde, würde das Phänomen Kaltluftsee im Fall der alpinen Vorlandsenken kein Thema aber im Fall des kleinen Mittelgebirgstals eindeutig Gegenstand der Geländeklimatologie sein.

c) Geländeklima, synoptische Situation und Klimafaktoren

Häufig wird Geländeklima auch als **Schönwetterklima** bezeichnet, da geländeklimatologische Phänomene meistens mit kleinräumigen Gradienten im Temperatur- und Druckfeld in Zusammenhang gebracht werden. Diese leiten sich entweder aus einer durch das Relief oder durch einen Wechsel der Landbedeckung modifizierten Strahlungsbilanz ab. Bei Vorhandensein eines ausreichend großen Druckgradienten bilden sich kleinräumige Zirkulationssysteme aus, die häufig durch relativ niedrige Windgeschwindigkeiten gekennzeichnet sind. Sie können daher nur solange Bestand haben, wie sie nicht durch starke synoptische Winde überprägt werden. Typische Wettersituationen, die eine geländeklimatologische Differenzierung begünstigen, sollten also durch ein schwach ausgeprägtes synoptisches Windfeld charakterisiert sein und sind daher häufig an Hochdruckwetterlagen (Schönwetter) gebunden.

Bei näherem Hinsehen ist allerdings das Kriterium **Schönwetterklima** nur teilweise zutreffend. Das soll am Beispiel der Windsituation in einem breiten Tal verdeutlicht werden (Abb. 1.3). Vergleicht man die Windrichtungsverteilung in einem typischen SE-NW orientierten Tal der Mittelbreiten (Abb. 1.3, Punkt a) mit der eines Standorts auf einer das Tal begrenzenden Randhöhe (Abb. 1.3, Punkt b), so wird man folgendes feststellen: Im Tal treten fast ausschließlich Windrichtungen parallel zur Talachse auf, während die Häufigkeitsverteilung auf der Talschulter über den gleichen Zeitraum ein deutliches Maximum von Westwinden anzeigt, wie es aufgrund der synoptischen Situation in der Westwindzone der Mittelbreiten zu erwarten ist. Diese Besonderheit des Talklimas wird normalerweise mit dem vornehmlich thermisch induzierten Berg-/Talwindsystem erklärt. In Abbildung 1.3 (links) ist die Nachtsituation dargestellt, bei der sich in Verbindung mit abfließender Kaltluft von den Hängen ein deutlicher Talabwind (SE) entlang der Talachse ausbildet. Die großen Häufigkeiten der SE- und NW-Winde entsprechen aber kaum der Häufigkeit von „Schönwettertagen"; diese liegt meist deutlich darunter. Vielmehr wird das synoptische Strömungsfeld auch an anderen Tagen erheblich durch das Relief größerer Talsysteme beeinflusst. Dabei kommt es auf der Nordhalbkugel in einem Tal wie in Abbildung 1.3 bei vorherrschendem Westwind zu einer Umlenkung der synoptischen Strömung nach NW (= SE-Wind), bei östlicher Anströmung des Tals zu einer Umlenkung nach SE (= NW-Wind).

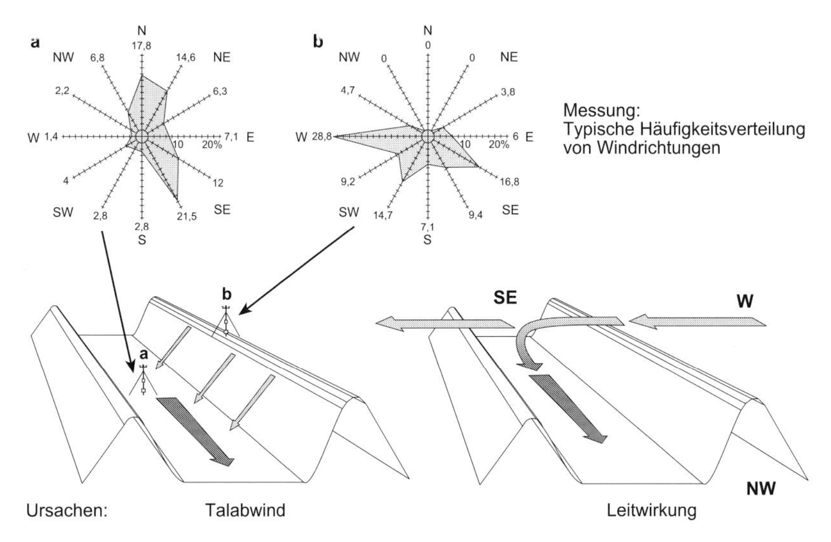

Abb. 1.3: Typische Windsituation in einem Mittelgebirgstal (Rheintal bei Bonn)

Faktisch kann sich also bei einer synoptischen Westströmung die gleiche Windrichtung im Tal ergeben wie beim nächtlichen Talabwind (Abb. 1.3) und bei synoptischer Oströmung resultiert die Richtung des thermisch induzierten Talaufwinds am Tag. Dieser Einfluss des Reliefs auf das Klima, der nicht an Schönwettersituationen und kleinräumige thermische Unterschiede gebunden ist, wird auch als **Leitwirkung** bezeichnet. Obwohl es sich dabei ausschließlich um eine Modifikation des synoptischen Windfelds handelt, würde sich an Messpunkt (a) auch ohne Schönwettersituationen zumindest bezogen auf das Windfeld ein spezielles Talklima innerhalb des Skalenbereichs der Geländeklimatologie (Abb. 1.1) ausbilden.

d) Interaktion geländeklimatologischer Phänomene unterschiedlicher Skalen

Geländeklimatologische Phänomene werden in der Regel immer in ihrer ungestörten Ausprägung beschrieben. Dabei sollte dem Leser bewusst sein, dass es in der Realität -analog zur Interaktionen von Geländeklima und synoptischer Situation- auch bei ungestörten Wettersituationen zu Überlagerungen von geländeklimatologischen Effekten verschiedener Skalenlängen kommen kann und daher die einzelnen Phänomene im Feldexperiment nicht immer eindeutig nachweisbar sind. Ein Beispiel dafür gibt Abbildung 1.4.

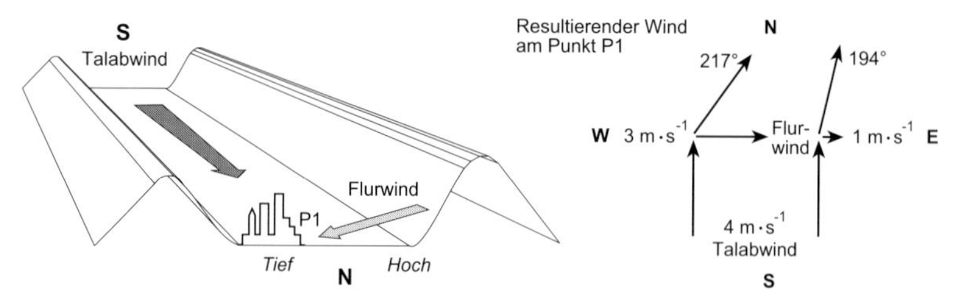

Abb. 1.4: Überlagerung thermischer Windsysteme in einem N-S orientierten Tal

In einem N-S ausgerichteten Tal bildet sich bei Strahlungswetterlagen ein nächtlicher Talabwind (S) aus. Seine Intensität hängt dabei nicht zuletzt von der Größe des Kaltlufteinzugsgebiets und somit der topographisch bestimmten Skalenlänge ab. Bezogen auf ein größeres Talsystem (z.B. Mittelrheintal) können Längen bis >100 km angenommen werden, wobei der Talabwind durchaus Geschwindigkeiten von 4 $m \cdot s^{-1}$ erreicht.

Befindet sich nun im Talgrund eine größere Stadt, so ist anzunehmen, dass sich vor allem in klaren Nächten ein weiteres lokales Windsystem mit einer wesentlich geringeren Skalenlänge ausbildet. Gemeint ist hier der zur Stadt gerichtete **Flurwind**, der durch die nächtliche Überwärmung der Stadt gegenüber dem Umland und dem daraus resultierenden Druckgradienten entsteht. Die Geschwindigkeit des Flurwinds ist verglichen mit dem Talwindsystem aber in der Regel recht gering (um 1 $m \cdot s^{-1}$). An Punkt P1 (Abb. 1.4) ist nun ein Flurwind aus westlicher Richtung zu erwarten, der allerdings mit dem ebenfalls am Punkt P1 wirksamen Südwind (Talabwind) konkurriert. Trifft der Talabwind mit 4 $m \cdot s^{-1}$ auf einen schwachen Flurwind (1 $m \cdot s^{-1}$), kann sich der Flurwind kaum durchsetzen (Abb. 1.4, rechts). Der aus der Überlagerung beider Systeme resultierende Wind folgt mit einer geringen Ablenkung von etwa 14° noch weitgehend der Talachse und repräsentiert damit vor allem die Verhältnisse bei Talabwind. Gewinnt der Flurwind gegenüber dem Talabwind an Stärke (z.B. 3 $m \cdot s^{-1}$), so ist an Punkt P1 eine deutliche Ablenkung des Talabwinds nach Osten die Folge. Der resultierende Wind aus den beiden interagierenden geländeklimatologischen Phänomenen weht nun aus Südwest und stellt letztlich eine Mischzirkulation dar. Käme eine starke synoptische Nordströmung hinzu, könnte sich sehr wahrscheinlich keines der beiden thermischen Windsysteme etablieren.

Wie ordnet sich nun der Inhalt des vorliegenden Lehrbuchs bezogen auf die formulierten Grundprinzipien in die unterschiedlichen Definitionen von Geländeklima ein? Grundsätzlich sollen diejenigen Phänomene Berücksichtigung finden, bei denen sich ein eigenständiges Klima aufgrund der räumlich variablen Topographie und/oder Oberflächenbedeckung ausbildet. Insgesamt müssen dabei die folgenden Mechanismen berücksichtigt werden: (1) Eine räumlich unterschiedliche Energie- und Wasserbilanz, (2) von der Oberflächenbeschaffenheit abhängige Turbulenzmuster, (3) schwerkraftbedingte Prozesse (z.B. Kaltluftabfluss) sowie (4) die Interaktion von synoptischer Strömung mit dem Relief. Die traditionelle Abgrenzung von Skalenlängen (Abb. 1.1) ist für dieses Konzept nicht ausreichend, da die Skalenlänge geländeklimatologischer Phänomene signifikant von der räumlichen Skalenvariation der beteiligten Klimafaktoren abhängt. Die meisten im folgenden abgehandelten Phänomene liegen daher im Bereich der Mikro-β bis zur Meso-β Skala. Bezogen auf die vertikale Dimension spielen vor allem diejenigen Prozesse eine Rolle, die im Bereich der atmosphärischen Grenzschicht angesiedelt sind.

2 Die planetare Grenzschicht

2.1 Vertikale Schichtung

Geländeklima ist vor allem ein Phänomen der unteren Troposphäre, der sogenannten **planetaren Grenzschicht** (**Peplosphäre**, **Planetary Boundary Layer PBL**). Sie besitzt eine Mächtigkeit zwischen 0,5 km über Ozeanen bzw. 1–2 km über der Landoberfläche und lässt sich in verschiedene Schichten untergliedern. In der geringmächtigen Grenzschicht (Dicke wenige mm) zwischen Energieumsatzfläche (z.B. Blatt, Wasserfläche etc.) und Atmosphäre (**laminare Grenzschicht**) herrscht aufgrund des hohen Reibungswiderstands praktisch Windstille, es überwiegt der molekulare Transport von Wärme, Wasserdampf und Impuls. Bis etwa 2 m Höhe reicht die **bodennahe Grenzschicht**, gekennzeichnet durch die Zunahme der Windgeschwindigkeit (abnehmende Reibung) mit der Höhe. In dieser Schicht vollzieht sich der Übergang vom rein molekularen Austausch hin zu wesentlich effizienteren, turbulenten Transportvorgängen, die mit zunehmender Luftbewegung bei entsprechender Rauhigkeit an Dominanz gewinnen. Bis etwa 50 m über Grund erstreckt sich die **bodennahe Luftschicht** (**Prandl-Schicht**). In dieser Schicht ist der Einfluss der Erdoberfläche noch immer bedeutend. Allerdings nimmt der rauhigkeitsbedingte Reibungseinfluss der Erdoberfläche nach und nach ab, so dass eine Zunahme der Windgeschwindigkeit mit der Höhe zu verzeichnen ist. Darüber schließt sich die sogenannte **Oberschicht** (**äußere Schicht**) an, die bis zur **Peplopause**, der oberen Begrenzung der planetaren Grenzschicht, reicht. Neben einer weiteren Zunahme der Windgeschwindigkeit ändert sich nun auch die Windrichtung mit der Höhe. Darüber hinaus bilden sich im Bereich der Peplopause regelmäßig Temperatur- und Feuchteinversionen aus.

Betrachtet man die einzelnen Schichten etwas genauer, so lassen sich einige wichtige Grundsätze festhalten, die für Klimadifferenzierungen im Gelände mitverantwortlich zeichnen (Abb. 2.1). Prinzipiell findet sich die **laminare Grenzschicht** über jeder Oberfläche und in verschiedenen Skalenbereichen. So entsteht sie über einzelnen Blättern bzw. Baumstämmen (Mikroklima), aber großflächiger auch über homogenen Oberflächen wie z.B. über unbedecktem Boden oder Wasserflächen. Die kleinräumig wechselnde Oberflächenbeschaffenheit der Erde wirkt dabei in doppelter Weise klimadifferenzierend: (a) über die spezifische Erwärmung der Oberflächen sowie (b) die Wirkung der jeweiligen Oberflächenstruktur im Hinblick auf mechanische Veränderungen im Windfeld.

Die Farbe bzw. Helligkeit steuert über das Verhältnis von Reflexion und Absorption die Erwärmungsrate der einzelnen Oberflächen (s. Kap. 3). Dunkle Flächen absorbieren grundsätzlich mehr Solarstrahlung und können sich daher stärker erwärmen als helle.

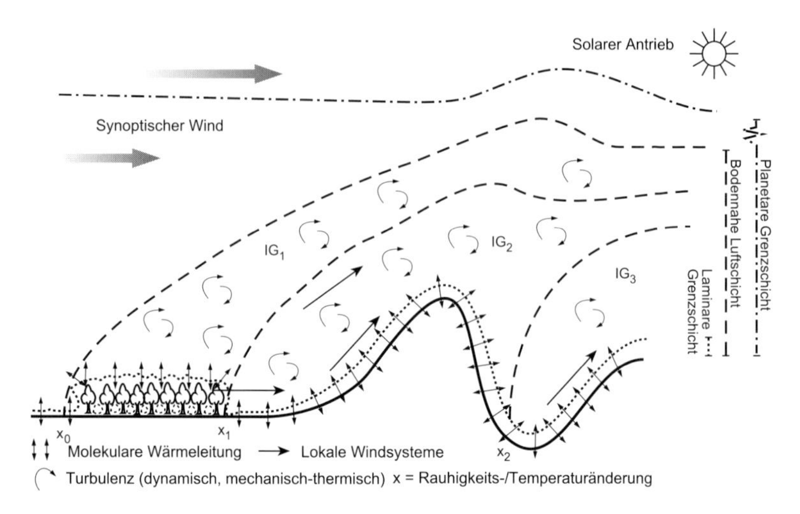

Abb. 2.1: Die planetarische Grenzschicht bei unterschiedlicher Geländebeschaffenheit (verändert nach STULL 1988)

Die Umsetzung der Solarstrahlung findet zum Großteil an der ersten optisch dichten Oberfläche statt, die nicht unbedingt mit der Bodenoberfläche übereinstimmen muss. So erfolgt der Strahlungsumsatz über geschlossenen Waldgebieten vornehmlich im Kronendach. Im Stammraum und am Waldboden ist der Strahlungsumsatz deutlich reduziert, so dass sich im Bestand ein zum Kronenraum unterschiedliches Mikroklima (**Stammraumklima**) ausbilden kann. Im heterogenen Gelände liegen Gebiete mit unterschiedlichen Erwärmungsraten (bzw. Abkühlungsraten in der Nacht) nebeneinander. Je stärker diese räumlich **differentielle Erwärmung** ausfällt, desto intensiver kann sich z.B. **Konvektion** (= **thermische Turbulenz**) ausbilden. Die dadurch entstehenden Luftdruckgegensätze über den einzelnen homogenen Einheiten führen letztlich zur Ausprägung von **lokalen Windsystemen**, die wiederum zur Ausprägung mechanischer Turbulenz und damit zur Veränderung der Austauschbedingungen beitragen (Abb. 2.1).

Allerdings ist die **molekulare Wärmeleitung** von der erwärmten Umsatzfläche über die laminare Grenzschicht in die bodennahe Luftschicht wenig effektiv (Kap. 2.3.1). Vor allem die vertikale Windkomponente kann die Effizienz des Wärmeaustauschs deutlich steigern. Dabei spielen hochfrequente (Mikro-) Wirbel, die auch als **Turbulenzelemente** bezeichnet werden und der großräumigen (horizontalen) Windströmung überlagert sind, eine zentrale Rolle. Im Gegensatz zur Konvektion (**thermische Turbulenz**) ist die Intensität der **mechanischen Turbulenz** eine direkte Folge der Wechselwirkung von horizontalem Windfeld und dem Reibungswiderstand, den die einzelnen Oberflächen der Luftströmung aufgrund ihrer Oberflächenstruktur (Mikrotopographie, **Rauhigkeit**) entgegensetzen. An der Grenzfläche zwischen fester/flüssiger Erdoberfläche und bewegter Luft werden die einzelnen Luftpakete abgebremst. Während die Reibungsverluste über mehrheitlich planen Oberflächen (z.B. Sandflächen), die nur durch geringe Unebenheiten aufgeraut sind, relativ gering sind, weisen poröse Oberflächen mit weniger klar definierter Angriffsfläche wie z.B. Vegetationsbestände aller Art eine deutlich höhere Rauhigkeit auf.

Betrachtet man den neutralen Fall der atmosphärischen Schichtung, d.h. eine Temperaturabnahme mit der Höhe im trockenadiabatischen Bereich (0,98 K· 100 m^{-1}), dann nimmt die Windgeschwindigkeit mit der Höhe idealtypisch nach dem logarithmischen Windprofil zu. Die Oberflächenbeschaffenheit wirkt allerdings modifizierend auf das Windfeld ein (Abb. 2.2).

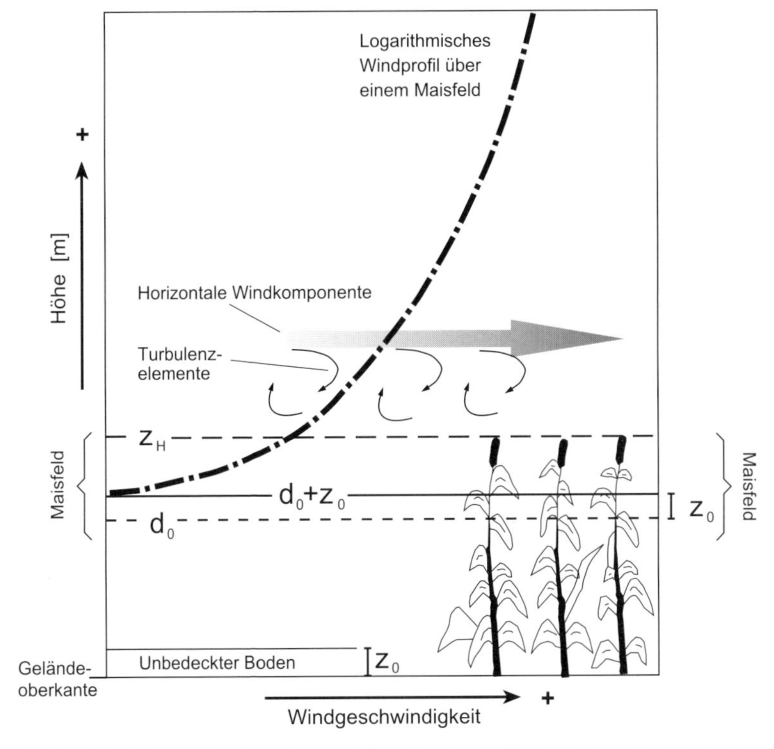

Abb. 2.2: Beeinflussung des Windfelds durch die Oberflächenstruktur (verändert nach OKE 1987)

Je nach Rauhigkeit der Oberfläche entsteht durch den Reibungswiderstand die schon angeführte dünne Schicht völliger Windstille (bezogen auf das Strömungsfeld die **laminare Unterschicht**), in der weder das logarithmische Windprofil noch die adiabatische Abnahme der Lufttemperatur Gültigkeit haben. Luftbewegung findet erst oberhalb dieser Schicht statt, deren Mächtigkeit mit Hilfe der sogenannten **Rauhigkeitslänge** (z_0) bestimmt werden kann. Der Wert von z_0 ist vor allem eine Funktion der Hindernishöhe und der Flächenverteilung von Hindernissen (Anhang 0), bei unbedecktem Boden also der Mikrotopographie. Allerdings ist die aktuelle Landbedeckung durch eine Vielfalt natürlicher (z.B. Vegetation) und anthropogener Strukturen (Bebauung) mit unterschiedlichen Höhen und Bestockungs- bzw. Bebauungsdichten geprägt. Bei porösen Medien wie dem Maisfeld in Abb. 2.2, bei dem sich im Bestand (Sprossenraum) ein völlig eigenes Klima mit in Teilen windfreier bodennaher Grenzschicht ausbildet, muss das logarithmische Windprofil zusätzlich zu z_0 um die sogenannte **Verschiebungshöhe** d_0 nach oben verlagert werden (Anhang 0). Die Reibungskomponente führt nun dazu, dass horizontal bewegte Luftpakete abgebremst werden und eine vertikal ausgerichtete Rotationsneigung erhalten (**Turbulenzwirbel**). Die Ausprägung dieser vertikalen Komponente im horizontalen Strömungsfeld, die durch den **Turbulenzparameter Schubspannungsgeschwindigkeit** u_* beschrieben wird (Anhang 0), zeichnet letztlich für die Intensität der mechanischen Turbulenz verantwortlich (Abb. 2.3).

Hierbei zeigt sich, dass u_* und damit auch die Turbulenzneigung mit zunehmender Windgeschwindigkeit und Rauhigkeitslänge signifikant ansteigt (Abb. 2.3, links). Gleichzeitig geht aber die höhere Turbulenzintensität bei ansteigender Rauhigkeitslänge zu Lasten der (horizontalen) Windgeschwindigkeit im unteren Bereich des Profils, wo die abbremsende Wirkung der Geländereibung deutlich zu erkennen ist (Abb. 2.3, rechts).

Betrachtet man die über der bodennahen Grenzschicht gelegenen Bereiche der **bodennahe Luftschicht** (**Prandl-Schicht**) bzw. der **Oberschicht**, so ist bei wechselnder Geländebeschaffenheit die vertikale atmosphärische Schichtung über der Landschaft nicht homogen. Vielmehr bildet sich durch den Rauhigkeitswechsel beim Übergang zwischen verschiedenen homogenen Landschaftseinheiten (z.B. See, Wald, Grasfläche etc.) eine oberflächentypische Grenzschicht aus, die auch als (mechanisch-) **interne Grenzschicht** bezeichnet wird (IG1, 2, 3 in Abb. 2.1). Da die einzelnen IGs mit der synoptischen Strömung nach oben zunehmend lateral verdriftet werden, ist die vertikale Schichtung über einer homogenen Flächeneinheit in einer heterogenen Landschaft die Folge der Überlagerung verschiedener, im Luv gelegener IGs (zur Berechnung s. Anhang 0). Auch thermische Unterschiede der Unterlagen (differentielle Erwärmung) können zur Ausbildung (thermisch) interner Grenzschichten führen (s. dazu Foken 2003 und

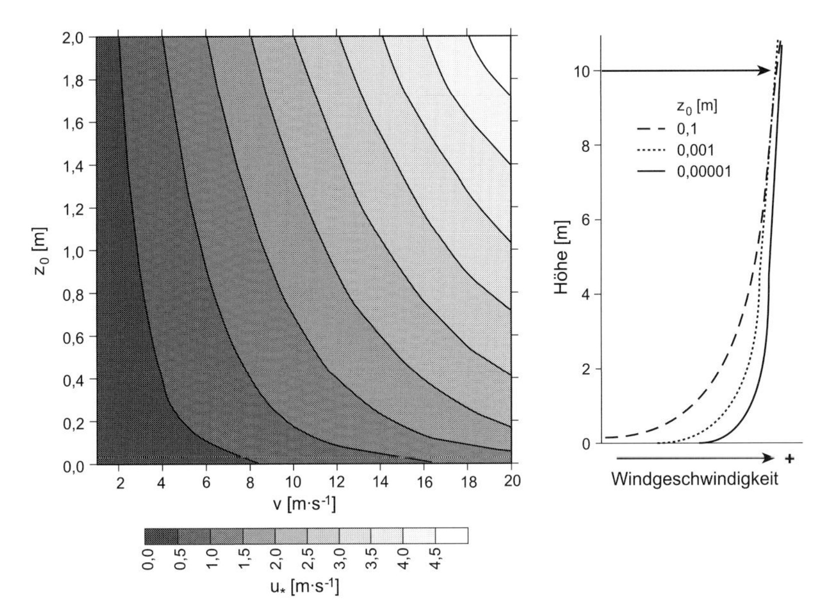

Abb. 2.3: Windfeld, Turbulenz und Oberflächenstruktur (links nach Anhang 0 und rechts verändert nach ROEDEL 1992)

Anhang 0). Die vertikale Lage der internen Grenzschichten wird neben der Horizontalentfernung zum luvseitig gelegenen Punkt (x_n in Abb. 2.1) mit der notwendigen Rauhigkeits- bzw. Temperaturänderung besonders durch die Geländerauhigkeit (z_0) bestimmt (Abb. 2.4).

Obwohl die planetare Grenzschicht über einem Ort nicht immer gleich ausgeprägt ist, lässt sich im Mittel ein modellhafter Tagesgang der Schichtung ableiten (Abb. 2.5). Nachts herrscht in den unteren Bereichen eine stabile thermische Schichtung (**Inversion**) mit meist nur geringer mechanischer Turbulenzneigung vor. Dabei bildet sich die Temperaturinversion bei negativer Strahlungsbilanz bereits vor Sonnenuntergang und wächst in ihrer Mächtigkeit bis in die zweite Nachthälfte an. Nach Sonnenaufgang baut sich von der erwärmten Bodenoberfläche her eine thermisch(-mechanisch) turbulent durchmischte Grundschicht auf (**Mischungsschicht** bzw. **konvektive Grenzschicht = Convective Boundary Layer CBL**), die je nach Einstrahlungsintensität bis zu einer maximalen Mächtigkeit von etwa 3 km anwachsen kann (s. Abb. 2.6). Die Bodeninversion wird nach Sonnenaufgang zunehmend abgehoben und geht am Vormittag in die Peplopauseninversion über. Die turbulente Mischungsschicht ist durch eine mit der

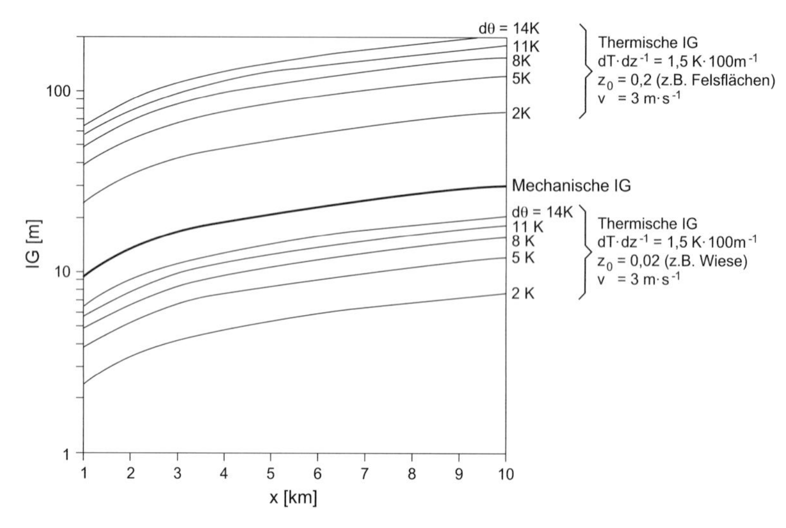

Abb. 2.4: Untergrenze von mechanisch und thermisch internen Grenzschichten bei wechselnder Geländerauhigkeit (nach Anhang 0)

Höhe abnehmende Lufttemperatur gekennzeichnet und erreicht gegen Nachmittag ihre größte Vertikalerstreckung. Reste dieser Schicht bleiben nach Sonnenuntergang als turbulent schwach durchmischte, nächtliche **Restschicht** (**Residual Layer**) über der sich aufbauenden Inversion erhalten. Die obere Begrenzung der Mischungs- bzw. Restschicht bildet die **Peplopauseninversion**. Sie wird häufig durch eine Dunstschicht bzw. bei hoher Luftfeuchte auch durch Stratusfelder markiert. Da hier absteigende Luftbewegung vorherrscht und somit Luft aus höheren Atmosphärenschichten in die Mischungs- bzw. Restschicht eingemischt wird, wird sie auch als **Entrainment-Schicht** bezeichnet. Die Ausprägung der atmosphärischen Grenzschicht ist für lufthygienische Fragestellungen (z.B. Ausbreitung und Transmission/Immission von Luftschadstoffen) von besonderer Bedeutung, da bei stabiler Schichtung (Inversion) der Vertikalaustausch von Luftschadstoffen nahezu unterbunden ist. Die am Tag emittierten Schadstoffe werden nachts sogar teilweise in der Restschicht zwischengespeichert (z.B. Neu *et al.* 1994).

Die maximale Mischungsschichthöhe nimmt aufgrund ihrer Abhängigkeit von der Strahlungsintensität in den mittleren und höheren Breiten im Jahresverlauf deutlich unterschiedliche Werte an (Abb. 2.6). Dabei ist die **maximale Mischungsschichthöhe** als das Höhenniveau definiert, bei dem der thermische Auftrieb eines von der Erdoberfläche unter trockenadiabtischer Zustandsänderung (Tempe-

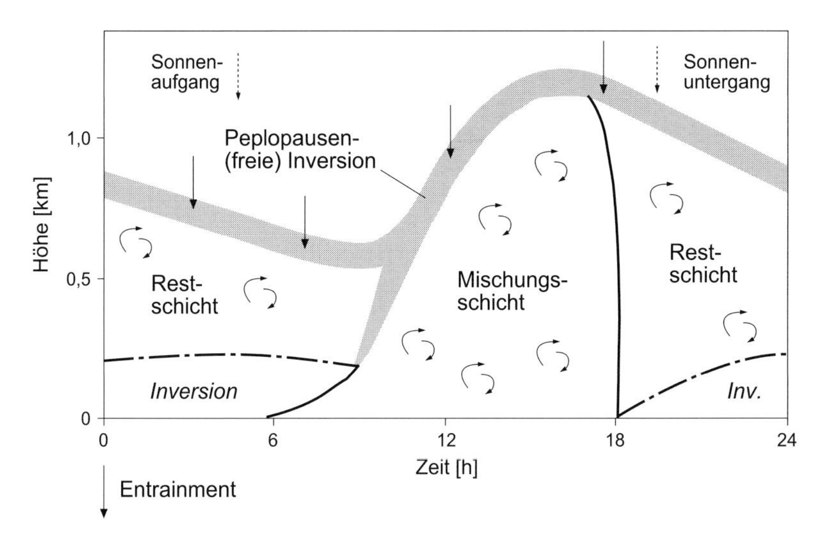

Abb. 2.5: Typischer Tagesgang der Schichtung in der planetaren Grenzschicht (verändert nach OKE 1987 und STULL 2000)

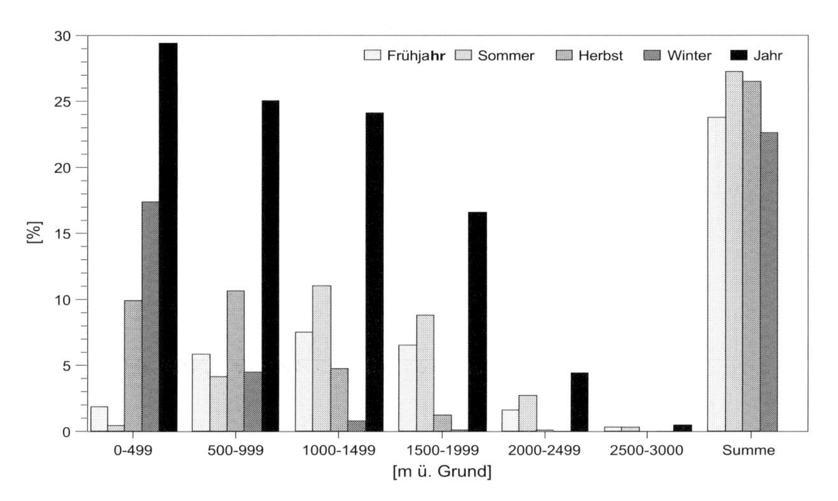

Abb. 2.6: Jahresgang der relativen Häufigkeit (% aller Beobachtungstage) der mittäglichen (12:00 Uhr) maximalen Mischungsschichthöhe für Essen (1966–1973) (nach Daten aus GUTSCHE & LEFEBVRE 1981)

raturabnahme mit 0,98 K·100 m^{-1}) aufsteigenden Luftpakets zum Erliegen kommt. Über das Jahr gesehen bilden sich am häufigsten geringmächtigere Mischungsschichthöhen im unteren Niveau aus (29,4% unter 500 m, 78,5% unter 1500 m). Während allerdings im Frühjahr und im Sommer (Periode maximaler Einstrahlung) die mittäglichen Mischungsschichthöhen am häufigsten im Bereich zwischen 1000 und 1500 m Höhe zu finden sind, liegen die maximalen Häufigkeiten im Winter und Herbst in den untersten Schichten. Es zeigt sich weiterhin, dass Mischungsschichthöhen >2 km auch im Sommer und Frühjahr nur sehr selten auftreten. Bei Höhen >2,5 km über Grund handelt es sich nur noch um extrem konvektive Einzelfälle.

2.2 Mischungsschicht und Topographie

Während die planetarische Grenzschicht über Ozeanen und homogenen Tieflandflächen noch recht einheitlich aufgebaut ist, kommt es über komplexer Topographie zu deutlichen lokalen Modifikationen, die mit dynamischen Prozessen im Gebirge einhergehen. Grundsätzlich ist die Mächtigkeit der konvektiven Grenzschicht über Landflächen größer als über Ozeanen, da die tägliche Erwärmung der Oberfläche hier wesentlich stärker ausfällt (KALTHOFF *et al.* 1998). Über Gebirgen lassen sich am Tag typische Muster der konvektiven Grenzschicht erkennen (Abb. 2.7). Grundsätzlich steigt die konvektive Mischungsschicht mit ansteigender Geländehöhe an, da die Luftmassen im Luv der Berge zum Aufsteigen gezwungen werden. Dadurch kann sich die Mischungsschicht auf Kosten der freien Troposphäre nach oben hin ausdehnen (**Advektionsventilation**, **advective venting**). Weitere lokale Modifikationen der CBL-Mächtigkeit werden durch die komplexe Strömungsdynamik in Gebirgen hervorgerufen. Die Querzirkulation des Berg-Talwindsystems trägt ebenfalls zur Ausdehnung der Mischungsschichthöhe bei (**Bergventilation**, **mountain venting**). Fällt der Hangaufwind z.B. an ausgedehnten Abdachungen von Hochgebirgen besonders stark aus, kann die begrenzende Peplopauseninversion durchbrochen werden und es kommt zu einem direkten vertikalen Austausch zwischen Mischungsschicht und freier Troposphäre (**handover**). Im Luv der Gebirge führt dies aus Massenbilanzgründen zu einer leichten Absenkung der CBL-Obergrenze. Hier können Luftmassen der freien Atmosphäre in die planetare Grenzschicht eingemischt werden (**Entrainment**). Besonders häufig wird die Peplopauseninversion durchbrochen, wenn die Hangaufwinde am Nachmittag mit Cumulus-Konvektion und Wolkenbildung einhergehen (**Wolkenventilation**, **cloud venting**). Der vertikale Austausch von Spurenstoffen und Wasserdampf mit der freien Troposphäre ist dann besonders intensiv.

Im Tagesverlauf ändert die Konfiguration der planetarischen Grenzschicht auch über Gebirgen ihren Charakter. Besonders in Talbereichen bilden sich nachts

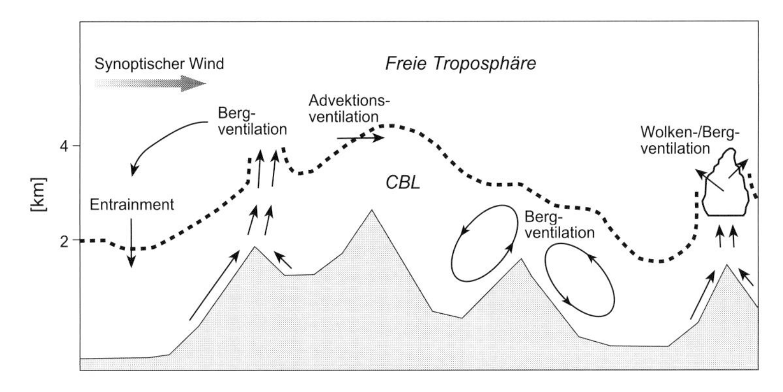

Abb. 2.7: Typischer Aufbau der konvektiven Grenzschicht (CBL) über Gebirgen (verändert nach KOSSMANN *et al.* 1999)

regelmäßig stabile Verhältnisse aus (Talinversion). Insgesamt passt sich die nächtliche Obergrenze der planetaren Grenzschicht grundsätzlich mehr der Topographie an. Die Grenzschicht ist insgesamt geringmächtiger als am Tag. Bei einer voll ausgebildeten konvektiven Mischungsschicht am Tag nimmt die Mächtigkeit der planetaren Grenzschicht auch über Gebirgen deutlich zu, wobei die Obergrenze nicht mehr so stark der Topographie folgt, sondern in ihrer Höhenlage mehr nivelliert erscheint (KALTHOFF *et al.* 1998). In der Nacht und gegen Morgen ist die Mischungsschicht besonders an den Gebirgsabdachungen schwach ausgeprägt. Von der Ebene bis zum Gebirgskamm vollzieht die geringmächtige Grenzschicht einen treppenartigen Anstieg, der bei entsprechender Advektion besonders prädestiniert für handover-Prozesse ist (Abb. 2.8).

2.3 Austauschprozesse in der planetaren Grenzschicht

2.3.1 Molekularer Transport

Molekulare Diffusion ist der grundlegende Austauschprozess zwischen Erdoberfläche und **bodennaher Grenzschicht** und erfolgt durch die **laminare Grenzschicht**. Im Fall der molekularen Wärmeleitung wird Wärme in Form von molekular kinetischer Energie (= Wärmeenergie) durch Stöße von einem Molekül auf seine Stoßpartner übertragen. Prinzipiell ist dazu ein Temperaturgradient zwischen Boden und Obergrenze der laminaren Grenzschicht notwendig. Der mögliche Energiebetrag für die molekulare Wärmeleitung ergibt sich aus der Temperaturdifferenz und einer materialspezifischen Konstante, dem sogenannten **Wärmeleitfähigkeitskoeffizienten**:

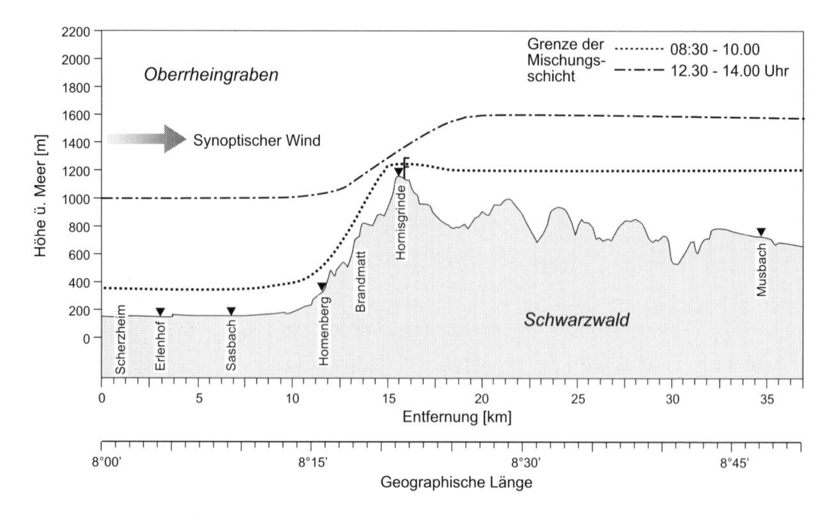

Abb. 2.8: Tageszeitliche Entwicklung der idealisierten Mischungsschichthöhe über dem Oberrheingraben und dem Schwarzwald am 19.9.1992, angezeichnete Orte repräsentieren Messpunkte (verändert nach KOSSMANN *et al.* 1998).

$$Q = -\Lambda \cdot \frac{dT}{dz} \quad (2.1)$$

wobei: Q = Molekulare Wärmestromdichte [$W \cdot m^{-2}$], Λ = Wärmeleitfähigkeitskoeffizient [$W \cdot m^{-1} \cdot K^{-1}$], dT/dz = vertikaler Temperaturgradient [$K \cdot m^{-1}$]

Λ liegt für unbewegte Luft bei 0,025 $W \cdot m^{-1} \cdot K^{-1}$, so dass sehr große Temperaturdifferenzen entstehen müssen, um einen nennenswerten Austausch herbeizuführen. Bei 1000 K Differenz pro Meter (= 1 K pro mm) würde die molekulare Wärmeleitung nur 25 $W \cdot m^{-2}$ betragen. Ähnliche Verhältnisse gelten auch für die molekularen Diffusionsprozesse z.B. von Wasserdampf bei der Verdunstung.

2.3.2 Turbulenter Transport

Für die effiziente Wärmeleitung bzw. Diffusion von Gasen (z.B. Wasserdampf) in der Atmosphäre sind turbulente Austauschprozesse von maßgeblicher Bedeutung. Wie schon im vorherigen Kapitel angedeutet, versteht man unter dem Begriff **Turbulenz** eine ungeordnete Wirbelströmung, bei der Luftteilchen entlang ihrer horizontalen Zugbahn kurze und ungerichtete Nebenbewegungen (v.a. Vertikalbewegung) ausüben, die wiederum die Bewegung benachbarter Teilchen in gleicher Weise beeinflussen. Turbulente Transportprozesse sind bis zu 10^5-fach effektiver als der molekulare Austausch. Der **turbulente Diffusionskoeffizient** für den **Impuls** ergibt sich in Abhängigkeit der Schichtungsstabilität aus den Turbulenzparametern u_* und der **Monin–Obukhov–Länge** MO (Anhang 0 und ROEDEL 1992):

$$K = \frac{k \cdot u_* \cdot z}{(1 - 15 \cdot z/MO)^{-0,25}} \text{ (la)}, \; K = k \cdot u_* \cdot z \text{ (ne)}, \; K = \frac{k \cdot u_* \cdot MO}{4,7} \text{ (st)} \quad (2.2)$$

wobei: K = Turbulenter Diffusionskoeffizient für den Impuls [$m^2 \cdot s^{-1}$], u_* = Schubspannungsgeschwindigkeit [$m \cdot s^{-1}$], MO = Monin-Obukhov-Länge [m], z = Höhe [m], k = Karman-Zahl, la = labil, ne = neutral, st = stabil

und der **turbulente Diffusionskoeffizient** für den **Wärmetransport** aus:

$$K_L = \frac{k \cdot u_* \cdot z}{0,74 \cdot (1 - 9 \cdot z/MO)^{-0,5}} \text{ (labil) bzw. } K_L = \frac{k \cdot u_* \cdot z}{0,74 + 4,7 \cdot z/MO} \text{ (stabil)} \quad (2.3)$$

wobei: K_L = Turbulenter Diffusionskoeffizient für den Wärmetransport [$m^2 \cdot s^{-1}$], u_* = Schubspannungsgeschwindigkeit [$m \cdot s^{-1}$], MO = Monin-Obukhov-Länge [m], z = Höhe [m], k = Karman-Zahl

Der **turbulente Austauschkoeffizient** für Luftpakete kann nach VDI-KRL (1988) direkt aus dem turbulenten Diffusionskoeffizienten abgeleitet werden:

$$A = K \cdot \rho \quad (2.4)$$

wobei: A = Turbulenter Austauschkoeffizient [$kg \cdot m^{-1} \cdot s^{-1}$], K = Turbulenter Diffusionskoeffizient [$m^2 \cdot s^{-1}$], ρ = Luftdichte [$kg \cdot m^{-3}$]

Der turbulente Vertikalaustausch von Luftpaketen ist erwartungsgemäß eine Funktion von Windgeschwindigkeit, Rauhigkeit der Unterlage und Schichtungsstabilität (Abb. 2.9). Während stabiler Wettersituationen kommt der turbulente Austausch besonders bei niedrigen Windgeschwindigkeiten fast vollständig zum Erliegen, während bei labilen Situationen eine hohe Turbulenzneigung zu verzeichnen ist.

Bei identischer Windgeschwindigkeit und Rauhigkeitslänge ist der turbulente Vertikalaustausch im stabilen Fall deutlich geringer als im labilen. Die Turbulenzwirbel weisen bei stabiler Schichtung eine eher ovale Form auf, wobei die horizontale Bewegungsrichtung gegenüber der vertikalen deutlich bevorzugt ist. Demgegenüber wird bei labilen Verhältnissen besonders die Vertikalkomponente in den ovalen Wirbelelementen auf Kosten der horizontalen Bewegungsrichtung bevorzugt. Besonders raue Oberflächen wie Waldgebiete und bebaute Flä-

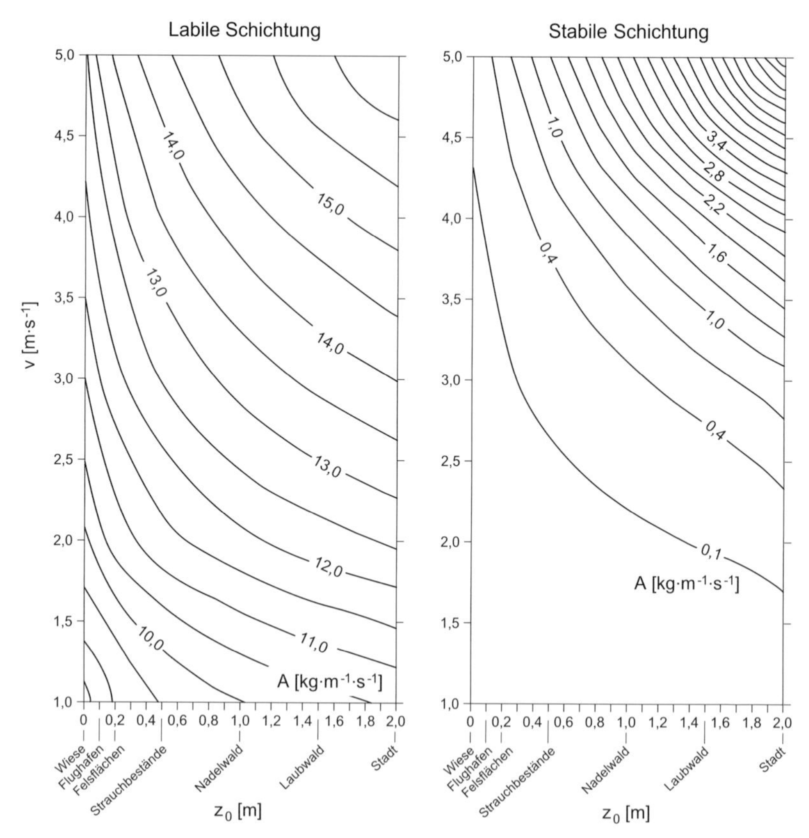

Abb. 2.9: Turbulenter Austauschkoeffizient A in 30 m Höhe für eine labil (20°C) bzw. stabil (0°C) geschichtete bodennahe Grenzschicht in Abhängigkeit von Oberflächenrauhigkeit und Windgeschwindigkeit

chen stehen grundsätzlich für eine stärkere Turbulenzneigung. Je geringer die Rauhigkeitslänge einer Unterlage ist, desto größer muss die Windgeschwindigkeit sein, damit gleich viele Luftpakete vertikal verlagert werden können. Bei einer Rauhigkeitslänge von 0,05 m (z.B. Ackerland) tritt Turbulenz erst ab einer Windgeschwindigkeit von ca. 1 $m \cdot s^{-1}$ auf, während über einer rauheren Oberfläche (z.B. Strauchbestände, z0=0,5 m) bereits eine Mindest-Windgeschwindigkeit von 0,1 $m \cdot s^{-1}$ zur Turbulenzerzeugung ausreicht.

Ab einem gewissen Stabilitätsgrad kommt der turbulente Austausch fast vollständig zum Erliegen. Die **Gradient-Richardson-Zahl** (Ri) ist ein durch Messungen gut zugängliches Maß für die Abschätzung der Schichtungsstabilität, aber auch der Turbulenzneigung. Man benötigt als minimale Information die Temperatur (bei geringen Höhenunterschieden kann die potentielle Temperatur θ durch die gemessene Temperatur T ersetzt werden) und Windgeschwindigkeit von zwei Niveaus. Ri berechnet sich nach Arya (1988):

$$Ri = \frac{g}{\theta} \cdot \frac{d\theta}{dz} \cdot \left(\frac{dv}{dz}\right)^{-2} \tag{2.5}$$

wobei: Ri = Gradient-Richardson Zahl, g = Schwerebeschleunigung [$m \cdot s^{-2}$], θ = Potentielle Temperatur [K], v = Windgeschwindigkeit [$m \cdot s^{-1}$], z = Höhe [m]

Ab Ri >0,25 kommt die Erzeugung von Turbulenzenergie praktisch zum Erliegen. Am Beispiel einer starken Inversionswetterlage im Februar 1993 über Nordrhein-Westfalen mit intensiver Nebelbildung zeigt sich, dass solche turbulenzarmen Situationen über mehrere Tage die gesamte Prandl-Schicht erfassen können (Abb. 2.10). Nur in den Mittagsstunden einiger Tage (z.B. 6., 9. und 10.2. = Stunden 108, 180 und 204), wenn die Sonnenstrahlung die Erdoberfläche erwärmen kann, ist turbulenter Austausch möglich.

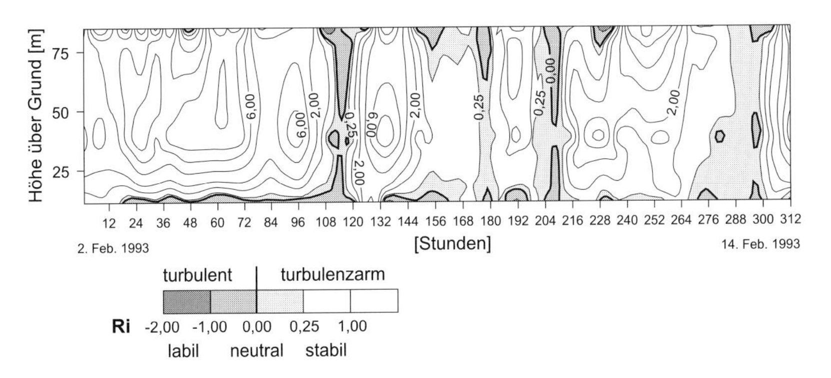

Abb. 2.10: Gradient-Richardson-Zahl über Jülich während der Smog-Wetterlage vom 2. bis 14. Februar 1993 (verändert nach BENDIX 1998)

3 Gelände und Strahlungsbilanz

Die **Strahlungsbilanzgleichung** beschreibt den Strahlungshaushalt der Erdoberfläche und spielt auch in der Geländeklimatologie eine maßgebliche Rolle. Am Tag setzt sie sich aus **kurzwelligen** (**Solarstrahlung**) und **langwelligen** (**Wärmestrahlung**) Strahlungsflüssen zusammen (3.1), während nachts nur die Wärmestrahlung wirksam ist (3.2).

Tag: $$Q^* = (S\downarrow + D\downarrow)\cdot(1-\alpha)+(L\downarrow - L\uparrow) \quad (3.1)$$

Nacht: $$Q^* = (L\downarrow - L\uparrow) \quad (3.2)$$

wobei: Q^* = Strahlungsbilanz [$W\cdot m^{-2}$], $S\downarrow$ = Bestrahlungsstärke der solaren Direktstrahlung [$W\cdot m^{-2}$], $D\downarrow$ = Bestrahlungsstärke der solaren Diffusstrahlung [$W\cdot m^{-2}$], α = Oberflächenalbedo (=$K\uparrow/K\downarrow$), $L\downarrow$ = Atmosphärische Gegenstrahlung (langwellig) [$W\cdot m^{-2}$], $L\uparrow$ = Spezifische Ausstrahlung (langwellig) [$W\cdot m^{-2}$], ($L\downarrow - L\uparrow$) = Effektive Ausstrahlung (langwellig) [$W\cdot m^{-2}$]

Die solare Bestrahlungsstärke, die an einem bestimmten Punkt der Erdoberfläche zur Verfügung steht, ist grundsätzlich von der **geographischen Lage** abhängig. Jeder Ort lässt sich aufgrund seiner spezifischen Beleuchtungsgeometrie im System Erde-Sonne einer **Strahlungsklimazone** (Großklima) zuordnen, die letztlich durch den Jahresgang der **Sonnenhöhe** bestimmt wird (s. dazu Anhang 1). Eine intensive Auseinandersetzung mit dieser Thematik findet sich in allen gängigen Lehrbüchern zur allgemeinen Klimatologie (z.B. WEISCHET 2002 bzw. LAUER & BENDIX 2004).

Darüber hinaus führen aber besonders die Klimafaktoren Relief und Oberflächenbedeckung zu einer kleinräumigen Differenzierung im Strahlungshaushalt, wobei die einzelnen Terme der Bilanzgleichung mehr oder weniger stark betroffen sind. Für viele geländeklimatologische Arbeiten ist daher die Analyse der räumlichen Differenzierung, die in komplexer Topographie (z.B. Hochgebirge) besonders deutlich ausgeprägt ist, von fundamentaler Bedeutung. Durchgeführt werden solche Untersuchungen beispielsweise in Agrarklimatologie und Klimaökologie, wo die räumliche Variation der solaren Bestrahlungsstärke von Nutz- und Naturpflanzen (Primärproduktion) neben anderen abiotischen Faktoren zu unterschiedlichen Landnutzungs- und Vegetationsmustern im Gelände führen kann (s. dazu BENDIX & BENDIX 1997).

Faktoren, die für eine kleinräumige Differenzierung verantwortlich zeichnen, sind:

- **Geländehöhe**: Sie wirkt besonders bei niedrigen Sonnenhöhen als Barriere gegenüber der direkten Einstrahlung (**Abschattung**). Darüber hinaus nimmt die **Weglänge** der Strahlung und damit die Schwächung der Einstrahlung durch die **Extinktion** (= Strahlungsschwächung durch Absorption und Streuung) in der Atmosphäre bei zunehmender Geländehöhe ab. Zusätzlich wird das **Gesichtsfeld** eines Punktes durch das Reliefs mehr oder weniger eingeschränkt. Das hat Auswirkungen auf die diffuse Himmelsstrahlung und die langwellige Ausstrahlung.

- **Exposition** (Hangausrichtung) und **Inklination** (Hangneigung) wirken sich über die Strahlungsgeometrie direkt auf den Betrag der Strahlungsflüsse aus.
- Die **Oberflächenbedeckung** beeinflusst über die **Albedo** den Nettoenergiegewinn einer Fläche und bestimmt damit auch die Größenordnung der langwelligen Wärmestrahlung. Zusammen mit dem **Emissionsvermögen** einer Oberfläche ergeben sich direkte Rückkopplungen zum thermischen Umfeld.

Eine geländeklimatologische Differenzierung der Strahlungsbilanz findet sich vor allem an optimalen Strahlungstagen. Unter dem Einfluss dichter Bewölkung werden kleinräumige Unterschiede meist verwischt, da hauptsächlich diffuse Strahlung wirksam wird. Setzt man bei theoretischen Untersuchungen (z.B. Modellierung) Wolkenfreiheit voraus, betrachtet man im Fall der solaren Einstrahlung an Tagen mit Bewölkung nicht die **reale** sondern die **potentielle** Situation (**potentielle Strahlung**).

3.1 Geländegestalt und solare Bestrahlungsstärke

3.1.1 Der Einfluss von Atmosphäre und Geländehöhe auf die solare Direktstrahlung

Bevor die solare Direktstrahlung die Erdoberfläche erreicht, wird sie auf ihrem Weg durch die Atmosphäre durch Absorption und Streuung geschwächt. Die verschiedenen Mechanismen von Absorption und Streuung sind nicht Thema dieses Buchs; für interessierte Leser sei hier auf das Lehrbuch von KYLE (1993) verwiesen. Für die Direktstrahlung, die an einem wolkenfreien Tag auf eine horizontale Fläche einfällt, gilt nach BIRD (1984):

$$S\downarrow = I_0 \cdot Ex \cdot \sin\beta \cdot 0{,}9751 \cdot (\tau_{Gas}\ \tau_{Ozon} \cdot \tau_{Luft} \cdot \tau_{WV} \cdot \tau_{Ae}) \qquad (3.3)$$

wobei: $S\downarrow$ = Bestrahlungsstärke der solaren Direktstrahlung [$W \cdot m^{-2}$], I_0 = Solarkonstante [$W \cdot m^{-2}$], Ex = Exzentrizitätsfaktor, β = Sonnenhöhe [°], τ = Transmissionsvermögen der Atmosphäre

Die Schwächung der Direktstrahlung erfolgt demnach maßgeblich durch Absorption an Sauerstoff, Kohlendioxid (τ_{Gas}), Ozon (τ_{Ozon}) und Wasserdampf (τ_{WV}), die Rayleighstreuung an den Luftmolekülen (τ_{Luft}) sowie die Extinktion an Aerosolen (τ_{Ae}). In Abhängigkeit der vertikalen Verteilung von Gasmolekülen und Spurenstoffen in der Atmosphäre findet der erste Prozess (Ozon) hauptsächlich in der Stratosphäre statt, während die übrigen auf die untere Troposphäre konzentriert sind. Die Multiplikation der partiellen Transmissionskoeffizienten in Gleichung (3.3) ergibt die Gesamttransmission der Atmosphäre τ. Mit der Transmission sind weitere Größen verknüpft.

Der **Extinktionskoeffizient** (β_{ext}) beschreibt die Schwächung der Strahlung durch Absorption und Streuung entlang des Strahlungspfads. Er hat die Dimension [km^{-1}] und wird damit für einzelne Schichten der Atmosphäre angegeben.

Multipliziert man den Extinktionskoeffizienten mit der Weglänge durch die Atmosphäre (Δz), so erhält man die dimensionslose **optische Dicke** (τ_{ext}), die letztlich die Abschwächung der Direktstrahlung über den gesamten Strahlungspfad beschreibt.

$$\tau_{ext} = \beta_{ext} \cdot \Delta z \qquad (3.4)$$

wobei: τ_{ext} = Optische Dicke, β_{ext} = Extinktionskoeffizient [km^{-1}], Δz = Dicke [km]

Die optische Dicke verhält sich nach Gleichung (3.5) proportional zur **Transmission** und zeigt damit die Abhängigkeit der Transmission von der Weglänge durch die Atmosphäre.

$$\tau = e^{-\tau_{ext}} \qquad (3.5)$$

wobei: τ = Transmission, τ_{ext} = Optische Dicke

Abbildung 3.1 soll den Zusammenhang von Sonnenstand, Geländehöhe und Transmission verdeutlichen.

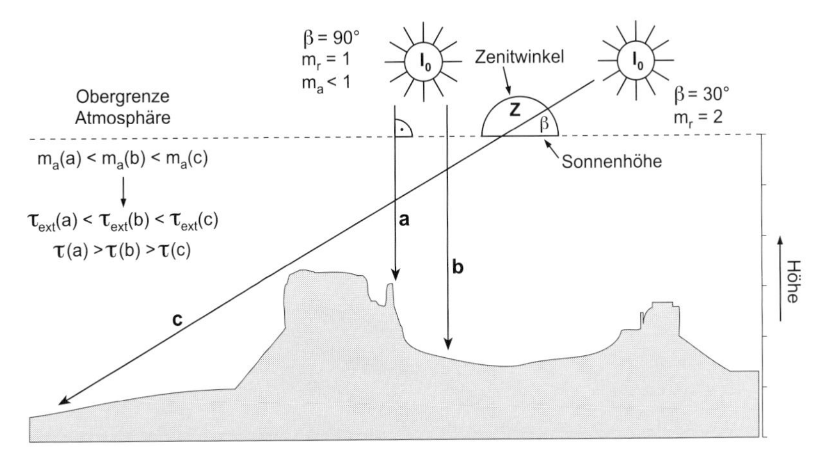

Abb. 3.1: Einfluss von Sonnenstand und Geländehöhe auf die Transmission

Dazu werden die Begriffe **relative** (m_r) und **absolute optische Luftmasse** (m_a) eingeführt (s. auch Anhang 2). m_r beschreibt die relative Verlängerung des Strahlungspfads durch die Atmosphäre bei Sonnenhöhen <90°, während über m_a zusätzlich die relative Verkürzung des Strahlungspfades mit zunehmender Geländehöhe berücksichtigt wird. Ohne Kenntnis der quantitativen Zusammenhänge lassen sich aus Abbildung 3.1 bereits die folgenden Grundsätze ableiten:

- Je niedriger der Sonnenstand ist, desto größer ist die Weglänge durch die Atmosphäre. Eine Verdopplung der Weglänge ($m_r = 2$) gegenüber senkrechtem Sonneneinfall ergibt sich bei $\beta = 30°$. Damit nimmt die optische Dicke der Atmosphäre proportional zur abnehmenden Sonnenhöhe zu, die Transmission dementsprechend ab.
- Bei einer Zunahme der Geländehöhe verkürzt sich der Strahlungspfad durch die Atmosphäre. Dadurch nimmt die optische Dicke ab und die Transmission zu.

Betrachten wir nun die Größenordnung der in Abbildung 3.1 aufgezeigten Grundprinzipien. Tabelle 3.1 zeigt die partiellen Transmissionen in Abhängigkeit der Sonnenhöhe bzw. Weglänge durch die Atmosphäre ohne Berücksichtigung der Geländehöhe bei senkrechtem Sonneneinfall sowie einer Sonnenhöhe von 30°. Dabei tritt folgendes zutage:

- Der Einfluss von Ozon ist grundsätzlich am geringsten, wobei sich die partiellen Transmissionen bei senkrechtem Sonneneinfall in ihrer Größenordnung noch sehr ähnlich sind.
- Bei niedrigem Sonnenstand (30°) gewinnt vor allem die Schwächung der Direktstrahlung durch Streuung an den Luftmolekülen und die Extinktion durch troposphärisches Aerosol an Bedeutung, wohingegen sich das Transmissionsvermögen von Ozon und Wasserdampf nicht wesentlich ändert.

Tab. 3.1: Transmission und relative optische Luftmasse in Abhängigkeit der Sonnenhöhe (*)

b	90°	30°
m_r	1	2
τ_{Luft}	0,91	0,85
τ_{Ozon}	0,98	0,97
τ_{WV}	0,89	0,87
τ_{Ae}	0,89	0,79
τ_{Gas}	0,99	0,98
τ	0,70	0,57

(*) Berechnet nach Anhang 2 mit p = 1013,25 hPa; horizontale Sichtweite = 60 km; Ozon = 0,35 cm; Precipitable Water = 2 g·cm^{-2}

Berücksichtigt man nun die Geländehöhe (Tab. 3.2), so kann ein deutlicher Höhengradient der Direktstrahlung festgestellt werden. Bei 45° Sonnenhöhe wird die optisch wirksame Weglänge vom Meeresniveau bis 6000 m Höhe um 73% reduziert. Das bedeutet nach Gleichung (3.3) eine deutliche Zunahme der Gesamttransmission um 17%, die im vorgestellten Szenario gleichzeitig mit einer Zunahme der Direktstrahlung von 103 $W \cdot m^{-2}$ einhergeht. Die höhenbedingte Zunahme der Direktstrahlung zeigt, welche Bedeutung dem Klimafaktor Geländehöhe vor allem im Hochgebirge bezogen auf den Strahlungshaushalt beigemessen werden muss. Messungen bestätigen darüber hinaus einen deutlichen Höhengradienten in einzelnen Spektralbanden der Direktstrahlung. So ergaben Untersuchungen auf Hawaii, dass die biologisch bedenkliche UV-B Strahlung (0,28–0,32 µm) an Strahlungstagen zwischen Meeresniveau und 4205 m Höhe um 25% ($\beta = 80°$) bzw. 29% ($\beta = 45°$) zunimmt (NULLET & JUVIK 1997).

Tab. 3.2: Transmission, relative/absolute optische Luftmasse und Direktstrahlung in Abhängigkeit der Geländehöhe (*)

Höhe [km]	m_r	m_a	t	S↓ [$W \cdot m^{-2}$]
0	1,41	1,41	0,64	601
1	"	1,26	0,66	620
2	"	1,12	0,68	638
3	"	0,99	0,70	656
4	"	0,88	0,71	673
5	"	0,77	0,73	689
6	"	0,68	0,75	704

(*)Berechnet nach Anhang 2 und Gleichung (3.3), Beziehung Luftdruck-Temperatur-Höhe nach Standardatmosphäre Mittelbreiten Sommer; horizontale Sichtweite = 60 km; Ozon = 0,35 cm; Precipitable Water = 2 $g \cdot cm^{-2}$; $\beta = 45°$; Ex = 1

3.1.2 Geländeabschattung der Direktstrahlung

Bei niedriger Sonnenhöhe in den Morgen- und Abendstunden hat die Topographie einen besonders großen Einfluss auf die Direktstrahlung, da Gebiete in der Nähe von exponierten Geländeerhebungen abgeschattet werden können (Abb. 3.2). Der Bereich des sogenannten **Schlagschattens** erstreckt sich vor allem auf die der Sonne abgewandten Hangbereiche. In Abbildung 3.2 sind bei niedrigem Sonnenstand im Westen besonders die ostexponierten Hänge und die angrenzenden Senken betroffen.

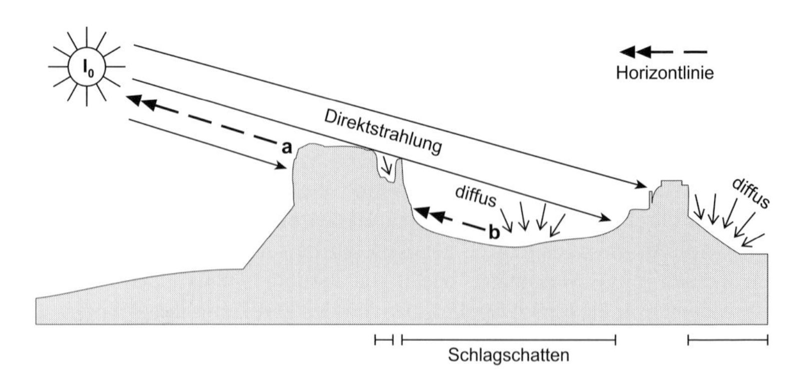

Abb. 3.2: Einfluss der Topographie auf die Direktstrahlung, Schlagschatten

Trotz des Schlagschattens wird es in den betroffenen Bereichen nicht vollständig dunkel. Dafür verantwortlich ist das diffuse Himmelslicht, das alle Geländebereiche unabhängig vom Sonnenazimut nahezu gleichmäßig beleuchtet. Das Verhalten der diffusen Einstrahlung wird genauer in Kapitel 3.1.4 behandelt.

Mit Hilfe eines Digitalen Geländemodells (DGM) kann man heute den Schlagschatten eines Gebiets recht genau modellieren (s. z.B. HÜGLI 1980). Dabei berechnet man für jeden Geländepunkt (Pixel) eine auf die aktuelle Sonnenhöhe bezogene Horizontlinie in Richtung des Sonnenazimuts (Ω). Im Beispiel Abbildung 3.2 ist die Sonne von Bildpunkt (a) aus sichtbar, wodurch dieser Ort von der Direktstrahlung profitiert, während die von Punkt (b) ausgehende Horizontlinie auf den benachbarten Berg trifft. Damit liegt dieser Punkt im Bereich der **Horizontüberschattung** und erhält lediglich diffuse Strahlung.

Das Beispiel einer DGM-gestützten Modellierung der Abschattungseffekte zeigt Abbildung 3.3. Dargestellt ist die Region Charazani (15°10' S, 69° 01' W) am südlichen Fuß der Apollobamba Kordillere nordöstlich des Titicacasees (Bolivien).

Der Schlagschatten ist für die Monate des Sonnentiefst- (Juni) bzw. Sonnenhöchststands (Dezember) 8 Uhr Lokalzeit berechnet. Die größte räumliche Ausdehnung der Abschattung findet sich erwartungsgemäß im Juni, wo die Sonnenhöhe am Morgen mit 26° wesentlich unter der von Dezember (42°) liegt. Am Verlauf der Höhenlinien kann man erkennen, dass besonders die W-SW exponierten Hangbereiche betroffen sind.

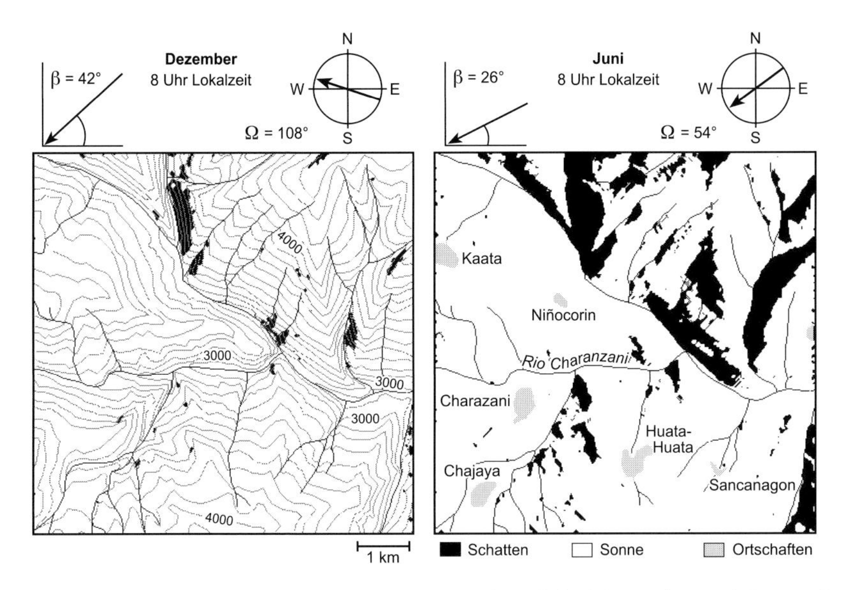

Abb. 3.3: Schlagschatten im Gebiet von Charazani (Bolivien) (verändert nach BENDIX & BENDIX 1997)

3.1.3 Einfluss von Hangneigung und Exposition auf die Direktstrahlung

Bei den bisherigen Betrachtungen sind wir von der Einstrahlung auf eine horizontale Fläche ausgegangen. Für den abweichenden Fall ergibt sich nach Gleichung 3.6

$$S\downarrow = I_0 \cdot Ex \cdot \sin\beta \cdot \tau \qquad (3.6)$$

wobei: $S\downarrow$ = Bestrahlungsstärke der solaren Direktstrahlung [$W \cdot m^{-2}$], I_0 = Solarkonstante [$W \cdot m^{-2}$], Ex = Exzentrizitätsfaktor, β = Sonnenhöhe [°], τ = Transmissionsvermögen der Atmosphäre

sowie aus Abbildung 3.4 (links) und Tabelle 3.3, dass der Betrag der solaren Direktstrahlung nur von der Sonnenhöhe abhängt.

So wird bei einer Sonnenhöhe von 90° die durch die Flächeneinheiten f2 (1 m^2) transportierte Strahlungsenergie am Boden auf die gleiche Fläche f2' von 1 m^2 projiziert. Anders verhält sich das Flächenverhältnis bei einer Sonnenhöhe von 30°. Die Strahlungsenergie von f1 (1 m^2) wird in der Bodenprojektion auf eine größere Fläche f1' (2 m^2) verteilt, so dass im Ergebnis nur noch der halbe Energiebetrag von f1 je Quadratmeter Boden zur Verfügung steht (Tab. 3.3).

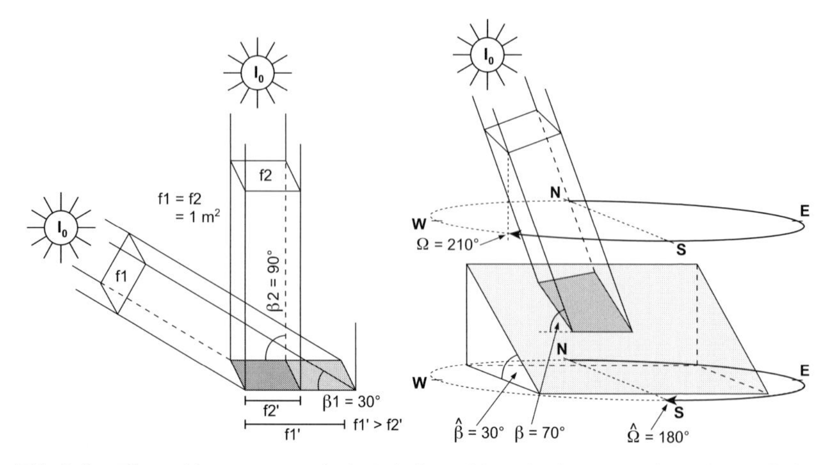

Abb. 3.4: Einstrahlungsgeometrie der Direktstrahlung in ebenem und geneigtem Gelände

Komplizierter wird der Fall in geneigtem Gelände. Hier bestimmen vier Winkel (Sonnenhöhe, Sonnenazimut, Inklination und Exposition), die zum sogenannten **Geländewinkel** ($\hat{\theta}$) zusammengefasst werden, den Betrag der verfügbaren Direktstrahlung (Abb. 3.4, rechts):

$$\cos\hat{\theta} = \cos\hat{\beta} \cdot \sin\beta + \sin\hat{\beta} \cdot \cos\beta \cdot \cos(\Omega - \hat{\Omega}) \tag{3.7}$$

wobei: $\hat{\beta}$ = Inklination (Hangneigung) [°], β = Sonnenhöhe [°], $\hat{\Omega}$ = Exposition (Hangausrichtung) [°], Ω = Sonnenazimut [°]

Die **topographische Bestrahlungsstärke** der solaren Direktstrahlung ergibt sich damit aus:

$$\hat{S}\downarrow = \frac{S\downarrow}{\sin\beta} \cdot \cos\hat{\theta} \tag{3.8}$$

wobei: $\hat{S}\downarrow$ = Topgraphische Bestrahlungsstärke der solaren Direktstrahlung [W·m^{-2}], $S\downarrow$ = Bestrahlungsstärke der solaren Direktstrahlung [W·m^{-2}], $\hat{\theta}$ = Geländewinkel [°]

Je nach Verhältnis der vier Winkel kann nun die Bestrahlungsstärke je m^2 Hangfläche gegenüber einer horizontalen Fläche verstärkt oder abgeschwächt werden. In Abbildung 3.4 (rechts) ergibt sich zwar gegenüber der Ebene eine leichte Zunahme der auf den Hang projizierten Fläche (1,04 m^2), allerdings wäre bei gleicher Sonnenhöhe von 70° in ebenem Gelände mit einer deutlich geringeren Bestrahlungsstärke (913 gegenüber 934 $W \cdot m^{-2}$) zu rechnen, als sie am Hang zu verzeichnen ist (Tab. 3.3). Damit ist die im Beispiel dargestellte Hanglage unter der angenommenen Geometrie gegenüber einer ebenen Fläche strahlungsklimatisch begünstigt.

Tab. 3.3: Sonnenstand, Relief und topographische Bestrahlungsstärke (s. Abb. 3.4)

	Abb. 3.4, β = 90°	Abb. 3.4, β = 30°	Abb. 3.4, β = 70°, Hang
Gleichung (3.8)	1	0,5	0,96
Bodenfläche [m^2]	1	2	1,04
Gleichung (3.7)*	971	486	934

$Ex = 1$; $\tau = 0,71$

Noch deutlicher wird dieser Effekt, wenn man die potentiellen Tagessummen der topographischen Direktstrahlung auf einem 35° geneigten Hang unterschiedlicher Exposition im Jahresverlauf analysiert (Abb. 3.5). In den nordhemisphärischen Mittelbreiten (Bonn, Abb. 3.5 links) erhalten die südexponierten Hänge fast über das gesamte Jahr größere Strahlungssummen als eine horizontale Fläche. Nur zum Sonnenhöchststand im Juni ist der Hang aufgrund seiner Neigung von 35° gegenüber einer horizontalen Fläche leicht benachteiligt. Die west- und ostexponierten Hänge weisen vor allem im Sommer niedrigere Tagessummen auf und die strahlungsklimatisch generell benachteiligten Nordhänge erhalten aufgrund des in Abbildung 3.6 beschriebenen Effekts nur zwischen März und Oktober direkte Strahlung.

Diesen Effekt von strahlungsklimatisch begünstigten Hängen macht man sich schon lange beim Weinbau zunutze. Im Mittelrheintal sind die SE bis SW exponierten Hanglagen bevorzugte Anbauzonen.

Die Verhältnisse am Äquator sind durch den jahreszeitlich wechselnden Sonnenstand gekennzeichnet. Im Nordsommer erhalten die nach Norden exponierten Hänge die höchsten Strahlungssummen, während im Nordwinter, wenn die Sonne auf der Südhalbkugel im Zenit steht, die südexponierten Hänge begünstigt sind. Da die Bestrahlung beider Expositionen aber in der ungünstigen Jahreszeit deutlich reduziert ist, zeigen die horizontalen Flächen gegenüber den Verhältnissen in den Mittelbreiten über das Jahr die höchsten täglichen Strahlungssummen (mit zwei Maxima während der Äquinoktien). Auch die west-/ostexponierten Hanglagen erhalten aufgrund des recht hohen Sonnenstands über das Jahr noch leicht höhere Strahlungssummen als die Süd- und Nordhänge.

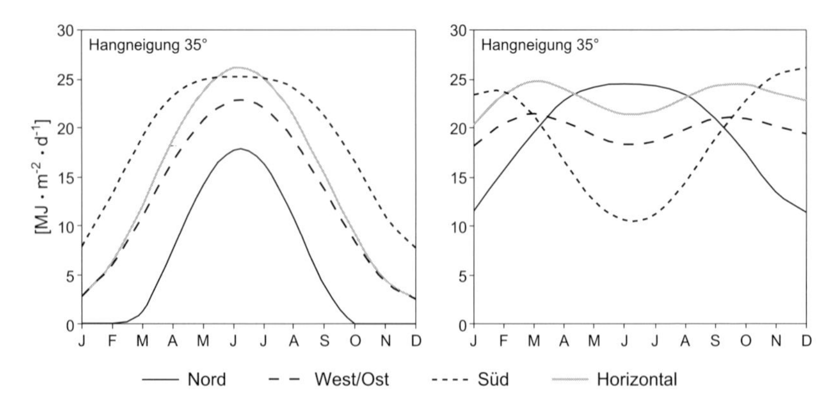

Abb. 3.5: Jahresgang der potentiellen topographischen Direktstrahlung für einen 35° geneigten Hang bei verschiedenen Expositionen (links: berechnet für das Rheintal bei Bonn mit VIS = 40km, Standardatmosphäre Mittelbreiten, Ozon = 0,35 cm und rechts: für den Äquator, Standardatmosphäre Tropen)

Wie schon im Fall des nordexponierten Hangs (Abb. 3.5, links) angedeutet wurde, ergeben sich durch das Relief in bestimmten Situationen auch strahlungsklimatische Nachteile (Abb. 3.6).

Unabhängig von der in Kapitel 3.1.2 besprochenen Horizontüberschattung können nämlich auf der Basis der Gleichungen (3.7) und (3.8) bereits Geländebereiche existieren, die keine Direktstrahlung erhalten. Das tritt dann ein, wenn das Ergebnis von Gleichung (3.7) (und damit auch von 3.8) negativ wird und die

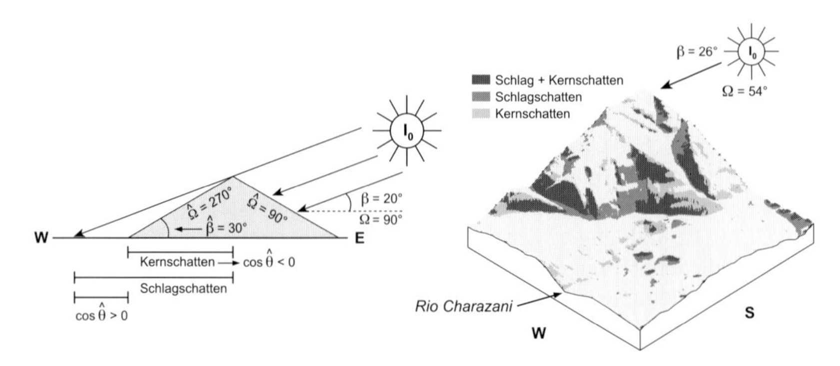

Abb. 3.6: Topgraphische Bestrahlungsstärke sowie Kern- und Schlagschatten

Sonnenstrahlen das Gelände höchstens noch tangieren. Hügli (1980) führt für diese Bereiche den Begriff **Kernschatten** ein. Abbildung 3.6 (links) zeigt, dass es bei einem Sonnenazimut von 90°, einer Sonnenhöhe von 20° sowie einer Hangneigung von 30° auf dem ostexponierten Hang des Modellbergs zu recht steilem Sonneneinfall und damit hohen Bestrahlungsstärken kommt, während die Westflanke bezogen auf Gleichung (3.7) im Kernschattenbereich liegt und damit keine Direktstrahlung erhält. Die Kernschattenzone deckt sich dabei mit einem Teilbereich des Schlagschattens, der sich allerdings noch weiter in die nach Westen angrenzende Ebene erstreckt.

In der Realität finden sich auch Bereiche, in denen nur Kern- oder Schlagschatten auftritt. Abbildung 3.6 (rechts) zeigt dies am Beispiel der Charazani-Region (Juni, 8 Uhr, vergl. Abb. 3.3). Grundsätzlich entspricht die räumliche Anordnung der Schattentypen den theoretischen Überlegungen. Der Bereich des Schlagschattens dominiert flächenmäßig und ist erwartungsgemäß auf die sonnenabgewandten Hänge und angrenzende Gebiete beschränkt. Vor allem in den unteren Hangfußbereichen findet sich die typische Abfolge von Kern- + Schlagschatten und reinem Schlagschatten. Andere Gebiete, wie Teile der seichten Flanken des in etwa parallel zur Einstrahlungsrichtung ausgerichteten Rio Charazani Tals, liegen ausschließlich im Bereich des Kernschattens.

3.1.4 Einfluss des Geländes auf die diffuse Himmelsstrahlung

Ein gewisser Anteil der extraterrestrischen Solarstrahlung gelangt nicht als Direktstrahlung zur Erdoberfläche, sondern wird an Luftmolekülen und Aerosolen gestreut. Eine Approximation für die **diffuse** Bestrahlungsstärke einer Ebene unter wolkenfreien Bedingungen findet sich in Williams *et al.* (1972):

$$D\downarrow = 0{,}5 \cdot \{[1-(1-\tau_{WV})-(1-\tau_{Ozon})] \cdot (I_0 \cdot Ex \cdot \sin\beta) - S\downarrow\} \quad (3.9)$$

wobei: $D\downarrow$ = Bestrahlungsstärke der solaren Diffusstrahlung [$W \cdot m^{-2}$], τ = Transmissionsvermögen, β = Sonnenhöhe [°], I_0 = Solarkonstante [$W \cdot m^{-2}$], Ex = Exzentrizitätsfaktor

Der Multiplikator 0,5 besagt, dass die Hälfte der diffusen Strahlung zur Erdoberfläche (**Vorwärtsstreuung**) und die andere Hälfte in Richtung Weltraum (**Rückwärtsstreuung**) gestreut wird.

Grundsätzlich spielt auch für den Betrag der diffusen Strahlung die Weglänge durch die Atmosphäre eine wichtige Rolle. Berechnet man unter Zuhilfenahme von (3.9) und Daten aus Tabelle 3.1 das Verhältnis von diffuser und direkter Bestrahlungsstärke ($D\downarrow/S\downarrow$), so ergibt sich ein Betrag von 18% bei senkrechtem Sonneneinfall, der bei niedriger Sonnenhöhe (30°) auf über 30% ansteigt. Damit nimmt der Anteil des diffusen Himmelslichts an der Gesamteinstrahlung mit abnehmender Sonnenhöhe aufgrund der größeren Weglänge durch die Atmosphäre zu. Analog zur Betrachtung der Direktstrahlung ist ebenfalls zu erwarten, dass die Geländehöhe über die Verkürzung der Weglänge einen Einfluss auf die diffuse Strahlung hat. Bezogen auf die Daten aus Tabelle 3.2 nimmt die diffuse Strahlung tatsächlich bei gleichzeitiger Zunahme der Direktstrahlung von 157 $W \cdot m^{-2}$ in Meeresniveau auf 115 $W \cdot m^{-2}$ in 6000 m Höhe (-27%) ab. Daraus lässt sich ganz allgemein ableiten, dass bei identischer Sonnenhöhe der Anteil der Direktstrahlung an der solaren Bestrahlungsstärke mit zunehmender Höhenlage ansteigt, während der Anteil an diffuser Strahlung signifikant kleiner wird.

Abschließend stellt sich die Frage, inwieweit die diffuse Strahlung über die Geländehöhe hinaus vom Relief beeinflusst wird. Schon in Kapitel 3.1.2 (Abb. 3.2) wurde darauf hingewiesen, dass sie auch in gegenüber der Direktstrahlung abgeschatteten Geländebereichen wirksam ist. Um dies zu verstehen, muss man sich der grundsätzlichen Besonderheit der diffusen Strahlung, nämlich dass ihr vorwärts gestreuter Teil aus allen Himmelsrichtungen mit mehr oder weniger gleichmäßiger Stärke auf einen Geländepunkt einwirkt, bewusst sein. Ein solches Verhalten nennt man Richtungsunabhängigkeit oder **Isotropie** des Strahlungsfelds. Das Isotropieverhalten hat einen bedeutenden Einfluss auf die Modifikation der diffusen Strahlung durch das Relief und muss daher an dieser Stelle etwas näher erläutert werden.

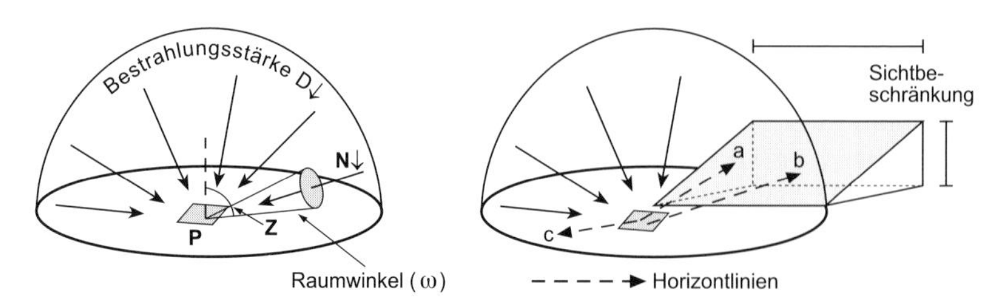

Abb. 3.7: Diffuse Solarstrahlung und Modifikation durch das Relief

Man stelle sich vor, dass über einem Geländepunkt (P) eine Halbkugel mit einem Einheitsradius 1 aufgespannt wird (Abb. 3.7, links). Die Halbkugel entspricht dem sogenannten oberen **Halbraum**. Vollständige Isotropie des diffusen Strahlungsfelds bedeutet nun, dass an jedem beliebigen Flächenelement auf der Kugeloberfläche die gleiche Strahldichte (N↓) anliegt, die über den gesamten Halbraum integriert die diffuse Bestrahlungsstärke am Punkt (P) ergibt, wobei die Kugelkalotte häufig in differentielle Einzelelemente, sogenannte **Raumwinkelsegmente** (ω) mit der Einheit **Steradiant** (sr) unterteilt wird (zur genauen Ableitung siehe KRAUS & SCHNEIDER 1988):

$$D\downarrow = \int_0^{Halbraum} N\downarrow \cdot \cos Z \cdot d\omega = \pi \cdot N\downarrow \tag{3.10}$$

wobei: $D\downarrow$ = Bestrahlungsstärke der solaren Diffusstrahlung [$W \cdot m^{-2}$], $N\downarrow$ = Strahldichte der diffusen Einstrahlung [$W \cdot m^{-2} \cdot sr^{-1}$], Z = Sonnenzenitwinkel [°], ω = Raumwinkel [sr]

Obwohl somit keine direkte Abhängigkeit der diffusen Bestrahlungsstärke von Inklination und Exposition besteht, wirkt das Relief doch modifizierend auf das Strahlungsfeld ein. In Abbildung 3.7 (rechts) ist der nordöstliche Teil des Halbraums im unteren Bereich durch einen Hang eingeschränkt, so dass aus Richtung der davon betroffenen Raumwinkelsegmente keine diffuse Strahlung zum Punkt P gelangt. Die Einschränkung des Halbraums durch das Relief ist mit Hilfe eines DGM's modellierbar. Dabei werden ausgehend von jedem Bildpunkt (hier P) Horizontlinien in bestimmten Winkelintervallen (Azimut und Zenit) berechnet, die anzeigen, ob im jeweiligen Raumwinkelsegment der Himmel sichtbar ist (z.B. Linie c) und damit diffuse Strahldichte zur Verfügung steht oder ob eine Sichtbeschränkung durch exponierte Geländeteile besteht (Linien a und b). Das Ergebnis dieser zeitaufwendigen Rechnung ist der **Himmelssichtfaktor** (**Ψ_{Sky} = sky view faktor**), der den Prozentanteil des durch das umliegende Gelände abgedeckten Halbraums angibt. Damit reduziert sich die diffuse Bestrahlungsstärke der Ebene bei vollständiger Isotropie zur diffusen topographischen Bestrahlungsstärke:

$$\hat{D}\downarrow = D\downarrow \cdot \psi_{Sky} \tag{3.11}$$

wobei: $\hat{D}\downarrow$ = Topographische Bestrahlungsstärke der solaren Diffusstrahlung [$W \cdot m^{-2}$], $D\downarrow$ = Bestrahlungsstärke der solaren Diffusstrahlung [$W \cdot m^{-2}$], Ψ_{Sky} = Himmelssichtfaktor (Sky View Factor)

Da die Modellierung des Himmelssichtfaktors mit Hilfe von Horizontlinien ziemlich rechenintensiv ist, werden häufig vereinfachte, auf bestimmte Geländeformen angepasste Gleichungen verwendet (OKE 1987):

Hänge: $$\psi_{Sky} = (1 + \cos\hat{\beta}) / 2 \tag{3.12}$$

Täler: $$\psi_{Sky} = \cos\hat{\beta} \tag{3.13}$$

wobei: Ψ_{Sky} = Himmelssichtfaktor (Sky View Factor), $\hat{\beta}$ = Inklination (Hangneigung) [°]

Die Schwächung der diffusen Bestrahlungsstärke durch den Faktor Relief ist erwartungsgemäß in engen Gebirgstälern sehr hoch, während Hochflächen weniger betroffen sind. Für den Bereich des Charazani-Gebiets ergeben sich in den Talbereichen Himmelssichtfaktoren zwischen 80 und 85%, während Teile der Oberhang- und Plateauflächen keine Einschränkung des Halbraums (Ψ_{Sky} = 100%) aufweisen (Abb. 3.8).

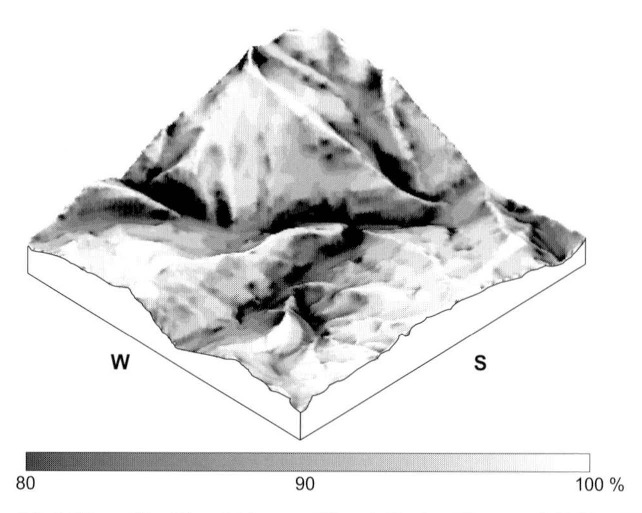

Abb. 3.8: Modellierte Sky View Faktoren (Ψ_{Sky}) für das Charazani-Gebiet (Bolivien)

Im Gelände kann man den Sky View Faktor mit Hilfe von Photographien unter Verwendung spezieller Fischaugenobjektive bestimmen (s. Beispiele in Oke 1987). Im Rahmen derartiger Feldstudien wurde festgestellt, dass die Annahme eines isotropen Strahlungsfelds besonders bei niedrigen Sonnenhöhen nicht immer gültig ist. Bei Sonnenhöhen < 30° zeigt sich eine relative Verstärkung der diffusen Strahldichte im sonnenzugewandten Bereich des Halbraums und damit eine deutliche **Anisotropie** im diffusen Strahlungsfeld (McArthur & Hay 1981). Zur Korrektur dieses Anisotropieeffekts verwendet Dozier (1980) die folgende Gleichung:

$$\hat{D}\downarrow = D\downarrow \cdot \psi_{Sky} \cdot (1 + \cos^2 \hat{\theta} \cdot \sin^3 Z) \tag{3.14}$$

wobei: $\hat{D}\downarrow$ = Topographische Bestrahlungsstärke der solaren Diffusstrahlung [W·m^{-2}], $D\downarrow$ = Bestrahlungsstärke der solaren Diffusstrahlung [W·m^{-2}], Ψ_{Sky} = Himmelssichtfaktor (Sky View Factor), θ = Einfallswinkel [°], Z = Sonnenzenitwinkel [°]

3.1.5 Oberflächentyp und Albedo

Das unterschiedliche Reflexionsvermögen benachbarter Oberflächen ist von fundamentaler Bedeutung für die Ausprägung von geländeklimatischen Gradienten und Phänomenen während Strahlungswetterlagen. Die als **Albedo** bezeichnete Größe kennzeichnet das Verhältnis von reflektierter Solarstrahlung zur solaren Bestrahlungsstärke:

$$\alpha = K\uparrow / K\downarrow \tag{3.15}$$

wobei: α = Albedo, $K\downarrow$ = Solare Bestrahlungsstärke [$W \cdot m^{-2}$], $K\uparrow$ = Spezifische Ausstrahlung (solarer Anteil) [$W \cdot m^{-2}$]

Für jeden Oberflächentyp lassen sich spezifische Albedowerte festhalten (s. Anhang 3). Bei der Verwendung der tabellierten Werte ist zu beachten, dass die Albedo in einzelnen Bereichen (**spektrale** bzw. **selektive Albedo**) des solaren Spektrums deutlich von der geländeklimatologisch relevanten **Breitbandalbedo** (gesamtes solares Spektrum) abweichen kann. Ein gutes Beispiel dafür sind Laubbaumblätter, die eine Breitbandalbedo von ca. 20% aufweisen. Berücksichtigt man demgegenüber nur das rote Licht (λ = 0,65 µm), so liegt die spektrale Albedo aufgrund der starken Absorption von Chlorophyll deutlich unter 10%, während sie im Nahen Infrarot (λ = 1 µm) bis auf 60% ansteigen kann.

Bei der Verwendung der tabellierten Albedowerte ist weiterhin zu beachten, dass sich die Größenordnung der Albedo mit wechselnder Beleuchtungsgeometrie ändern kann. So fanden GRAVENHORST *et al.* (1999) für einen Fichtenwald im Raum Göttingen eine deutliche Zunahme der Albedo bei niedrigen Sonnenhöhen (7:00 und 16:00 Uhr) um bis zu 4% (+100% der Mittagswerte) sowie eine abrupte Abnahme von 3% kurz vor Sonnenuntergang. Nur in der Zeit von 9:30 bis 15:00 Uhr konnten relativ stabile Albedowerte beobachtet werden. Wie das Beispiel des Paramo von Papallacta zeigt, finden sich ähnliche Verhältnisse auch im tropischen Hochgebirge (Abb. 3.9).

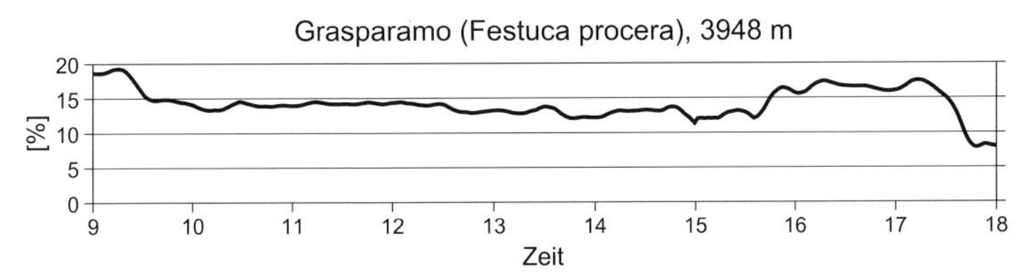

Abb. 3.9: Gemessene Albedo im Grasparamo von Papallacta (Ecuador), 4.3.1999

In Abbildung 3.10 ist der Einfluss verschiedener Oberflächen auf die Bilanz im solaren Spektrum dargestellt.

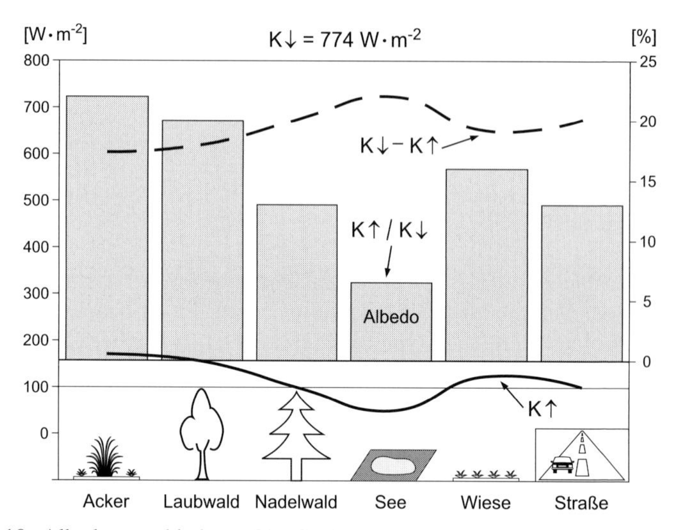

Abb. 3.10: Albedo verschiedener Oberflächen und Nettostrahlung

Typen mit vergleichsweise hoher Albedo sind Laubwald und Ackerflächen, während Flächen mit geringerem Reflexionsvermögen Wasser, Nadelwaldgebiete und Asphaltflächen (Straßen) darstellen. Damit weisen Nadelwaldgebiete und Straßen sowie Wasserflächen im oben angeführten Beispiel (Abb. 3.10) einen deutlich höheren Nettostrahlungsgewinn (~80 bzw. 120 W·m^{-2}) als Ackerflächen auf. Eine asphaltierte Straße muss sich somit über den Tag deutlich stärker erwärmen als ein benachbartes Feld. Die daraus entstehenden, horizontalen Temperatur- und Luftdruckgradienten zeichnen letztlich für die Ausbildung einer geländeklimatischen Zonierung und die Genese lokaler Zirkulationssysteme verantwortlich.

Der flächendeckenden Erfassung des Reflexionsvermögens sind allerdings messtechnisch deutliche Grenzen gesetzt. Aus diesem Grund wird für geländeklimatologische Studien vermehrt auf Satellitendaten der Erderkundungssatelliten (Landsat, SPOT, IRS, IKONOS etc.) zurückgegriffen. Eine mögliche Methode zur flächendeckenden Erfassung der Albedo mit Hilfe von Landsat-TM Daten ist in Anhang 4 dargestellt.

3.1.6 Beeinflussung der Reflexstrahlung durch Atmosphäre und Gelände

Auch die Reflexstrahlung wird durch Atmosphäre und Geländegestalt beeinflusst. Ob die an der Erdoberfläche reflektierte Solarstrahlung in den Weltraum abgegeben wird oder dem Gelände zugute kommt, hängt unter anderem vom spezifischen Rückstreuverhalten der reflektierenden Oberflächen ab. Wie im Fall der diffusen Himmelstrahlung stellt sich die Frage, ob die reflektierte Geländestrahlung isotrop oder anisotrop über den gesamten Halbraum verteilt ist. In Abbildung 3.11 (links) sind die grundsätzlichen Typen des Rückstreuverhaltens skizziert. Im Idealfall (**Lambertsche Oberfläche**) verhält sich die Reflexion über den Halbraum völlig isotrop, so dass eine homogene Verteilung der Strahldichten über alle Raumwinkelsegmente vorliegt. In der Realität weichen die meisten Oberflächen etwas von diesem Idealverhalten ab und zeigen eine mehr oder weniger **gerichtete** (anisotrope) **Reflexion**. Der Grad und die bevorzugte Richtung der Anisotropie hängt vom Verhältnis zwischen Wellenlänge, Oberflächenrauhigkeit und Beleuchtungsgeometrie (Sonnenhöhe) ab (s. dazu KRAUS & SCHNEIDER 1988). Bei sehr glatten Oberflächen und niedriger Sonnenhöhe kann im Extremfall **spiegelnde Reflexion** (Einfallswinkel = Ausfallswinkel) auftreten. Diesen Effekt beobachtet man besonders über Wasserflächen, wo unter bestimmten Bedingungen (z.B. niedrige Sonnenhöhe) die einfallende Solarstrahlung vollständig reflektiert werden kann (s. Anhang 3, Albedo von Wasserflächen). Insgesamt ist das Rückstreuverhalten natürlicher Oberflächen recht komplex und wird mit Hilfe von sogenannten **bidirektionalen Reflexionsfunktionen** oder von der Beleuchtungsgeometrie abhängigen **Anisotropiefaktoren** beschrieben. Beispiele dafür finden sich in SUTTLES *et al.* (1988).

Je nach Reflexionsverhalten ergeben sich verschiedene Möglichkeiten, wie die reflektierte Solarstrahlung räumlich verteilt wird (Abb. 3.11, rechts). Geht man in erster Näherung davon aus, dass die von Atmosphäre und Erdoberfläche reflektierte Solarstrahlung isotrop über den Halbraum verteilt ist, dann ergeben sich die folgenden Strahlungspfade:

- Die von Punkt *B* isotrop reflektierte Strahlung kann im Raumwinkelsegment (a) direkt an den Weltraum abgegeben, im Segment (b) von der Atmosphäre zum Punkt *B* zurückgestreut werden (2. Ordnung) oder bestrahlt im Fall (c) den Hangpunkt *A*, der in einem durch die Topographie beeinflussten Raumwinkelsegment liegt (1. Ordnung). Wie hoch die reflektierte Strahldichte am Punkt *A* ausfällt, hängt neben dem Betrag der solaren Bestrahlungsstärke vor allem von der Albedo am Punkt *B* ab. Ein Teil der am Punkt *A* ankommenden Reflexstrahlung wird nun wiederum entlang des Strahlungspfads (c) (i.A. der Albedo von Punkt *A*) zum Punkt *B* zurückreflektiert (2. Ordnung).
- Entlang des Strahlungspfads (d) wird ein Teil der Solarstrahlung von Hangpunkt *C* (i.A. der Albedo von *C*) in die Atmosphäre abgegeben und dort

zum Punkt *D* (i.A. der atmosphärischen Albedo) zurückgestreut (2. Ordnung).

➢ Entlang des Pfads (e) wird die am Punkt *C* einfallende Strahlung zuerst zum Gegenhang und dann zum Punkt *D* reflektiert (2. Ordnung).

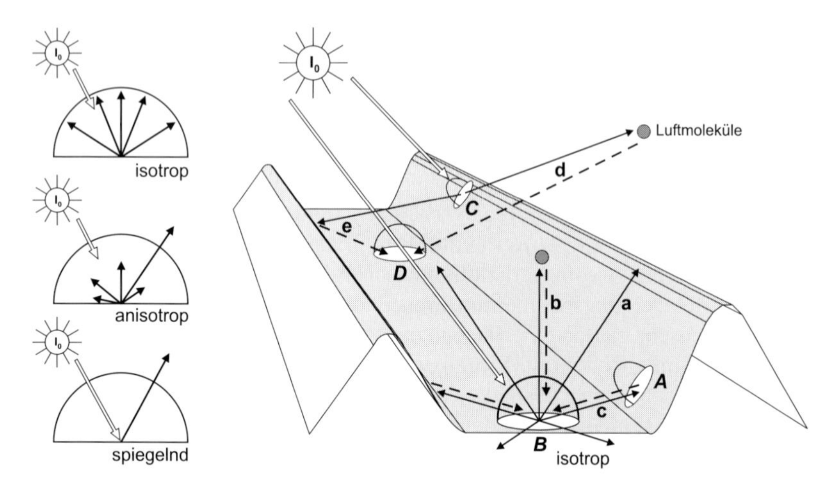

Abb. 3.11: Typen des Reflexionsverhaltens und möglicher Strahlungstransfer im Gelände

Darüber hinaus sind Mehrfachreflexionen höherer Ordnung möglich, die in ihrer Intensität mit zunehmender Ordnung deutlich abnehmen. Das soll an einem einfachen Beispiel (Strahlungspfads c) verdeutlicht werden:

> Gegeben sei eine einheitliche Albedo (a) von 16% (0,16) an den Punkten *A* und *B*. An Punkt *B* ergibt sich im Fall von absolut gerichteter Reflexion bei einer solaren Bestrahlungsstärke von 700 $W \cdot m^{-2}$ eine Reflexstrahlung von $0{,}16 \cdot 700 = 112\ W \cdot m^{-2}$ bzw. im isotropen Fall eine Strahldichte im Raumwinkelsegment (c) von $112/\pi = 35{,}7\ W \cdot m^{-2} \cdot sr^{-1}$, die Punkt *A* erreicht. Bei der Reflexion 2. Ordnung dieses Strahlungsanteils zurück von *A* nach *B* reduziert sich der Betrag um $35{,}7 \cdot 0{,}16$ auf 6 bzw. bei einer erneuten Reflexion 3. Ordnung von *B* nach *A* auf $6 \cdot 0{,}16\ = 0{,}96\ W \cdot m^{-2} \cdot sr^{-1}$.

Die Geländereflexion höherer Ordnung ist also vernachlässigbar klein. Der atmosphärische Reflexanteil (z.B. Pfad b) liegt in der Regel deutlich unter dem Betrag der Geländereflexion und gewinnt nur bei niedriger Sonnenhöhe (<30°) und/oder hohen Aerosolkonzentrationen an Gewicht.

Die Interaktion von Gelände und isotroper Reflexion wird über den **Geländesichtfaktor** (**Terrain View Factor** Ψ_{Ter}) festgelegt:

$$\Psi_{Ter} = 1\text{-}\Psi_{Sky} \tag{3.15}$$

wobei: Ψ_{Ter} = Geländesichtfaktor, Ψ_{Sky} = Himmelssichtfaktor

Ψ_{Ter} gibt den relativen Anteil des Halbraums an, von dem das umliegende Gelände sichtbar ist. Nur aus diesem Bereich des Halbraums kann der Geländepunkt zusätzlich durch Geländereflexion beleuchtet werden. Der Geländesichtfaktor leitet sich damit direkt aus dem Himmelssichtfaktor ab. Analog zu Gleichungen (3.12) und (3.13) werden häufig vereinfachte Berechnungsformen angewendet (Oke 1987):

Hänge:
$$\psi_{Ter} = (1 - \cos\hat{\beta}) / 2 \tag{3.16}$$

Täler:
$$\psi_{Ter} = 1 - \cos\hat{\beta} \tag{3.17}$$

wobei: Ψ_{Ter} = Geländesichtfaktor, $\hat{\beta}$ = Inklination (Hangneigung) [°]

Für die topographische Bestrahlungsstärke eines Punktes ergibt sich damit abschließend:

$$\hat{K}\downarrow = \hat{S}\downarrow + \hat{D}\downarrow + K\downarrow \cdot \alpha \cdot \psi_{Ter} \tag{3.18}$$

wobei: $\hat{K}\downarrow$ = Topographische solare Bestrahlungsstärke [$W \cdot m^{-2}$], $\hat{S}\downarrow$ = Topographische Bestrahlungsstärke der solaren Direktstrahlung [$W \cdot m^{-2}$], $\hat{D}\downarrow$ = Topographische Bestrahlungsstärke der solaren Diffusstrahlung [$W \cdot m^{-2}$], $K\downarrow$ = Topographische solare Bestrahlungsstärke der Umgebung [$W \cdot m^{-2}$], Ψ_{Ter} = Geländesichtfaktor, α = Albedo

wobei α der Albedo der zur Geländereflexion beitragenden umgebenden Flächen entspricht. Zur vereinfachten Berechnung kann die mittlere Umgebungsalbedo des Geländes eingesetzt werden, streng genommen muss man die Albedo und Bestrahlungsstärke des umgebenden Geländes im Bereich jedes relevanten Raumwinkelsegments berücksichtigen.

Am Beispiel des Charazani Tals lässt sich die Bedeutung der Geländereflexion in komplexer Topographie nachvollziehen (Abb. 3.12). Ganz eindeutig sind die Talbereiche bevorzugte Zielgebiete der Geländereflexion, während in den ebeneren Bereichen und den Berggraten der Einfluss der Geländereflexion gegen Null tendiert. Bei einer mittleren Umgebungsalbedo von etwa 16% (abgeleitet aus Landsat TM) und einer solaren Bestrahlungsstärke von 700 $W \cdot m^{-2}$ ergeben sich nur in den Talbereichen nennenswerte Strahlungsgewinne von bis zu 22 $W \cdot m^{-2}$, deren Bedeutung mit etwa 3% an der gesamten Bestrahlungsstärke eher gering ausfällt. Erst bei einer sehr hohen Umgebungsalbedo wie beispielsweise im Fall einer geschlossenen Schneedecke oder im Bereich von Eisflächen gewinnt die Geländereflexion an Bedeutung.

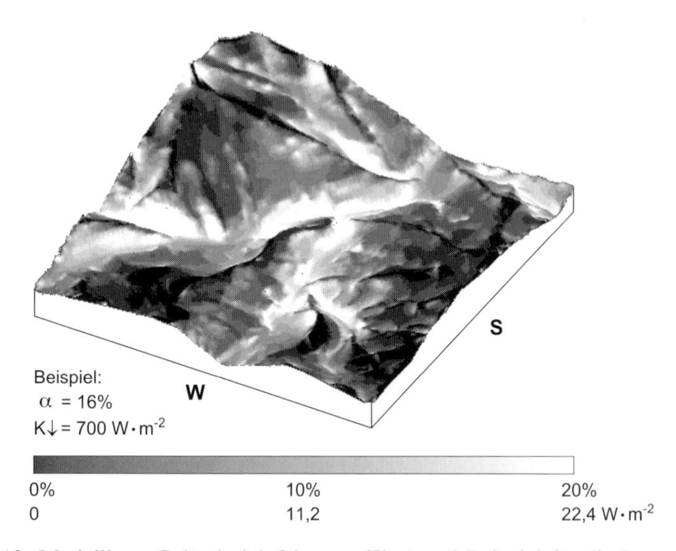

Abb. 3.12: Modellierte Geländesichtfaktoren (Ψ_{Ter}) und Beispiel für die Bestrahlungsstärken durch Geländereflexion für das Charazani Gebiet

Abschließend sei bemerkt, dass die geländeklimatische Differenzierung aufgrund des kurzwelligen Strahlungshaushalts bei Auftreten von dichter Bewölkung deutlich reduziert oder gar unterbunden wird. Das liegt neben den erheblich reduzierten Strahlungssummen aufgrund der geringen Transmission optisch dichter Wolken vor allem daran, dass ein maßgeblicher Anteil der kurzwelligen Strahlung in der Wolkenschicht gestreut wird und somit als diffuse Strahlung die Erdoberfläche erreicht. Differenzierende Elemente wie die Horizontüberschattung oder die Hangneigung verlieren damit an Einfluss.

3.2 Geländegestalt und effektive Ausstrahlung

Die Ausbreitung von langwelliger Wärmestrahlung über den Halbraum erfolgt weitgehend isotrop. Nur bei der Betrachtung von Strahldichten in bestimmten Raumwinkelsegmenten muss der Zenitwinkel berücksichtigt werden, da mit zunehmender Weglänge die langwellige Ausstrahlung ab- und die atmosphärische

Gegenstrahlung zunimmt (UNSWORTH & MONTEITH 1975). Die Reflexion von langwelliger Strahlung ist in der Regel sehr klein und wird daher in den folgenden Betrachtungen vernachlässigt.

3.2.1 Die langwellige Ausstrahlung auf ebenen Flächen

Die für die langwellige Ausstrahlung verfügbare Energie resultiert letztlich aus der solaren topographischen Netto-Bestrahlungsstärke ($\hat{K}\downarrow \cdot \alpha$). Dieser kurzwellige Strahlungsanteil kann nach dem Grundsatz [$a = 1-(\alpha+\tau)$] von festen, flüssigen oder gasförmigen Körpern absorbiert werden. Bei der Absorption geben die Photonen der kurzwelligen Strahlung ihre Energie an die Elektronen des absorbierenden Körpers ab, die damit auf ein höheres Energieniveau angehoben werden. Die Anhebung des Energieniveaus bedeutet gleichzeitig eine Zunahme der atomaren und molekularen Bewegungsenergie und damit der Temperatur des Körpers. Nach dem **STEFAN-BOLTZMANN** Strahlungsgesetz strahlt nun jeder Körper und somit auch das Gelände langwellige **Wärmestrahlung** in Abhängigkeit seiner Temperatur ab:

$$L\uparrow = \sigma \cdot T^4 \qquad (3.19)$$

wobei: σ = STEFAN-BOLTZMANN Konstante $5{,}6693 \cdot 10^{-8}$ [$W \cdot m^{-2} \cdot K^{-4}$], T = Oberflächentemperatur [K], $L\uparrow$ = Spezifische Ausstrahlung (langwellig) [$W \cdot m^{-2}$]

Aus Gleichung (3.19) folgt, dass bei Erreichen des absoluten Nullpunkts (0 K) keine Wärmestrahlung mehr abgegeben wird. Da für die Erdoberfläche diese Bedingung aber nicht erreicht wird, emittiert die Geländeoberfläche auch in der Nacht Wärmestrahlung. Nach dem **WIENschen Verschiebungsgesetz** (λ_{max} = 2898/T) gibt die Erdoberfläche unter Berücksichtigung einer mittleren Temperatur von etwa 300 K das Maximum der langwelligen Ausstrahlung bei etwa 9,7 µm ab. Damit beinhaltet der Absorptionsprozess im Gegensatz zum Mechanismus der Reflexion eine spektrale Umwandlung der kurzwelligen Solarstrahlung (λ_{max} ≈ 0,58 µm) in langwellige Wärmestrahlung.

Ob ein Körper nun die gesamte absorbierte Energie als Wärmestrahlung abgibt (emittiert), hängt von seinen Materialeigenschaften bzw. der Oberflächenbeschaffenheit ab. Gleichung 3.19 gilt strenggenommen nur für Körper, bei denen die gesamte absorbierte Energie auch wieder emittiert wird, sogenannte **Schwarzkörper**. Natürliche Oberflächen entsprechen dem Ideal eines Schwarzkörpers in der Regel nicht, da ein kleiner Teil der langwelligen Strahlung bei festen Körpern nicht emittiert bzw. bei transparenten Körpern (z.B. Atmosphäre) auch transmittiert wird. Aus diesem Grund gilt für die langwellige Ausstrahlung natürlicher Geländeoberflächen in der Ebene:

$$L\uparrow = \varepsilon \cdot \sigma \cdot T^4 \quad (3.20)$$

wobei: σ = STEFAN-BOLTZMANN Konstante $5{,}6693 \cdot 10^{-8}$ [$W \cdot m^{-2} \cdot K^{-4}$], T = Oberflächentemperatur [K], $L\uparrow$ = Spezifische Ausstrahlung (langwellig) [$W \cdot m^{-2}$], ε = Emissionsvermögen

Das **Emissionsvermögen** (ε) der Geländeoberfläche gibt den relativen Anteil der emittierten Wärmestrahlung in Beziehung zur emittierten Wärmestrahlung eines schwarzen Körpers gleicher Temperatur an und liegt für natürliche Oberflächen mit einigen Ausnahmen (z.B. alte Schneedecken) nur wenig unter 1 (s. Anhang 3).

3.2.2 Die atmosphärische Gegenstrahlung auf ebenen Flächen bei Strahlungswetterlagen

Die atmosphärische **Gegenstrahlung** hängt maßgeblich von der Lufttemperatur sowie dem Wasserdampfgehalt der Atmosphäre ab. Analog zu Gleichung (3.20) gilt für den Halbraum:

$$L\downarrow = \varepsilon_{Luft} \cdot \sigma \cdot T_{Luft}^4 \quad (3.21)$$

wobei: σ = STEFAN-BOLTZMANN Konstante $5{,}6693 \cdot 10^{-8}$ [$W \cdot m^{-2} \cdot K^{-4}$], T_{Luft} = Lufttemperatur [K], $L\downarrow$ = Atmosphärische Gegenstrahlung (langwellig) [$W \cdot m^{-2}$], ε_{Luft} = Emissionsvermögen der Luft

Ein Großteil der Gegenstrahlung an der Erdoberfläche kommt dabei aus den untersten Schichten der Atmosphäre. Bei einem Gesamtwassergehalt von 1,425 cm erreichen 72% der Gegenstrahlung aus den unteren 87 und bereits 98,8% aus den unteren 108 Metern das Gelände (GEIGER, ARON & TODHUNTER 1995). Aus diesem Grund sind verschiedene empirische Modelle zur Berechnung der atmosphärischen Gegenstrahlung aus Feldmessungen abgeleitet worden, die auf im Wetterhüttenniveau (2 m) gemessenen Daten von Lufttemperatur und Luftfeuchte basieren. Einen guten Überblick über die verschiedenen Methoden geben die Arbeiten von DUGUAY (1993) sowie SAUNDERS & BAILEY (1997). MARKS & DOZIER (1979) schlagen die folgende Berechnung des Emissionsvermögens der Atmosphäre (ε_{Luft}) mit Hilfe von gemessenen Werten der Lufttemperatur und des Dampfdrucks im Wetterhüttenniveau vor:

$$\varepsilon_{Luft} = 1{,}24 \cdot (e/T)^{1/7} \quad (3.22)$$

wobei: T = Lufttemperatur [K], ε_{Luft} = Emissionsvermögen der Luft, e = Dampfdruck [hPa]

3.2.3 Effektive topographische Ausstrahlung

Analog zur Solarstrahlung beeinflusst die Geländegestalt auch die langwelligen Strahlungsflüsse:

- Die Geländehöhe wirkt sich über die Änderung der Temperatur und des Dampfdrucks auf die Gegenstrahlung aus.
- Die atmosphärische Gegenstrahlung kann nur in den Bereichen des Halbraums wirksam sein, die nicht durch die umliegende Topographie abgeschirmt sind (s. Abb. 3.7).
- Die Gegenstrahlung wird durch die vom umliegenden Gelände emittierte Wärmestrahlung verstärkt.

Die Veränderung des atmosphärischen Emissionsvermögens mit zunehmender Geländehöhe berücksichtigen MARKS & DOZIER (1979) durch die folgende Korrektur von Gleichung (3.22), deren Bezugsebene normalerweise das Meeresniveau ist:

$$\varepsilon_{Luft} = [(1{,}24 \cdot e'/T')^{1/7}] \cdot (p/1013) \quad (3.23)$$

wobei: ε_{Luft} = Emissionsvermögen der Luft, e' = Dampfdruck [hPa] nach 3.25, T' = Lufttemperatur [K] nach 3.24, p = Luftdruck [hPa]

Unter der Annahme einer gleichbleibenden relativen Luftfeuchte (rF = e/E) und einem feuchtadiabatischen Temperaturgradienten von 0,0065 $K \cdot m^{-1}$ gilt:

$$T' = T_{Luft} \cdot (0{,}0065 \cdot z) \quad (3.24)$$

$$e' = rF \cdot E' \quad (3.25)$$

wobei: E' = Sättigungsdampfdruck bei Temperatur T' [hPa], z = Geländehöhe [m]

Abbildung 3.13 zeigt den Einfluss der Geländehöhe auf die atmosphärische Gegenstrahlung für verschiedene Standardatmosphären. Grundsätzlich ist das atmosphärische Emissionsvermögen sowie die Gegenstrahlung in den Tropen auf allen Höhenlagen am höchsten und in der Subarktis am niedrigsten.

In allen geographischen Gebieten zeichnet sich ein deutlicher Höhengradient ab. So ergibt sich in den sommerlichen Mittelbreiten eine Abnahme der atmosphärischen Emissivität von 84% (Meeresniveau) auf 37% in 6000 Metern Höhe, wodurch die atmosphärische Gegenstrahlung um etwa 30% abnimmt.

In stark gegliedertem Gelände wird der Betrag an langwelliger Gegenstrahlung durch das umgebende Gelände in doppelter Weise beeinträchtigt. Einerseits kann an einem Geländepunkt nur atmosphärische Gegenstrahlung in Raumwinkelsegmenten mit freier Himmelssicht wirksam werden; dies wird analog zur diffusen Solarstrahlung mit dem **Himmelssichtfaktor** beschrieben. Andererseits erhält

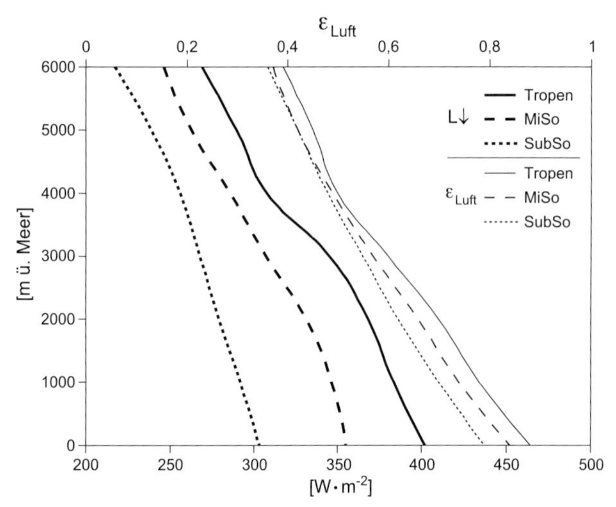

Abb. 3.13: Atmosphärische Emissivität und Gegenstrahlung in Abhängigkeit der Höhenlage für drei Standardatmosphären

ein Geländepunkt emittierte Ausstrahlung in Raumwinkelsegmenten, die durch das umliegende Gelände (u) abgeschirmt sind. Dieser Anteil wird durch den **Geländesichtfaktor** beschrieben. Nach MARKS & DOZIER (1979) ergibt sich für die langwellige Gegenstrahlung:

$$\hat{L} \downarrow = (\varepsilon_{Luft} \cdot \sigma \cdot T_{Luft}^4) \cdot \psi_{Sky} + (\varepsilon_u \cdot \sigma \cdot T_u^4) \cdot \psi_{Ter} \tag{3.24}$$

wobei: $\hat{L}$ = Topographische atmosphärische Gegenstrahlung [$W \cdot m^{-2}$], σ = STEFAN-BOLTZMANN Konstante $5{,}6693 \cdot 10^{-8}$ [$W \cdot m^{-2} \cdot K^{-4}$], T_{Luft} = Lufttemperatur [K], ε_{Luft} = Emissionsvermögen der Luft, Ψ_{Sky} = Himmelssichtfaktor, Ψ_{Ter} = Geländesichtfaktor

Als Emissivität und Strahlungstemperatur sind in guter Annäherung Mittelwerte der den Halbraum abschattenden Umgebung einzusetzen. MARKS & DOZIER (1979) beschreiben ein auf einer multiplen Regression basierendes Verfahren, wie man mit Hilfe eines DGM's und gemessenen Tagesgängen von Lufttemperatur und -feuchte die Gegenstrahlung in Gebirgsregionen flächendeckend herleiten kann.

Die langwellige Bilanz ergibt sich aus (3.20) und (3.24):

$$\hat{L}^* = \hat{L}\downarrow - L\uparrow \tag{3.25}$$

wobei: $\hat{L}^*$ = Effektive topographische Ausstrahlung [W·m^{-2}], $\hat{L}\downarrow$ = Topographische atmosphärische Gegenstrahlung [W·m^{-2}], $L\uparrow$ = Spezifische Ausstrahlung [W·m^{-2}]

Während die atmosphärische Gegenstrahlung mit Klimamessdaten recht gut zu erfassen ist, gestaltet sich die flächendeckende Aufnahme der langwelligen Ausstrahlung häufig als recht schwierig, da die Oberflächentemperatur des Geländes in der Regel nicht bekannt ist. Eine Möglichkeit der Informationsbeschaffung ist die Auswertung von Thermalbildern aus der Fernerkundung (z.B. Daten des Landsat-TM Thermalkanals 6, 10,4–12,5 µm), mit deren Hilfe die langwellige Ausstrahlung zumindest für den Aufnahmezeitpunkt des Bildes abgeschätzt werden kann (s. Anhang 5).

In Abbildung 3.14 ist die langwellige Ausstrahlung (nach Anhang 5) der potentiellen topographischen Bestrahlungsstärke zum Zeitpunkt eines Landsat-Überflugs für das Charazani Gebiet gegenübergestellt.

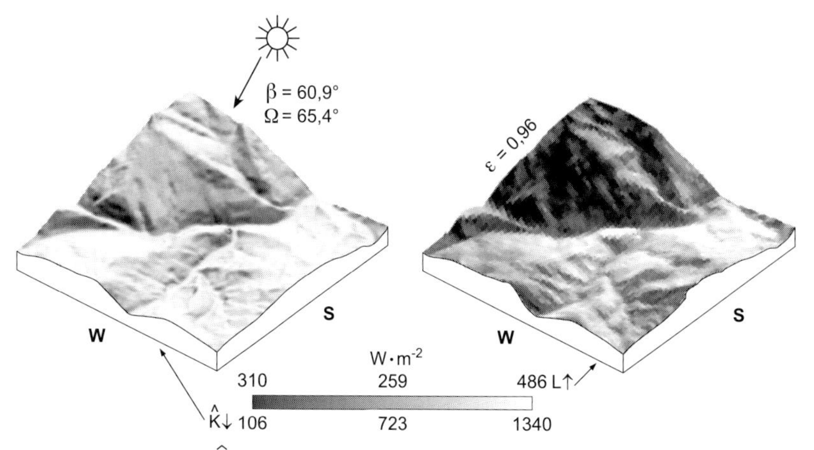

Abb. 3.14: Potentielle $\hat{K}\downarrow$ (links) und $0{,}96 \cdot L_{BB}$ (rechts) berechnet für das Charazani Gebiet, Landsat Überflug vom 18.3.1987

Es ist deutlich zu erkennen, dass sich die langwellige Ausstrahlung an der räumlichen Verteilung der solaren Einstrahlung orientiert. Reduzierte Ausstrahlungswerte finden sich an den sonnenabgewandten Hängen, hohe Anteile im Bereich der sonnenzugewandten Flächen und Bergrücken. Am Tag ist daher der Betrag der absorbierten Solarstrahlung maßgeblich für das räumliche Bild der langwelligen Ausstrahlung verantwortlich. Eine Nachtaufnahme würde demgegenüber aufgrund der fehlenden solaren Einstrahlung ein räumlich undifferenzierteres Bild ergeben, das vom unterschiedlichen Emissionsvermögen des Geländes sowie der Höhenlage dominiert ist.

4 Gelände und Wärmebilanz

Die im vorhergehenden Kapitel vorgestellte Strahlungsbilanz beschreibt den Energieumsatz in Strahlungsflussdichten an der Grenzfläche Erde-Atmosphäre durch elektromagnetische Wellenausbreitung. Sie ist aber nur ein Teil des vollständigen Energieumsatzes, da zwischen Erdoberfläche und angrenzender Atmosphäre in der Regel ein Energiegefälle besteht, das maßgeblich durch den turbulenten Transport von Wärme und Wasserdampf ausgeglichen wird. Für die Erdoberfläche als Umsatzfläche gilt daher die **Wärmebilanzgleichung** in ihrer allgemeinen Form:

$$0 = Q^* - B - L - V \qquad (4.1)$$

wobei: Q*: Strahlungsbilanz, B: Bodenwärmestrom, L: Flussdichte fühlbarer Wärme (=Fühlbarer Wärmestrom), V: Flussdichte latenter Wärme des Wasserdampfs (=Latenter Wärmestrom), alle Größen in $W \cdot m^{-2}$

Positive Flussdichten weisen im vorliegenden Buch von der Umsatzfläche weg (und umgekehrt), d.h. von der Erdoberfläche zur Atmosphäre für L und V und von der Bodenoberfläche hin zu tieferen Bodenschichten für B. Es sei angemerkt, dass die Richtung der Flüsse (und damit das Vorzeichen) in der Literatur nicht einheitlich verwendet wird, so dass bei der Interpretation entsprechender Diagramme Vorsicht geboten ist (vergl. z.B. OKE 1997 mit KRAUS 2001 bzw. HUPFER & KUTTLER 1998). Im Gegensatz zu den turbulenten atmosphärischen Flüssen ist der Mechanismus für B die molekulare Wärmeleitung.

4.1 Oberflächenbeschaffenheit und Bodenwärmestrom

Der **Bodenwärmestrom** ergibt sich aus dem Produkt von Temperaturgradient (dT/dz) im Boden und der bodenspezifischen **Wärmeleitfähigkeit** (Λ), die von der Materialzusammensetzung, dem Porenvolumen sowie der Bodenfeuchte abhängt (s. auch Anhang 6):

$$B = \Lambda \cdot \frac{dT}{dz} \qquad (4.2)$$

wobei: B = Bodenwärmestrom [$W \cdot m^{-2}$], Λ = Wärmeleitfähigkeitskoeffizient [$W \cdot m^{-1} \cdot K^{-1}$], T = Temperatur [K], z = Strecke [m]

Die räumliche Variabilität der Bodenbeschaffenheit ist somit von besonderer Bedeutung für die lokale Ausprägung von B. Abbildung 4.1 zeigt deutliche Unterschiede im Tagesgang des Bodenwärmestroms für verschiedene Landbedeckungstypen. Während in der Nacht alle Oberflächen Wärme an die Atmosphäre abgeben (**nächtliche Ausstrahlung**), findet am Tage ein entgegengesetzter Fluss von der Bodenoberfläche in tiefere Bodenschichten statt, wobei die Verlaufskurve von B der täglichen Einstrahlung folgt (Maximum gegen Mittag). Allerdings unterscheiden sich die einzelnen Oberflächen deutlich in ihrer Amplitude. Feuchte Sandböden sind (konstante Feuchte über den Tag vorausgesetzt) durch einen besonders intensiven Tagesgang gekennzeichnet, während die Wärmeleitung in trockenen Sandböden sichtlich reduziert ist. Hier wirkt sich der hohe Luftgehalt des Porenvolumens aus. Da Luft ein gegenüber Wasser deutlich schlechterer Wärmeleiter ist (Anhang 6), bestimmt der Luft- bzw. Wassergehalt bei identischem Substrat maßgeblich die Wärmeleitfähigkeit. Substrate mit einem sehr hohen Luftgehalt und insgesamt niedriger Dichte wie z.B. Torf weisen daher kaum noch nennenswerte Tagesschwankungen im Bodenwärmestrom auf.

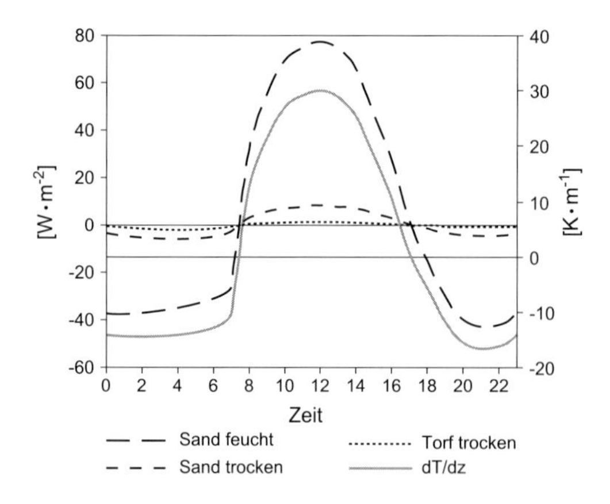

Abb. 4.1: Typischer Tagesgang des Bodenwärmestroms zwischen der Bodenoberfläche und 5 cm Tiefe für verschiedene Materialien (Strahlungstag) bei gleicher Temperaturdifferenz (dT/dz)

Die Erwärmungsraten im Boden spiegeln grundsätzlich die tageszeitliche und substratabhängige Entwicklung des Bodenwärmestroms wider (Abb. 4.2). Während sich trockener Sand mit einem luftgefüllten Porenvolumen von etwa 43 Vol.-% zur Mittagszeit um etwa 0,5 $K \cdot h^{-1}$ erwärmen kann, liegt die Erwärmungsrate von trockenem Torf bei einem Porenvolumen von bis zu 90 Vol.-% deutlich darunter. Substrate mit geringem Porenvolumen können sich daher potentiell besser erwärmen als Substrate mit hohem Porenanteil.

Betrachtet man die potentielle Erwärmungskurve für den wassergesättigten Sandboden, so scheint er sich im Tagesverlauf aufgrund seiner hohen Wärmeleitfähigkeit deutlich besser erwärmen zu können, als die trockenen Substrate. In der Realität ist seine Erwärmungsrate an einem Strahlungstag aber aufgrund der einsetzenden Verdunstung deutlich kleiner und kann die des trockenen Sandbodens u. U. sogar unterschreiten. Im wassergesättigten Fall wird nämlich die zur Verdunstung notwendige Energie an der Bodenumsatzfläche der Strahlungsbilanz entnommen (**Verdunstungskälte**) und steht somit nicht mehr zur Erwärmung des Bodens zur Verfügung. Demgegenüber kann beim trockenen Boden die eingestrahlte Energie vollständig in Wärme umgesetzt werden.

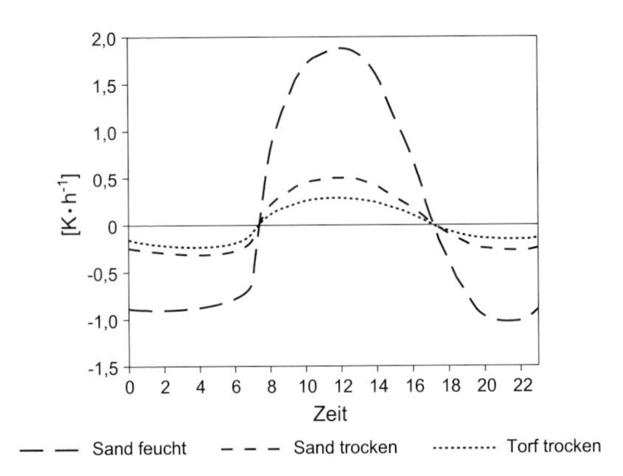

Abb. 4.2: Typischer Tagesgang von Erwärmung bzw. Abkühlung der obersten Bodenschicht (5 cm) für verschiedene Materialien (s. Abb. 4.1) (Strahlungstag, Verdunstung nicht berücksichtigt)

Insgesamt sind Böden gute Isolatoren. So kann die tägliche Temperaturwelle aufgrund der insgesamt geringen Wärmeleitfähigkeit nur sehr zeitverzögert in tiefere Bodenschichten vordringen (s. **Dämpfungstiefe** in Anhang 6). Tabelle 4.1 zeigt, dass auch hier der Luft- bzw. Wasseranteil eine große Rolle spielt. Bei trockenem Torf kann beispielsweise das mittägliche Temperaturmaximum an der Bodenoberfläche bei einer Zeitverzögerung von 22 Stunden in 30 cm Bodentiefe nicht mehr am gleichen Tag festgestellt werden.

Nicht zu vernachlässigen für die Energiebilanz einer Landschaft ist auch die Bodenfarbe, da sie das Verhältnis von Absorption und Reflexion und damit den Wärmeumsatz an der Bodenoberfläche bestimmt (Tab. 4.2). Grundsätzlich nimmt die Albedo mit zunehmender Helligkeit zu, so dass über hellen Böden weniger

Tab. 4.1: Zeitverzögerung (h) des Temperaturmaximums in verschiedenen Bodentiefen in Bezug zur Bodenoberfläche

	-0,05 m	-0,1 m	-0,3 m
Sand, trocken (0 Vol%)	2,4	4,8	14,3
Sand, feucht (43 Vol%)	1,3	2,5	7,4
Torf, trocken (0 Vol%)	3,7	7,3	22,0
Wasser (4°C)	30,8	61,6	184,8

kurzwellige Strahlung absorbiert und in Wärme umgesetzt werden kann. Weiterhin ist zu beachten, dass die Farbe auch eine Funktion der Wassersättigung ist. Je stärker der Wassergehalt eines Bodens ansteigt, desto dunkler wird er und verliert damit an Reflexionsvermögen.

Wirksam für die Ausprägung von Geländeklima werden die thermischen Bodeneigenschaften in ihrer räumlichen Differenziertheit vor allem in Gebieten mit spärlichem Vegetationsbewuchs (z.B. subtropische Trockengebiete).

Tab. 4.2: Albedo (%) und Bodenfarbe im trockenen und Wasser gesättigten Zustand (1 = hell, 8 = dunkel) (nach DICKINSON 1993)

Farbe	1	2	3	4	5	6	7	8
Trocken	23	22	20	18	13	14	12	10
Gesättigt	12	11	10	9	8	7	6	5

4.2 Geländeoberfläche und atmosphärische Wärmeströme

Der Wärmetransport von der Erdoberfläche in die Atmosphäre wird oberhalb der laminaren Grenzschicht hauptsächlich durch turbulente Mischungsvorgänge geleistet. Neben unterschiedlichen Erwärmungsraten aufgrund ihrer Farbe (Verhältnis Albedo-Absorption) bzw. ihrer Lage im Relief (Abschattung) bestimmen die einzelnen Oberflächentypen diesen Austausch vor allem über ihre Rauhigkeit gegenüber der lateralen Windbewegung und damit über die Turbulenzintensität (s. Kap. 2.3.2). Als dritte bestimmende Komponente einer geländeklimatischen Differenzierung kommt noch die Möglichkeit einer Landschaft hinzu, den aus der Strahlungsbilanz verfügbaren Energiebetrag entweder in Wärmeproduktion oder für die **Verdunstung** von Wasser einzusetzen. Die Wasserverfügbarkeit und die Möglichkeit, Verdunstung in gewissen Grenzen aktiv steuern zu können (Vegetation), ist entscheidend für das Verhältnis von Produktion an fühlbarer

Wärme (Temperatur) bzw. Wasserdampf und modifiziert wiederum die oberflächenspezifischen Erwärmungsraten. Bei vollkommen trockenen Oberflächen (z.B. Wüstenböden) sind hohe Erwärmungsraten zu erwarten, so dass der vertikale Austausch von Wärme (der fühlbare Wärmestrom) dominiert. Bei feuchten Böden oder wasserbenetzten Pflanzenoberflächen wird grundsätzlich ein Teil der verfügbaren Energie in passive Verdunstung (**Evaporation, Interzeption**) investiert, so dass der vertikale Austausch durch die Summe von fühlbarem und latenten Wärmestrom bestimmt wird. In vegetationsbedeckten Landschaften kann die Vegetation darüber hinaus die Verdunstung aktiv regulieren (**Transpiration**), so dass sich das Verhältnis zwischen fühlbarem und latenten Wärmestrom (auch als **Bowen-Verhältnis** bezeichnet) in gewissen Grenzen an der Stoffwechselaktivität der Pflanzen orientiert.

4.2.1 Der fühlbare Wärmestrom

Grundsätzlich wird die Größenordnung des **fühlbaren Wärmestroms** durch den vertikalen Temperaturgradienten dT/dz und die Turbulenzintensität bestimmt, wobei zur Berechnung der turbulente Diffusionskoeffizient für den Wärmetransport (s. Gleichung 2.3) herangezogen wird. Es ist anzumerken, dass in der folgenden Gleichung bei größerer Höhenerstreckung die aktuelle Lufttemperatur T durch die potentielle Temperatur ersetzt werden muss.

$$L = -\rho \cdot c_p \cdot K_L \cdot \frac{dT}{dz} \tag{4.3}$$

wobei: L = Fühlbarer Wärmestrom [$W \cdot m^{-2}$], ρ = Luftdichte [$kg \cdot m^{-3}$], c_p = Spezifische Wärme von Luft bei konstantem Druck [$J \cdot kg^{-1} \cdot K^{-1}$], K_L = Turbulenter Diffusionskoeffizient für den Wärmetransport [$m^2 \cdot s^{-1}$], T = Temperatur [K], z = Strecke [m]

Abbildung 4.3 zeigt deutlich, dass der fühlbare Wärmestrom mit zunehmendem Temperaturgradienten, aber auch mit zunehmender Turbulenzintensität (Vertikalgradient der Windgeschwindigkeit) bzw. höherer Windgeschwindigkeit signifikant ansteigt.

Fraglich ist allerdings die Ausprägung des fühlbaren Wärmestroms an windstillen Strahlungstagen. Auch hier zeigt die Beobachtung, dass der vertikale Wärmeaustausch im Zuge konvektiver Vorgänge unter Umständen sehr intensiv ist. Allerdings kann das nicht mit der oben diskutierten Intensität der mechanischen Turbulenz erklärt werden, da sich die bisher betrachteten Turbulenzparameter (z.B. u_*, MO, s. Anhang 0) und damit auch der turbulente Diffusionskoeffizient für den Wärmetransport (Gleichung 2.3) bei fehlender horizontaler Luftbewegung (v geht gegen 0 $m \cdot s^{-1}$) zu Null ergeben bzw. nicht definiert sind.

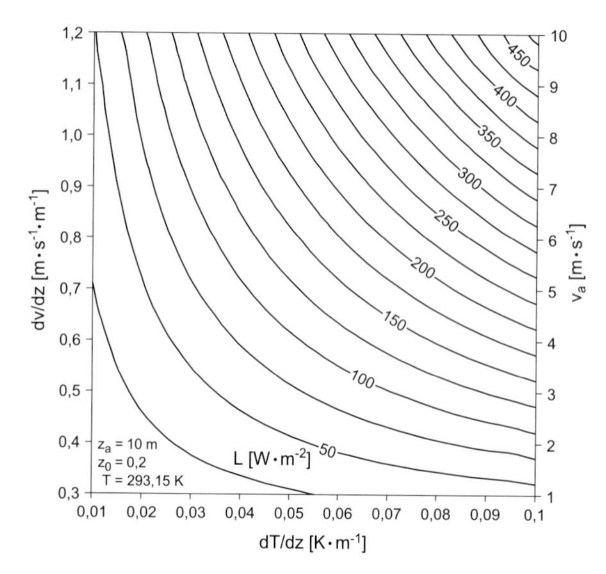

Abb. 4.3: Fühlbarer Wärmestrom für einen warmen Tag (20°C) mit labilen Schichtungsverhältnissen in Abhängigkeit des vertikalen Temperaturgradienten in der bodennahen Grenz- und Luftschicht (Anemometerhöhe 10 m) und der Strömungs- bzw. Turbulenzverhältnisse

Für derartige Verhältnisse (**freie Konvektion**) kann der Wärmediffusionskoeffizient näherungsweise nach folgender Gleichung bestimmt werden (ROEDEL 1992):

$$K_L = C^{2/3} \cdot \left(\frac{L}{\rho \cdot c_p} \right)^{1/3} \cdot \left(\frac{g}{T} \right)^{1/3} \cdot z^{4/3} \tag{4.4}$$

wobei: L = Fühlbarer Wärmestrom [$W \cdot m^{-2}$], ρ = Luftdichte [$kg \cdot m^{-3}$], c_p = Spezifische Wärme von Luft bei konstantem Druck [$J \cdot kg^{-1} \cdot K^{-1}$], K_L = Turbulenter Diffusionskoeffizient für den Wärmetransport [$m^2 \cdot s^{-1}$], T = Temperatur [K], z = Strecke [m], g = Schwerebeschleunigung [$m \cdot s^{-2}$], C = Proportionalitätsfaktor ~1,3

Für den fühlbaren Wärmestrom bei freier Konvektion ergibt sich die folgende Berechnungsmethode:

$$L = \rho \cdot c_p \cdot C \cdot \left(\frac{g}{T} \right)^{0,5} \cdot \left(-\frac{dT}{dz} \right)^{1,5} \cdot z^2 \tag{4.5}$$

wobei: L = Fühlbarer Wärmestrom [$W \cdot m^{-2}$], ρ = Luftdichte [$kg \cdot m^{-3}$], c_p = Spezifische Wärme von Luft bei konstantem Druck [$J \cdot kg^{-1} \cdot K^{-1}$], T = Temperatur [K], z = Strecke [m], g = Schwerebeschleunigung [$m \cdot s^{-2}$], C = Proportionalitätsfaktor ~1,3

Weitere Verfahren sowie eine ausführliche Diskussion von Vor- und Nachteilen findet der interessierte Leser in OKE (1987) und FOKEN (2003).

4.2.2 Der latente Wärmestrom

Ähnlich wie der fühlbare Wärmestrom ist auch der **latente Wärmestrom** die Folge der Turbulenzintensität, allerdings in Verbindung mit dem Konzentrationsgradienten von Wasserdampf in der bodennahen Luftschicht (Gleichung 4.6). Er beschreibt den Energiebetrag, der für die Verdunstung von Flüssigwasser verbraucht (= **spezifische Verdunstungswärme** L_v), im Wasserdampf gespeichert und mit ihm turbulent verlagert wird. Bei der Kondensation wird dieser Energiebetrag als fühlbare Wärme freigesetzt und somit dem fühlbaren Wärmestrom zugeführt.

Man kann in guter Näherung davon ausgehen, dass der **turbulente Diffusionskoeffizient** für den **Wasserdampf** in vergleichbarer Größenordnung liegt wie der Koeffizient für den Transport fühlbarer Wärme ($K_W \sim K_L$). Daher ergibt sich:

$$V = -\rho_w \cdot L_V \cdot K_w \cdot \frac{d\bar{s}}{dz} \qquad (4.6)$$

wobei: V = Latenter Wärmestrom [$W \cdot m^{-2}$], ρ_w = Wasserdampfdichte (= absolute Sättigungsfeuchte) [$kg \cdot m^{-3}$], L_v = Spezifische Verdunstungswärme [$J \cdot kg^{-1}$], K_W = Turbulenter Diffusionskoeffizient für den Wasserdampf [$m^2 \cdot s^{-1}$], s = Spezifische Feuchte [$kg \cdot kg^{-1}$], z = Strecke [m]

In Abbildung 4.4 zeigt sich erwartungsgemäß eine zur Abbildung 4.3 ähnliche Abhängigkeit des latenten Wärmestroms von der Schichtungsstabilität und der Turbulenzintensität.

Zur Berechnung des latenten Wärmestroms über Vegetationsbeständen müssen noch die Verschiebungshöhe und der mittlere aerodynamische Widerstand der Spaltöffnungen berücksichtigt werden (s. z.B. KLINK 1995). Die eigentliche Verdunstungsleistung einer vegetationsbedeckten Landschaft (**Evapotranspiration**) wird häufig mit Hilfe der **PENMAN-MONTEITH** Gleichung (s. Anhang 7) abgeschätzt.

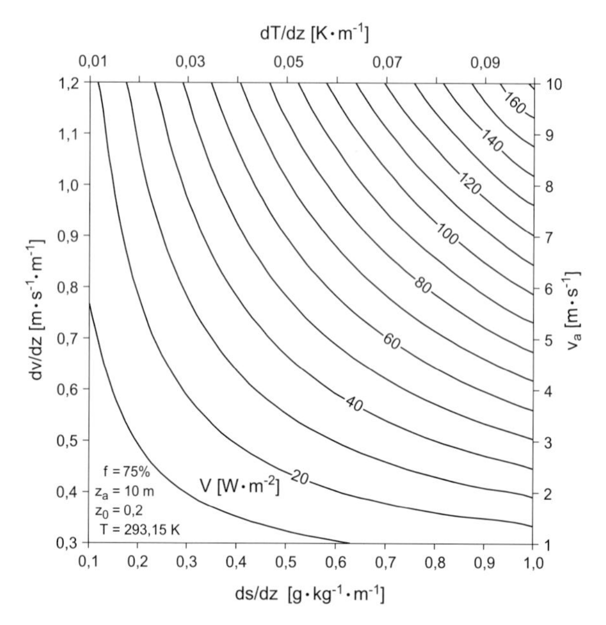

Abb. 4.4: Latenter Wärmestrom für einen warmen Tag (20°C, 75% Luftfeuchte) mit labilen Schichtungsverhältnissen in Abhängigkeit des vertikalen Temperatur- und Feuchtegradienten in der bodennahen Grenz- und Luftschicht (Anemometerhöhe 10 m) sowie der Strömungs- bzw. Turbulenzverhältnisse

4.3 Tagesgang der Wärmebilanz

Der **Tagesgang** der Wärmebilanzterme orientiert sich an dem oberflächenspezifischen und tageszeitenabhängigen Strahlungshaushalt sowie der Wasserverfügbarkeit der Landschaft. Darüber hinaus spielen auch die Austauschbedingungen (Turbulenzintensität) eine wichtige Rolle. Ausgewählte Beispiele in Abbildung 4.5 mögen dies verdeutlichen.

Grundsätzlich bildet sich der Tagesgang der Strahlungsbilanz auch in den Wärmebilanztermen ab. Am Tag sind die Flüsse von V und L in die Atmosphäre gerichtet, wobei ihre Größenordnung mit zunehmender Energieverfügbarkeit aus der Strahlungsbilanz zunimmt. Die Ausprägung des Bodenwärmestroms zeigt, dass tiefere Bodenschichten tagsüber erwärmt werden. In der Nacht kehren sich die Verhältnisse bei insgesamt reduzierten Flussdichten um. Diese grundsätzlichen Eigenschaften werden nun durch die Oberflächenbeschaffenheit und Wasserverfügbarkeit im Gelände deutlich modifiziert.

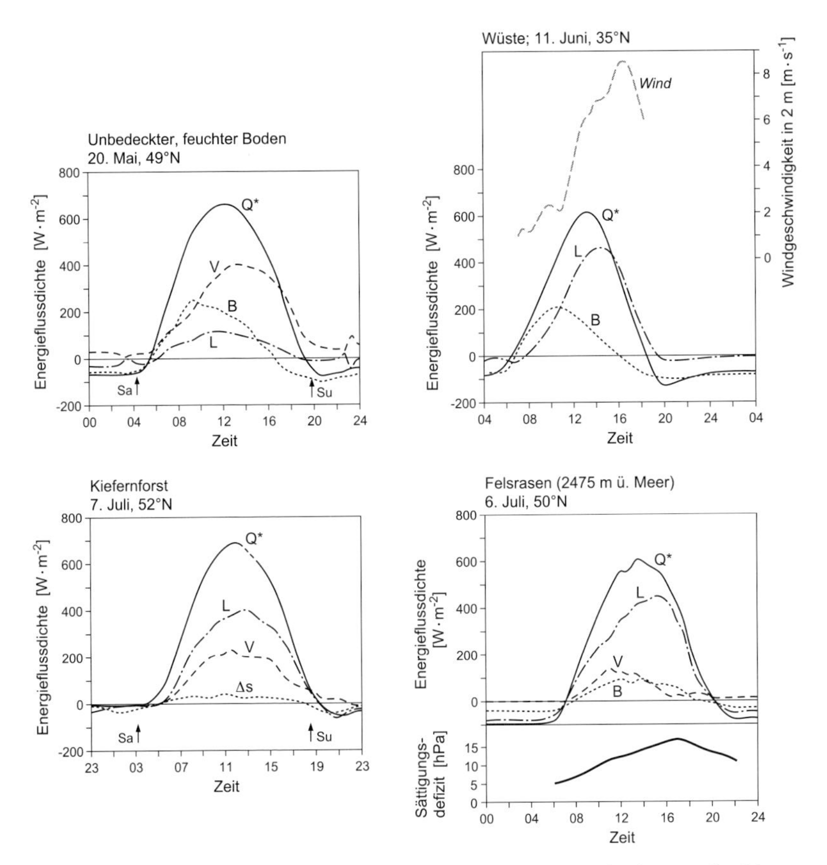

Abb. 4.5: Tagesgang der Wärmebilanz für verschiedene Oberflächen an Strahlungstagen (verändert und zusammengestellt aus OKE 1987 und BOWERS & BAILEY 1989). Δs bezeichnet den molekularen Wärmestrom in der Biomasse (analog zum Bodenwärmestrom)

Bei einem **unbedeckten Boden** mit **Wassersättigung** (z.B. Bewässerungsfeldbau) setzt nach Sonnenaufgang eine deutliche Zunahme der Wärmeströme ein. Der fühlbare Wärmestrom kann sich allerdings über den Tag nur schwach entwickeln, da ein Großteil der Energie in die Verdunstung des Bodenwassers und damit in den latenten Wärmestrom fließt. Aufgrund der guten Wärmeleitung des feuchten Bodens ist der Bodenwärmestrom zu Tagesbeginn noch sehr gut ausgebildet, erfährt aber einen drastischen Einbruch gegen Mittag, wenn die absorbierte Strahlungsenergie für die ansteigende Verdunstungsleistung benötigt wird.

Bereits vor Sonnenuntergang werden Bodenwärmestrom und fühlbarer Wärmestrom negativ, während der Verdunstungswärmestrom leicht positive Werte erhält. Hier wird sowohl dem Boden (nächtliche Ausstrahlung) als auch der Luft fühlbare Wärme entzogen, die aufgrund der hohen Wasserverfügbarkeit bei ausreichender Turbulenz zum Teil noch in den latenten Wärmestrom umgesetzt werden. Interessant ist die Umkehr vor Mitternacht. Hier wird V kurzfristig negativ und L positiv, es findet also ein Fluss von latenter Wärme in Richtung Bodenoberfläche statt. Die Umkehr im Vorzeichen ist durch Kondensation an der Bodenfläche (Taubildung) infolge zunehmender nächtlicher Ausstrahlung zu erklären, wodurch die im Wasserdampf konservierte Verdunstungskälte als sogenannte **Kondensationswärme** (= fühlbare Wärme) wieder freigesetzt wird und damit gleichzeitig den fühlbaren Wärmestrom in den positiven Bereich (Abgabe an die Atmosphäre) rückt.

Völlig andere Verhältnisse ergeben sich für **trockene Wüstenböden**. Aufgrund der mangelnden Wasserverfügbarkeit ist der latente Wärmestrom nicht existent. B und L folgen dem grundsätzlich beschriebenen Tagesgang. Allerdings wird der Einfluss der tageszeitlich unterschiedlichen Turbulenzintensität auf die Ausprägung der Wärmeströme deutlich, da der bodennahe Wind aufgrund anwachsender thermischer Gradienten im Gelände normalerweise gegen Nachmittag auffrischt. So kann sich der Bodenwärmestrom (Bodenerwärmung) nach Sonnenaufgang zuerst positiv entwickeln, bei zunehmender Turbulenzintensität aus dem horizontalen Windfeld wird allerdings immer mehr an der Bodenoberfläche absorbierte Wärmestrahlung dem fühlbaren Wärmestrom zugeführt, da der turbulente atmosphärische Austausch deutlich effizienter ist, als die molekulare Wärmeleitung im Boden. In Folge nimmt B bereits am späten Vormittag wieder ab, während L bis nach Sonnenhöchststand weiter ansteigt.

Über dem **Kronenraum** eines Kiefernforstes zeigt sich ein recht idealtypischer Verlauf der Wärmebilanzterme. Der fühlbare Wärmstrom ist tagsüber dominant und erreicht sein Maximum kurz nach Sonnenhöchststand. Die leichten Einbrüche im latenten Wärmestrom resultieren aus der aktiven Regelung des Verdunstungswärmestroms durch die Bäume. Die aktive Regelung des latenten Wärmestroms durch die Vegetation lässt sich noch deutlicher am Beispiel der **alpinen Felsrasengesellschaft** nachvollziehen. Strahlungsbilanz und fühlbarer Wärmestrom entwickeln sich vergleichbar zu den Verhältnissen des Kiefernforstes. Der latente Wärmestrom nimmt auf reduziertem Niveau bis etwa 11:00 Uhr ebenfalls zu. Gleichzeitig steigt mit zunehmender Einstrahlung das Sättigungsdefizit an, so dass prinzipiell mehr Feuchtigkeit aufgenommen werden könnte. Da die Feuchtegradienten zwischen Boden und Luft anwachsen, müsste eigentlich auch der latente Wärmstrom angekurbelt werden. Trotzdem kommt es nach 11:00 Uhr zu einem deutlichen Einbruch im latenten Wärmestrom, der sich neben dem zurückgehenden Potenzial an Bodenwasser vor allem durch den Wasserstress der

Vegetation erklären lässt. Die Spaltöffnungen werden zunehmend geschlossen, der stomatäre Widerstand steigt an und der aktive Verdunstungswärmestrom aus der Transpiration wird deutlich reduziert.

4.4 Jahresgang der Wärmebilanz

Der **Jahresgang** der Wärmebilanzterme ist abhängig von der geographischen Lage, der Oberflächenbeschaffenheit und den zonal-klimatischen Verhältnissen. Hier spielt vor allem die jahreszeitliche Verteilung von Regen- und Trockenzeiten (Wasserverfügbarkeit) eine zentrale Rolle (Abb. 4.6).

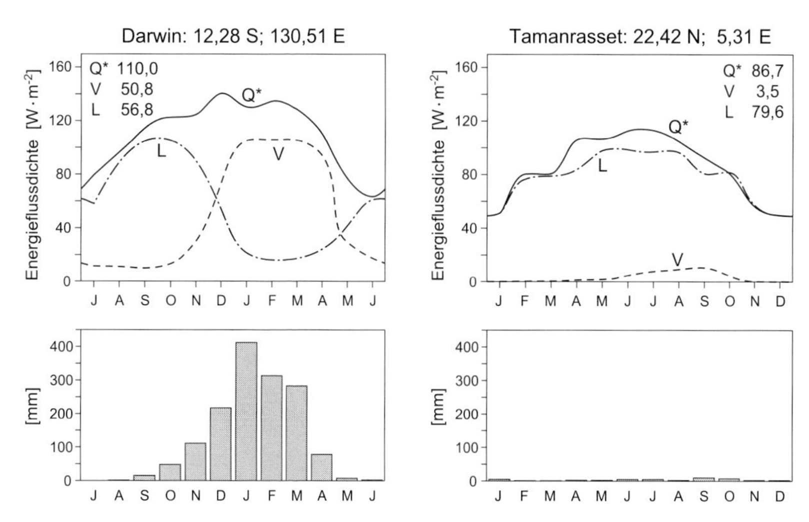

Abb. 4.6: Typische Jahresgänge (monatliche Mittelwerte) der Energiebilanz (verändert und ergänzt nach KRAUS & ALKHALAF 1995)

Die sommerfeuchte Station Darwin (Australien) zeigt dies besonders deutlich. Während der Regenzeit (Kernmonate Januar-März) ist der latente Wärmestrom gegenüber L deutlich erhöht. In der darauffolgenden Trockenzeit (Juni-August) erreicht der fühlbare Wärmestrom fast die Größenordnung der Wärmebilanz, der latente Wärmestrom geht auf minimale Werte zurück. Die Notwendigkeit der Wasserverfügbarkeit zum Erhalt des latenten Wärmestroms lässt sich am Beispiel der saharischen Station Tamanrasset (Algerien, Hoggar Gebirge) nachvollziehen. Die jährliche Niederschlagstätigkeit ist auf wenige mm v.a. in den Monaten September bis Oktober beschränkt. Obwohl ganzjährig genug solare Energie zur Verdunstung und damit zum Erhalt des latenten Wärmestroms verfügbar wäre, kommt V aufgrund der fehlenden Wasserverfügbarkeit im trockenen Halbjahr vollständig zum Erliegen. Nur in den Kernmonaten mit leichten Niederschlägen kann der latente Wärmestrom eine untergeordnete Rolle spielen. Insgesamt liegt der fühlbare Wärmestrom ganzjährig in der Größenordnung der Wärmebilanz und geht nur in den feuchteren Monaten leicht zurück.

Der Einfluss der planetarischen Lage auf die Wärmebilanzterme lässt sich aus Abbildung 4.7 ableiten.

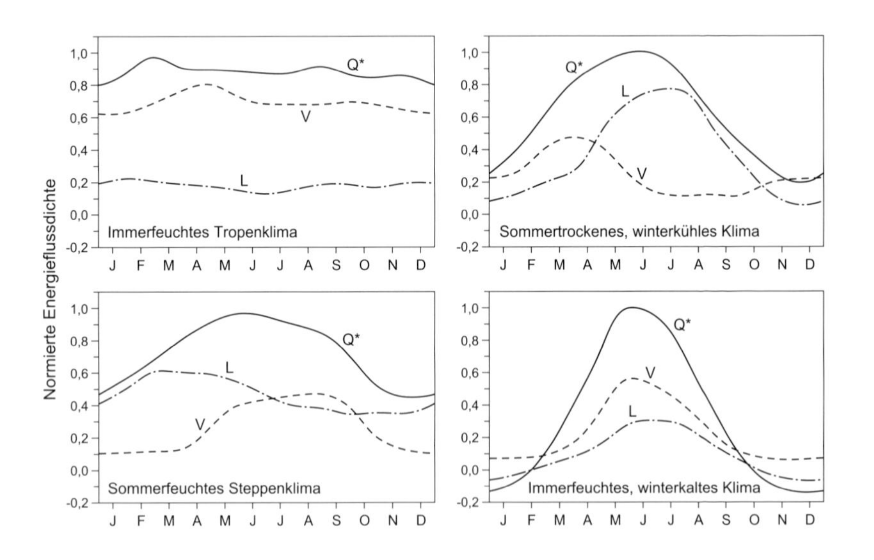

Abb. 4.7: Typische Jahresgänge der Wärmebilanz für verschiedene Klimate. Die Energieflussdichten sind auf die maximale monatliche Strahlungsbilanz ($Q*_{max} = 1$) normiert (verändert nach KRAUS & ALKHALAF 1995)

In den **immerfeuchten Tropen** herrschen aufgrund des insgesamt homogenen Klimas (Temperatur, Windfeld, Strahlung) ganzjährig annähernd gleiche Austauschbedingungen vor. Durch das hohe Feuchteangebot (tropische Regenwälder) und die permanent hohe Landschaftsverdunstung dominiert der latente Wärmestrom. In den **sommerfeuchten Klimaten** der **Randtropen** wechseln sich fühlbarer und latenter Wärmestrom in ihrer Bedeutung mit der jahreszeitlich variierenden Wasserverfügbarkeit ab. In der winterlichen Trockenzeit dominiert der fühlbare, in der sommerlichen Feuchtphase der latente Wärmestrom. Weiter polwärts (**sommertrockenes Klima der Subtropen und der Mittelbreiten**) spielt der Jahresgang der Solarstrahlung eine zunehmende Rolle für die Ausprägung der Wärmebilanzterme. Während sich das Verhältnis von latenter und fühlbarer Wärme weiterhin an der Wasserverfügbarkeit orientiert, sind die erreichten Energieflussdichten im Winterhalbjahr bereits signifikant reduziert. In den immerfeuchten **Subpolar-/Polargebieten** ist der Einfluss des jahreszeitlichen Sonnenstandes überdeutlich ausgeprägt. Zu Zeiten des Sonnentiefstands bzw. der Polarnacht (negative Strahlungsbilanz) wird der fühlbare Wärmestrom im Monatsmittel negativ, d.h. es wird der Atmosphäre permanent fühlbare Wärme entzogen.

5 Gelände und Lufttemperatur

5.1 Temperaturänderung der Luft

Die Variation der Lufttemperatur im Gelände und ihre zeitliche Veränderlichkeit ist eine Folge mehrerer Faktoren. Der tages- und jahreszeitliche Verlauf der Strahlungs- und Energiebilanz spielt eine dominierende Rolle, wird aber bezogen auf die planetare Grenzschicht vom Landbedeckungstyp und der Topographie (Kap. 3 und 4) signifikant beeinflusst.

Grundsätzlich kann die Erwärmung bzw. Abkühlung eines Luftvolumens ($d\theta/dt$ in $K \cdot s^{-1}$) mit der Dicke dz über die Zeit durch folgende Gleichung beschrieben werden (s. auch Abb. 5.1):

$$\frac{d\theta}{dt} = \frac{\theta}{T} \cdot \frac{g}{c_p} \cdot \frac{d(Q_* + Q_m + Q_t + Q_a)}{dp} \qquad (5.1)$$

wobei: θ = Potentielle Temperatur [K], T = Temperatur [K], t = Zeit [s], g = Schwerebeschleunigung [$m \cdot s^{-2}$], c_p = Spezifische Wärme von Luft bei konstantem Druck [$J \cdot kg^{-1} \cdot K^{-1}$], p = Luftdruck [Pa], Q_* = Strahlungsbilanz [$W \cdot m^{-2}$], Q_t = Wärmebilanz des vertikal-turbulenten Transports [$W \cdot m^{-2}$], Q_m = Wärmebilanz des vertikal-molekularen Transports [$W \cdot m^{-2}$], Q_a = Wärmebilanz des lateralen Transports (Advektion) [$W \cdot m^{-2}$]

Wird nur eine dünne, bodennahe Luftschicht betrachtet, kann die potentielle Temperatur durch die aktuelle Temperatur T ersetzt werden und der erste Term auf der rechten Seite ergibt sich zu 1. Drei Steuerfaktoren zeichnen für die Veränderung der Lufttemperatur verantwortlich (3. Term rechte Seite).

Legt man eine **ruhende Atmosphäre** zugrunde (kein Wind, turbulenzfrei) ist die Variation der Strahlungsbilanz (dQ_*/dp) eines Luftvolumens von entscheidender Bedeutung. Während der Einstrahlungsperiode ist sie an der Obergrenze des Luftpakets bei adiabatischer Schichtung (Temperaturabnahme mit der Höhe) negativ, d.h. es wird Strahlung in Richtung Weltraum abgegeben. An der Untergrenze ist sie besonders in vertikaler Nähe stark aufgeheizter Landoberflächen deutlich positiv, da die von der Erde emittierte Wärmestrahlung durch das Luftvolumen zum Teil absorbiert werden kann. Ist die Gesamtbilanz des Luftvolumens bezogen auf die temperaturabhängige Änderung des Luftdrucks (dQ_{ges}/dp) positiv, wird sich das Luftpaket erwärmen, ist sie negativ, wird es sich abkühlen. Die Wärmebilanz aus der vertikal-molekularen Wärmeleitung (Q_m) spielt aufgrund der schlechten Wärmeleitfähigkeit der Luft nur eine untergeordnete Rolle.

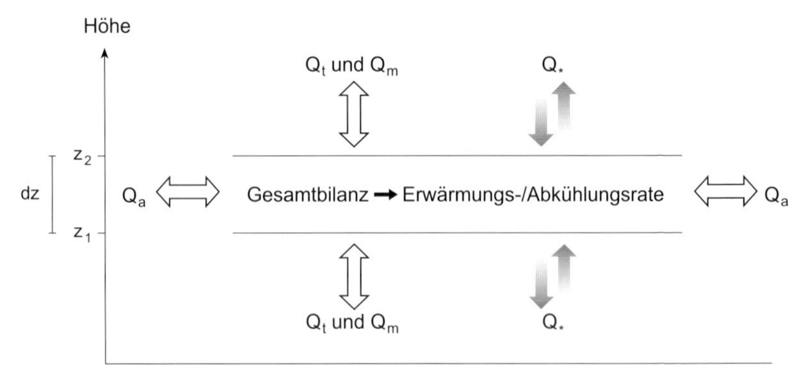

Abb. 5.1: Steuergrößen zur Veränderung der Lufttemperatur

In einer **bewegten Luftmasse** und unter der Voraussetzung gut ausgebildeter **Turbulenz** z.B. aufgrund hoher Geländerauhigkeit kann die Temperaturänderung der Luft durch zwei weitere Faktoren hervorgerufen werden. Die Erwärmung der Luft durch die Variation der vertikal-turbulenten Wärmebilanz (dQ_t/dp) tritt besonders dann ein, wenn am Boden aufgeheizte Turbulenzwirbel in das betrachtete Luftvolumen eingemischt werden. In der Nacht geht die Abkühlung mit turbulent eingemischten, kalten Luftpaketen einher. Tritt im Luftvolumen Kondensation bzw. Verdunstung ein, muss die resultierende Veränderung der fühlbaren Wärme durch die Wärmetransformation aufgrund der Phasenänderung von Wasser berücksichtigt werden. Die Bedeutung des turbulenten Wärmeaustauschs für die Veränderung der Lufttemperatur kann aus Abbildung 5.2 entnommen werden. Die Oberflächentemperatur der Weizenähren orientiert sich in Form und Amplitude deutlich an den kurzfristigen Fluktuationen der einfallenden Globalstrahlung. Die Veränderung der Lufttemperatur ist demgegenüber von den kurzfristigen Schwankungen der Oberflächentemperatur deutlich abgekoppelt. Einerseits werden Maxima in Einstrahlung und Oberflächentemperatur nur zeitverzögert und mit deutlich geringerer Amplitude an die Luft weitergegeben (s. z.B. Bereich a), andererseits ist die Kopplung von Oberflächen- und Lufttemperatur eine Frage der turbulenten Durchmischung und damit auch der Windgeschwindigkeit. Nach dem Niederschlagsereignis zeigt sich in Abschnitt (b) ein signifikantes Auseinanderlaufen der Temperaturkurven. Während sich die Ährentemperatur der Globalstrahlung folgend erwärmt, bleibt die Lufttemperatur vorerst konstant. Das Auseinanderlaufen der Kurven fällt in eine Periode relativer Windruhe (und damit reduzierter mechanischer Turbulenz) mit nur schwach ausgeprägtem turbulenten Austauschverhalten.

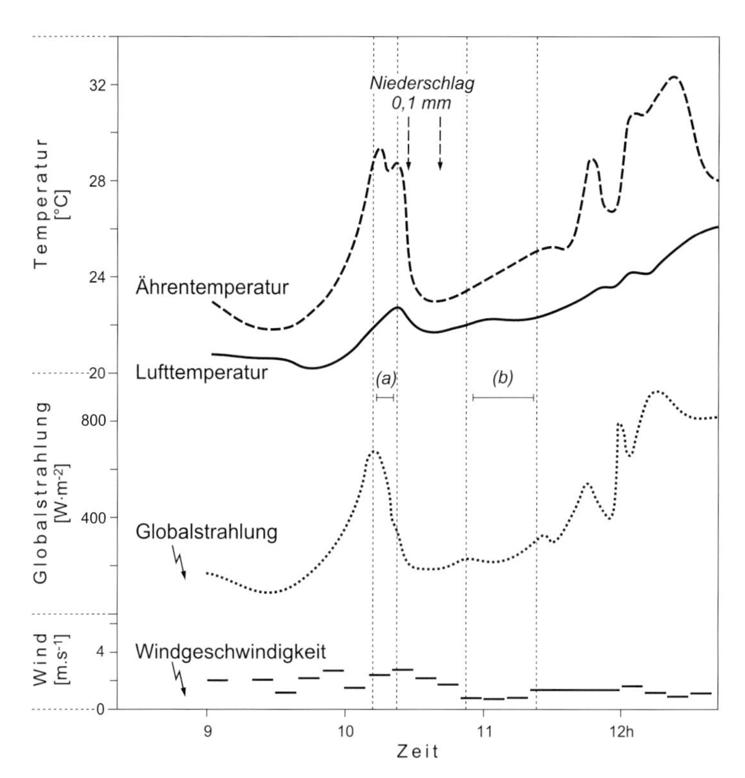

Abb. 5.2: Entwicklung von Oberflächen- und Lufttemperatur über einem Weizenfeld (verändert nach PULS 1984)

Bei Vorhandensein einer horizontalen Luftströmung werden abweichende Luftmasseneigenschaften (Energie: Q_a) benachbarter Gebiete lateral an das betrachtete Luftvolumen herangeführt und verändern nach Einmischung dessen Energiebilanz (Abb. 5.1). Ein gutes Beispiel für eine derartige **Advektion** ist der kühlende **Seewind**, der an schönen Sommertagen im Küstenbereich feststellbar ist. Auch hier gilt, dass bei Kondensation/Verdunstung im betrachteten Luftvolumen nach der Mischung (**Mischungskondensation**) die latente Wärme in der Gesamtbilanz berücksichtigt werden muss.

Grundsätzlich folgt die jahres- und tageszeitliche Entwicklung der Lufttemperatur in verschiedenen Höhenlagen der planetaren Grenzschicht einem typischen Gang (Abb. 5.3). Am Tag führt die Erwärmung der Erdoberfläche durch Absorption von Solarstrahlung in Verbindung mit turbulenten Austauschvorgängen zu einem generellen Anstieg der Lufttemperatur. Je weiter man in der bodennahen Atmosphäre aufsteigt, desto später am Tag wird das tägliche Temperaturmaximum erreicht. Das gilt vor allem für **Strahlungstage** mit ungehinderter Sonneneinstrahlung bzw. nächtlicher Ausstrahlung. Mit zunehmender Bewölkung werden die tageszeitlichen Gegensätze mehr und mehr abgeschwächt. Insgesamt nimmt auch die **Tagesamplitude** der Temperatur mit zunehmender Höhe ab.

Um den Zeitpunkt des **Sonnenuntergangs** führt die Ausstrahlung bei negativer Strahlungsbilanz dazu, dass sich die Bodenoberfläche und die bodennahe Luftschicht deutlich stärker abkühlen, als die darüber liegenden Luftschichten. Da die Turbulenz in der ersten Nachthälfte meist schwächer ausgebildet ist, kann sich die verstärkte Abkühlung in Bodennähe nur durch molekulare Wärmeleitung auf die unteren Luftschichten übertragen. Erst mit ansteigender Turbulenzneigung in der zweiten Nachthälfte (z.B. durch Kaltluftabflüsse) kann sich die bodennahe Abkühlung durch den wesentlich intensiveren turbulenten Transport vermehrt auch in höhere Luftschichten fortpflanzen.

Insgesamt stellt sich durch die überproportionale Abkühlung in Bodennähe schon kurz nach Sonnenuntergang eine Umkehr des vertikalen Temperaturgradienten ein, die Temperatur nimmt nun mit der Höhe zu. Dieser stabile Schichtungszustand wird als Inversion bezeichnet. Bildet sich die **Inversion** alleine durch die nächtliche Ausstrahlung, spricht man von **Strahlungsinversion**. Da Inversionen in der planetaren Grenzschicht in dicht besiedelten Räumen einen deutlichen Einfluss auf die Austauschbedingungen schadstoffbelasteter Luft haben, soll ihre Dynamik im folgenden Kapitel (Kap. 5.2) näher beleuchtet werden.

Das tägliche Temperaturminimum wird an ungestörten Strahlungstagen in der Regel am Ende der Nacht, in etwa zur Zeit des Sonnenaufgangs erreicht. Wie bei der Erwärmung gilt auch hier, dass sich das Abkühlungsmaximum in Abhängigkeit der Turbulenzintensität erst mit zeitlicher Verzögerung auf höhere Luftschichten überträgt.

Im **Winterhalbjahr** der mittleren und höheren Breiten ist die Tagesamplitude der Lufttemperatur in allen Höhenniveaus deutlich schwächer ausgebildet (Abb. 5.3). Da die Einstrahlungsperiode wesentlich kürzer ist, dauern nächtliche Strahlungsinversionen länger an. Trotzdem ist die winterliche Abkühlungsrate zumindest in klaren Strahlungsnächten geringer als im Sommer, da die Temperaturen von Erdoberfläche bzw. Luft niedriger sind und so die thermische Ausstrahlung (s. Anhang B) kleiner ist. Setzt man beispielsweise die Lufttemperaturen in 1 m Höhe aus Abbildung 5.3 um 21:00 Uhr mit der Oberflächentemperatur gleich, dann resultiert unter der Annahme von $\varepsilon = 0{,}98$ im Sommer eine Ausstrahlung von 369 bzw. im Winter von nur 304 $W{\cdot}m^{-2}$. Gleichzeitig führt die größere Kondensationsneigung (Dunst, Nebel, vergl. Abb. 6.7) zu einer erhöhten

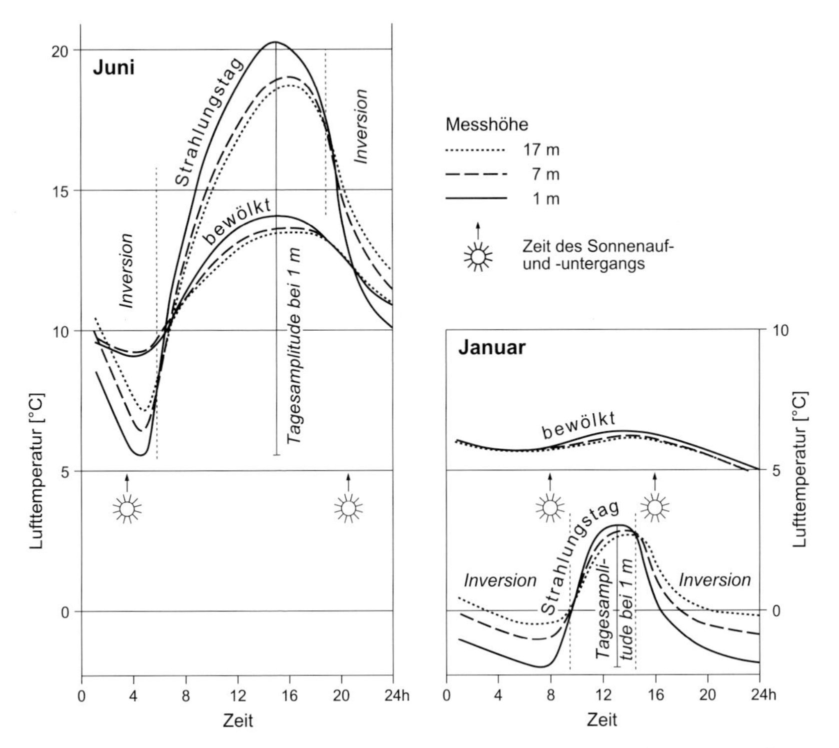

Abb. 5.3: Typische jahres- und tageszeitliche Entwicklung der Lufttemperatur in verschiedenen Höhen an einem Strahlungstag bzw. bei Bewölkung (verändert nach GEIGER *et al.* 1995)

Wahrscheinlichkeit von verstärkter Gegenstrahlung und damit einer Reduktion der nächtlichen Ausstrahlungsverluste im Winter.

5.2 Dynamik von Temperaturinversionen

Die Kenntnis über das Verhalten von **Temperaturinversionen** in der planetaren Grenzschicht ist für Untersuchungen zur Lufthygiene in der angewandten Geländeklimatologie von maßgeblicher Bedeutung. Grundsätzlich lassen sich drei Typen von Inversionen unterscheiden, die für die Verhältnisse in der planetaren Grenzschicht eine wichtige Rolle spielen: (a) Die bereits erwähnten **Strahlungsinversionen**, (b) **dynamische Inversionen**, die bis in die planetare Grenzschicht reichen, sowie (c) **Talinversionen**, die an das Vorhandensein eines mehr oder weniger ausgeprägten Talreliefs gebunden sind. Ein Sonderfall davon sind Inversionen, die sich in abgeschlossenen Mulden bzw. Becken ausbilden können. Über einem idealisierten flachen Gelände kann man sich der grundsätzlichen Natur und Dynamik von Strahlungsinversionen (Kap. 5.2.1) bzw. dynamischen Grenzschichtinversionen (Kap. 5.2.2) vergegenwärtigen.

5.2.1 Strahlungsinversionen

Reine Strahlungsinversionen bilden sich dann aus, wenn das synoptische Windfeld schwach ausgeprägt ist und optimale Ein- bzw. Ausstrahlungsbedingungen (v.a. geringer Wasserdampfgehalt der Luft = hohe effektive Ausstrahlung) vorherrschen. Schwache Winde fördern das turbulente Dickenwachstum von Strahlungsinversionen im Laufe der Nacht, starke Winde z.B. aus dem großräumigen Windfeld führen unweigerlich zu einer vollständigen Durchmischung der bodennahen Luftschicht und damit zur Zerstörung z.B. einer nächtlich-stabilen Inversionsschichtung.

In Abbildung 5.4 ist der typische **Lebenszyklus** einer Strahlungsinversion dargestellt. Wird die Strahlungsbilanz (kurz vor Sonnenuntergang) negativ, kühlt sich der Boden aufgrund der langwelligen Ausstrahlung zunehmend ab. Ist die Turbulenz bei niedrigen Windgeschwindigkeiten schwach ausgeprägt, kann sich die Abkühlung erst mit deutlicher Zeitverzögerung nach oben fortpflanzen, da die an der Bodenoberfläche stark ausgekühlten Luftpakete mit den wenigen Turbulenzwirbeln nicht effektiv aufwärts verlagert werden können. In der ersten Nachthälfte bildet sich häufig eine geringmächtige Bodeninversion aus, in der die Lufttemperatur vom ausgekühlten Boden ausgehend mit der Höhe bis zur **Inversionsobergrenze** (IOG) zunimmt. Anfangs können sich besonders bei schwacher Turbulenz beträchtliche Temperaturgradienten zwischen Bodenoberfläche und IOG ausbilden. Bei anhaltender Ausstrahlung und einer Zunahme der Turbulenz (z.B. durch lokale Kaltluftabflüsse) wächst die Inversion im Laufe der Nacht immer weiter an, wobei sich die anfänglich hohen Temperaturgradienten aufgrund der zunehmenden turbulenten Durchmischung etwas abschwächen. Die IOG erreicht bei ungestörten Ausstrahlungsverhältnissen vor Sonnenaufgang ihre größte Mächtigkeit.

Setzt nach Sonnenaufgang die Erwärmung der Unterlage ein, kommt es zu thermischer und, bei meist auffrischenden Winden, auch zu einer Zunahme der mechanischen Turbulenz. Als Resultat verändert sich das vertikale Temperaturprofil. Die nächtliche **Bodeninversion** wird mit zunehmender Einstrahlung angehoben und durch eine **abgehobene (freie) Inversion** mit klar definierter **Inversionsunter**- (IUG) und -obergrenze ersetzt. Unterhalb der IUG nimmt die Temperatur nun wieder mit der Höhe ab, zwischen IUG und IOG noch mit der Höhe zu,

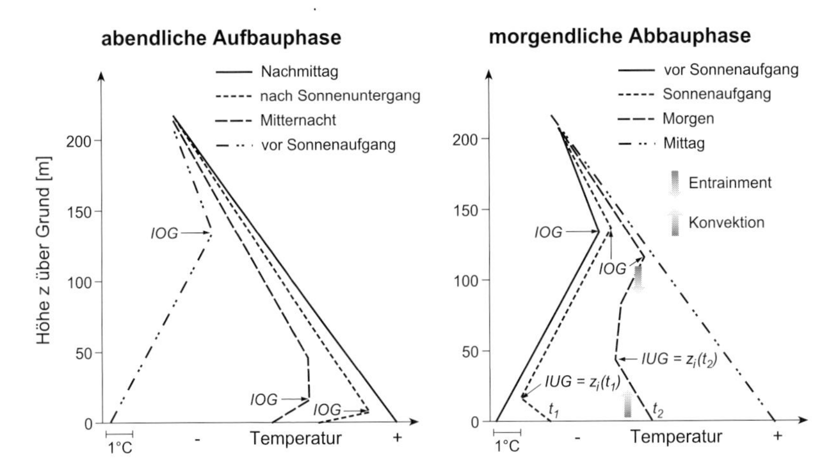

Abb. 5.4: Typische Dynamik einer Strahlungsinversion (nach Angaben aus FRANKE & TETZLAFF 1987, KLÖPPEL 1980 sowie STILKE *et al.* 1976)

oberhalb der IOG wieder mit der Höhe ab. Die aufsteigende Luftbewegung unterhalb der IUG erfordert aus Massenbilanzgründen allerdings eine abwärtsgerichtete Ausgleichsbewegung von der IOG, so dass warme Luft in die verbleibende Inversionsschicht eingemischt wird. Durch diesen **Entrainment**-Prozess wird die Inversion nun auch von oben (von der IOG) abgebaut (Zeitschnitt t_2 in Abb. 5.4), wobei sich die Inversionsstärke dadurch sogar kurzfristig erhöhen kann (s. z.B. KLÖPPEL 1980, BENDIX 1998). Nach Auflösen der Inversion stellt sich ohne Kondensation ein trockenadiabatischer (-0,98 K·100 m^{-1}) Temperaturgradient ein.

Der Abbau einer Strahlungsinversion durch thermische (1. Term rechte Seite) und mechanische (2. Term rechte Seite) Turbulenz (z.B. zwischen den Zeitpunkten t_1 und t_2 in Abb. 5.4) und damit das Anheben der Inversionsbasis (dz_i/dt) kann nach KLÖPPEL (1980) in guter Näherung durch folgende Gleichung beschrieben werden:

$$\frac{dz_i}{dt} = \frac{a \cdot L_0}{dT} + \frac{b \cdot T \cdot u_*^3}{dT \cdot g \cdot z_i} \tag{5.2}$$

wobei: L_0 = Fühlbarer Wärmestrom in Bodennähe [W·m^{-2}], T = Temperatur [K], dT = Inversionsstärke (T_{IOG}-T_{IUG}) [K], z_i = Höhe [m], g = Schwerebeschleunigung [m·s^{-2}], u_* = Schubspannungsgeschwindigkeit [m·s^{-1}], a liegt zwischen 0,1 und 0,3, b ~2,5.

Die Häufigkeit von Bodeninversionen ist in den höheren Breiten an den Jahreszyklus der Strahlungsbedingungen (v.a. Tag- und Nachtlänge) sowie die Verteilung der vorherrschenden Wettersituationen gebunden (Windfeld, Temperatur- und Feuchteverteilung). Insgesamt sind die Inversionshäufigkeiten in der Nacht recht hoch, da sich auch an bewölkten Tagen stabile Schichtungsverhältnisse ausbilden können (Abb. 5.3, 5.5). Am Tag lösen sich die Inversionen häufig auf, wobei dies im Sommer besonders schnell nach Sonnenaufgang vonstatten geht, während die Inversionen vor allem im Kernwinter auch den ganzen Tag persistent bleiben können.

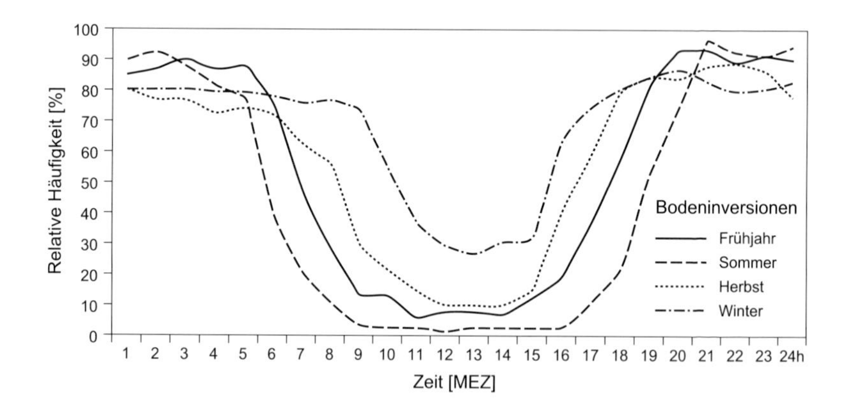

Abb. 5.5: Jahres- und tageszeitliche Auftrittshäufigkeit von seichten Bodeninversionen (zwischen 2 und 10 m) im Lahntal bei Sarnau, 2002–2003 (Bendix *et al.* 2003a)

Die Inversionsmächtigkeit orientiert sich an der Länge der Ausstrahlungsperiode sowie den Strahlungsverhältnissen. In Deutschland liegen die Inversionshöhen mit Maximum vor Sonnenaufgang etwa zwischen 150 und 200 Metern, mit über die Nacht ansteigender Tendenz (z.B. Abb. 5.6). Sie unterscheiden sich aber deutlich von den auf rechnerischem Wege abgeleiteten Mischungsschichthöhen, die aufgrund der aufwendigen Messung von Inversionshöhen häufig für angewandte Fragestellungen (Ausbreitungsrechungen für Luftschadstoffe) verwendet werden (s. Kap. 2.1).

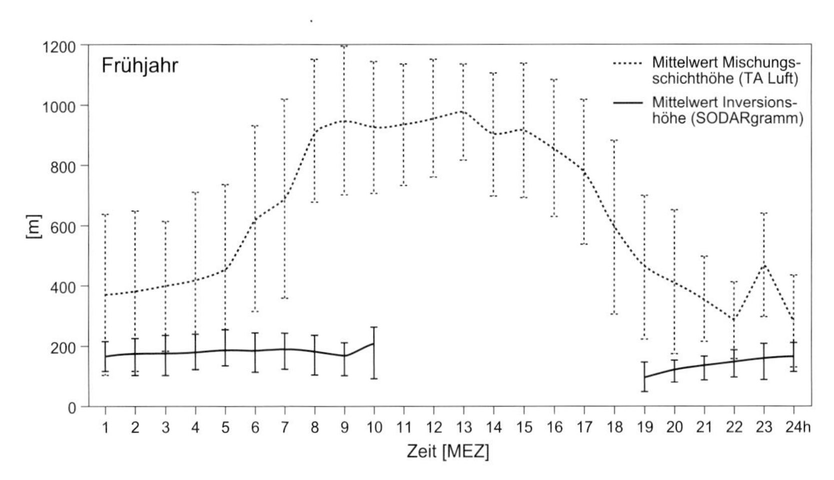

Abb. 5.6: Gemessene (SODAR) Inversionshöhe und nach TA-Luft berechnete Mischungsschichthöhen (Mittelwerte und Spannbreite) im Lahntal bei Sarnau, Frühjahr 2002 (Bendix *et al.* 2003a)

5.2.2 Dynamische Inversionen und planetarische Grenzschicht

Dynamische Inversionen sind Folge großräumiger Absinkbewegungen aufgrund der vorherrschenden Wettersituation oder synoptischer Advektion unterschiedlich temperierter Luftmassen. Sie betreffen in der Regel ein größeres Gebiet (z.B. Deutschland, Westeuropa etc.). **Absink**- (z.B. Passatinversion) bzw. **Abgleitinversionen** findet man im Zentrum bzw. am Rand von Hochdruckgebieten während **Aufgleitinversionen** beim Aufgleiten warmer auf kalte Luftmassen (z.B. an Warmfronten) entstehen. In den Mittelbreiten bilden sich dynamische Inversionen häufig dann aus, wenn sich im Winter warme subtropische Luftmassen großräumig über gealterte und stationär am Boden liegende Luftmassen polaren bzw. arktischen Ursprungs schichten. Ob nun eine solche Inversion in der planetaren Grenzschicht und damit für das Geländeklima wirksam wird, hängt von der Intensität der Absinkbewegung bzw. der vertikalen Mächtigkeit der bodennahen Kaltluft und dem Advektionsniveau der Warmluft ab.

Bei ungestörten Ausstrahlungsbedingungen können sie sich darüber hinaus mit bodennahen Strahlungsinversionen koppeln und so eine extrem stabile Schichtung verursachen. Ein Beispiel negativer Auswirkungen von dynamischen Inversionen für die planetare Grenzschicht ist die Smogperiode im Dezember 1962 über Westdeutschland (Abb. 5.7).

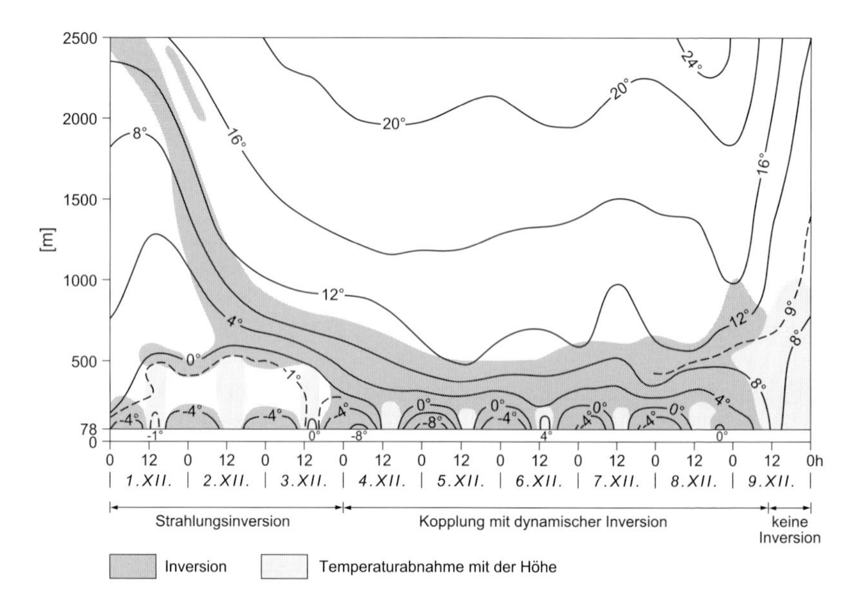

Abb. 5.7: Thermische Schichtung über Köln (potentielle Temperatur) während der Smogwetterlage vom 1.–9.12.1962 (verändert nach SEIFERT 1963)

Die Inversionsuntergrenze einer starken Abgleitinversion verlagert sich Anfang Dezember 1962 von 2300 auf 500 m über Grund und wird damit wetterbestimmend. Unterhalb der dynamischen Inversion bildet sich bei windschwachen Verhältnissen in der Grenzschicht eine tagesperiodisch fluktuierende Strahlungsinversion aus. Bis zum 3.12. bleiben beide Inversionen getrennt, so dass am Tag noch ein ungestörter vertikaler Austausch schadstoffbelasteter Luft bis 500 Meter über Grund möglich ist. Ab dem 4.12. wachsen beide Inversionen zusammen, so dass nur noch für 4–5 Stunden am Tag Vertikalaustausch in Bodennähe möglich ist, der allerdings bereits in 220 m über Grund durch die stark abgesenkte dynamische Inversion unterbunden wird. Die Folge war eine zunehmende Konzentration von Schadgasen in der unteren Grenzschicht. Erst ein Starkwindeinbruch aus Westen am 8.12. beendet die **Smogwetterlage**.

Insgesamt sind derartige Kopplungen von tiefliegenden dynamischen Inversionen mit Strahlungsinversionen lufthygienisch außerordentlich bedenklich, da eine derartige Wetterlage mit ihren negativen Auswirkungen häufig über mehrere Tage persistent bleibt. Für ein typisches Mittelgebirgsrelief ergeben sich aus solchen Wettersituationen spezifische thermische Schichtungsverhältnisse. Während die Senken und Tieflagen durch Kaltluftseen gekennzeichnet sind, weisen die Höhenlagen wesentlich höhere Temperaturen auf, da sie bereits innerhalb der Inversionsschicht liegen. Differenzen von 10,5 K·100 m^{-1} ($d\theta/dz$) sind keine Seltenheit (z.B. 10.2.1993 in NRW, s. BENDIX 1998).

5.3 Thermische Differenzierung im Gelände

Im Mittel nimmt die Temperatur in der statischen Atmosphäre (**aerologischer Temperaturgradient**) mit der Höhe ab, so dass mit zunehmender Geländehöhe (**hypsometrischer Temperaturgradient**) niedrigere Lufttemperaturen zu erwarten sind. Allerdings kann es in Abhängigkeit der synoptischen Situation in bestimmten Höhenlagen durchaus zu einer Umkehr dieser Regel kommen (s. dynamische Inversion Kap. 5.2.2.). Betrachtet man die geländerelevante Vertikalverteilung der hypsometrischen Temperaturänderung mit der Höhe global, so ergeben sich für Klimate, die durch großräumiges Absinken im Bereich dynamischer Inversionen (z.B. Gebirge in Passatzonen) gekennzeichnet sind, deutliche Abweichungen. Darüber hinaus ist der hypsometrische Temperaturgradient, abgeleitet aus Messungen der Lufttemperatur in 2 m ü. Grund, in komplexer Topographie grundsätzlich durch den oberflächenspezifischen Strahlungsumsatz (z.B. Albedo, Absorption etc.) an den Messpunkten, die lokale Einschränkung des Halbraums durch das Relief, die Kondensations- bzw. Bewölkungsverhältnisse sowie durch kleinräumige Zirkulationen (z.B. Berg-/Talwind) modifiziert. Die Problematik regionaler hypsometrischer Temperaturgradienten wird grundlegend von LAUTENSACH & BÖGEL (1956) diskutiert (Beispiele z.B. in LAUER & BENDIX 2004).

5.3.1 Temperatur und Landoberfläche

Die Änderung der **Oberflächentemperatur** einer Landschaft im Tagesgang von Ein- und Ausstrahlung ist Grundlage für eine raum-zeitlich unterschiedliche Entwicklung der Lufttemperatur. Wie bereits in Kapitel 3 (z.B. Abb. 3.10) angedeutet, hängt die Erwärmungs-/Abkühlungsrate verschiedener Oberflächen von ihren Eigenschaften (Albedo, Absorption, Emissions- bzw. Transmissionsvermögen etc.) ab. Ist Wasser an der Umsatzfläche verfügbar (Wasserflächen, Vegetation, feuchte Böden), muss zusätzlich die Verdunstungsleistung (bzw. Kondensationsrate z.B. bei nächtlicher Taubildung) und die Auswirkung auf den Wärmehaushalt der Umsatzfläche berücksichtigt werden.

Das unterschiedliche Verhalten der Oberflächentemperatur im Tagesgang kann am Beispiel eines Nadelwalds verdeutlicht werden, der von einer breiten Schneise (4 km) durchzogen ist (Abb. 5.8). Der unbedeckte und unbeschattete Boden der Schneise zeigt eine extreme Tagesamplitude der Oberflächentemperatur von mehr als 10 K, wobei sich der Tagesgang deutlich an den Strahlungsverhältnissen orientiert.

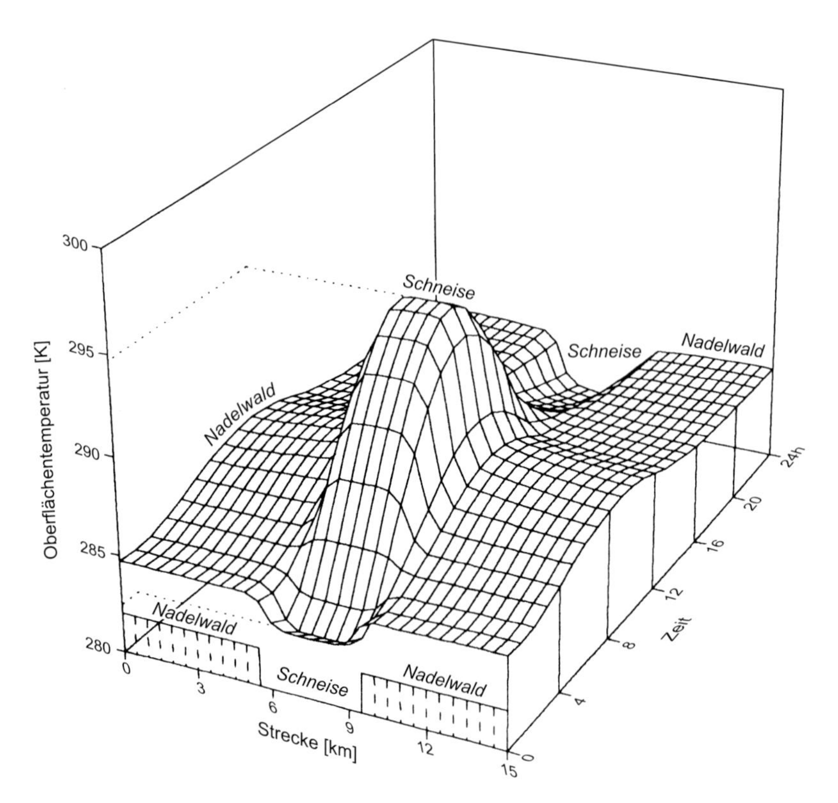

Abb. 5.8: Veränderung der Oberflächentemperatur eines Nadelwalds (Mittlere Baumhöhe 20 m) und einer 4 km breiten Schneise an einem idealen Strahlungstag (verändert nach SCHILLING 1991)

Im Nadelwald fällt die Temperaturamplitude wesentlich geringer aus, da sowohl Beschattungseffekte der Baumkrone als auch das Verdunstungsverhalten der Bäume Temperaturextreme, wie sie in der Schneise auftreten, abpuffern. Insgesamt erwärmt sich der Wald zum Sonnenhöchststand nur wenig, gleichzeitig sind auch die nächtlichen Ausstrahlungsverluste geringer, da der obere Halbraum im Wald deutlich eingeschränkt ist.

Die differentielle Oberflächenerwärmung setzen sich je nach Turbulenz- und Konvektionsintensität in der Mischungsschicht fort. Am Beispiel des Land-Wasser Gegensatzes kann dies verdeutlicht werden (Abb. 5.9). An einem ungestörten Strahlungstag hat sich das Land gegenüber der angrenzenden Wasserfläche deut-

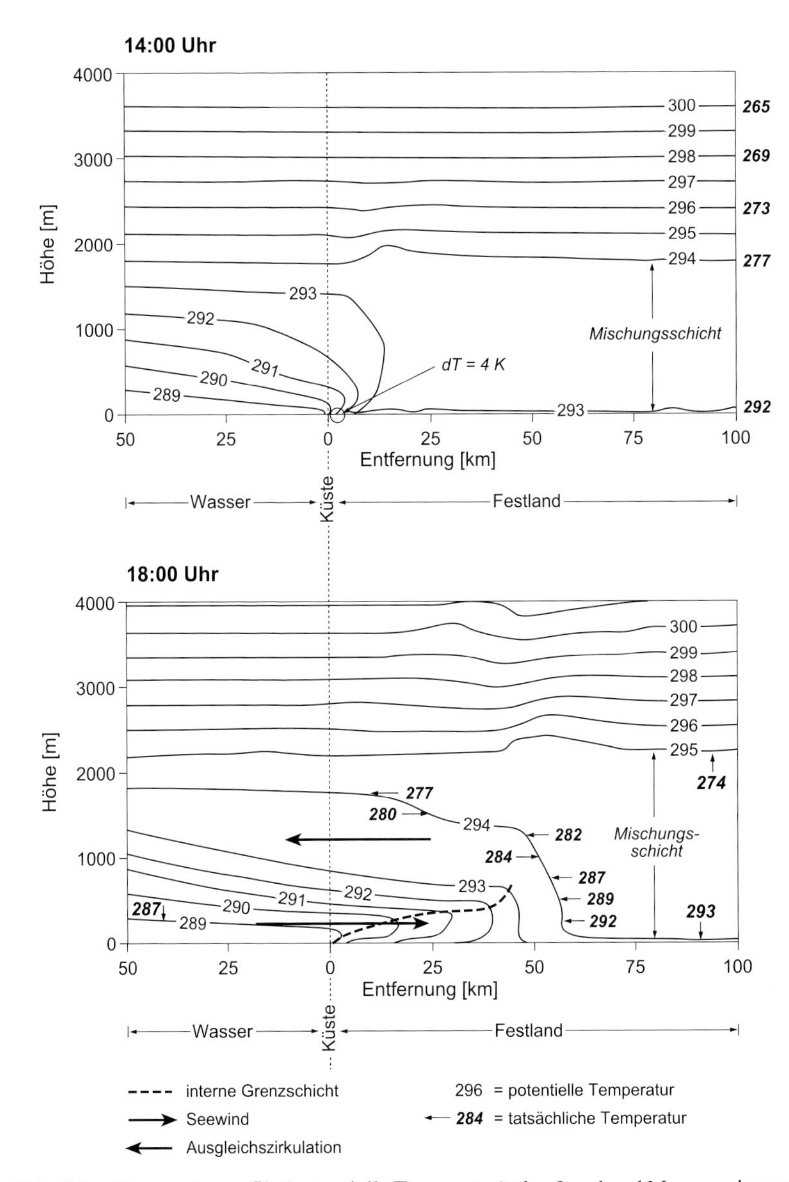

Abb. 5.9: Temperaturprofile (potentielle Temperatur) über Land und Meer an einem idealen Strahlungstag (verändert nach Koo & Reibel 1995)

lich erwärmt. An der Küste beträgt die Temperaturdifferenz (14:00 Uhr) der Luft in Bodennähe bereits 4 K, am Nachmittag werden noch größere horizontale Lufttemperaturunterschiede erreicht.

So ergeben sich in 250 Meter Höhe um 18:00 Uhr bereits horizontale Gradienten der Lufttemperatur von 292 (über Land) – 287 (über Wasser) = 5 K. Insgesamt wird die Luft um 14:00 Uhr über Land bis ca. 2000 m stärker erwärmt als über dem Meer. Aus diesem Grund fällt die Mischungsschicht über Land zu diesem Zeitpunkt mit einer Dicke von ~2000 m mächtiger aus als über der benachbarten Wasserfläche. Oberhalb der Mischungsschicht bestehen kaum noch Unterschiede in der thermischen Schichtung zwischen Land und Meer. In dieser Höhe wirkt sich die differentielle Erwärmung der Landschaft nicht mehr direkt aus. Die potentielle Temperatur verweist für 14:00 Uhr auf eine deutliche Trennung beider Luftmassen im Bereich der Küste. Da sich aufgrund der thermischen Gradienten gegen Nachmittag ein Seewind ausbilden kann, kommt es zur lateralen Advektion der kühleren Seeluft in Richtung auf das erhitzte Land und verändert dort die thermischen Verhältnisse (s. Advektionsterm in Gleichung 5.1). Aus der Darstellung der potentiellen Temperatur ist zu entnehmen, dass die kühle Seeluft bis 50 km landeinwärts vordringen kann und sich im Zuge der Advektion eine thermisch-interne Grenzschicht (s. Kap. 2) ausbildet. Im Bereich der landwärtigen Begrenzung der internen Grenzschicht (= **Seewindfront**) kommt es nun entgegen den Verhältnissen um 14:00 Uhr auch zu einer Inhomogenität der thermischen Schichtung in größeren Höhenniveaus.

Ähnliche Verhältnisse ergeben sich auch bei unterschiedlichen Landoberflächen wie z.B. feuchten und trockenen Böden (im Zusammenhang mit Verdunstungsverhalten und Albedo), Vegetation neben Felsflächen etc. Darüber hinaus bilden sich nachts durch differentielle Abkühlungsraten ebenfalls lokale bzw. regionale Lufttemperaturgradienten aus.

5.3.2 Temperatur und Topographie

Gegenüber den Betrachtungen einer ebenen Fläche kommt es in **gegliedertem Gelände** zu Abweichungen der Temperaturdynamik im Tages- und Jahresgang. Wie die thermischen Unterschiede ausfallen, hängt grundsätzlich von mehreren Steuerfaktoren ab, die sich in ihrem Effekt gegenseitig verstärken, aber auch abschwächen können:

- ➢ von der verfügbaren Umsatzfläche für die Strahlungsterme sowie deren Oberflächeneigenschaft (Reflexions-, Absorptions-, Transmissions- und Emissionsvermögen).
- ➢ vom zu erwärmenden (Tag) bzw. abzukühlenden (Nacht) Luftvolumen im Verhältnis zur Umsatzfläche.

- ➢ von der Entfernung der Umsatzfläche zu den Luftpaketen, da sich bei kürzerer Entfernung thermische Änderungen nahe der Umsatzfläche schneller auf das gesamte Luftvolumen übertragen können.
- ➢ von der Horizontbeschränkung durch die Topographie (Himmelssicht- bzw. Geländesichtfaktor, s. Kap. 3)
- ➢ von der Advektion unterschiedlich temperierter Luftmassen durch lokale Windsysteme (Berg-/Talwind, Kaltluftabflüsse etc.), meist als Folge der thermischen Entwicklung.

Ein einfaches Schema mag die grundsätzlichen Unterschiede zwischen Ebenen und Hohlformen am Beispiel eines symmetrischen Kerbtals (Segmentlänge 10 m) erläutern (Abb. 5.10). Die Strahlungsumsatzfläche in der Ebene ist im Vergleich zu Hohlformen (Kerbtal) deutlich geringer (1000 zu 1720 m^2). Das Luftvolumen ist allerdings im präsentierten Kerbtal nur halb so groß wie über der Ebene (35.000 zu 70.000 m^3). Auch ist die Entfernung zwischen Umsatzfläche und den einzelnen Luftpaketen im Tal geringer als in der Ebene, wo keine Randbegrenzung existiert. Geht man nun in einer einfachen Näherung davon aus, dass jeder m^2 in der Ebene und im Tal die gleiche Einsstrahlung erhält, eine homogene Landbedeckung mit identischen klimarelevanten Eigenschaften (Albedo, Absorptions- bzw. Emissionsvermögen, Rauhigkeitslänge, Turbulenzintensität etc.) vorliegt und keine Advektion von benachbarten Luftpaketen stattfindet, so muss sich das Tal am Tag stärker erwärmen und in der Nacht intensiver auskühlen. Die Beispielrechnungen in Abbildung 5.10 zeigen nämlich, dass im Tal aufgrund der größeren Umsatzfläche bei übereinstimmenden fühlbaren Wärmeflüssen (z.B. 185 $W \cdot m^{-2}$) mehr Energie zur Erwärmung der Luft bereitgestellt wird (318,2 $kJ \cdot s^{-1}$) als im Bereich der ebenen Fläche (185 $kJ \cdot s^{-1}$). Bei vergleichbaren Ausstrahlungsverhältnissen in der Nacht (z.B. 225 $W \cdot m^{-2}$) verliert die Taloberfläche dementsprechend mehr Energie (387 $kJ \cdot s^{-1}$ gegen 225 $kJ \cdot s^{-1}$ in der Ebene). Die höheren Energiegewinne/-verluste müssen darüber hinaus einem geringeren Luftvolumen im Tal mitgeteilt werden. Geht man von einer einheitlichen turbulenten Durchmischung aus und berücksichtigt die geringere Entfernung zwischen Umsatzfläche und Luftvolumen, so ist es einsichtig, dass sich die Luft im Tal am Tag schneller erwärmen bzw. in der Nacht schneller abkühlen muss.

Allerdings ist die reale Situation in Tälern wesentlich komplizierter und stimmt in der Regel nicht mit den oben formulierten Annahmen überein. So spielen bei Ein- und Ausstrahlung in Tälern Beschattungseffekte, die Ausrichtung der Umsatzflächen zur Sonne, die Hangneigung und die Einschränkung des Halbraums eine lokal modifizierende Rolle (Kap. 3). Am Tag kann die Einstrahlung durch Beschattungseffekte gegenüber der Ebene deutlich reduziert sein, in der Nacht vermindern die eine Hohlform begrenzenden Hänge die ungestörte effektive Ausstrahlung und mindern damit die Abkühlung (Abb. 5.10 unten). Je nach Talform und Taldimension können dadurch verschiedene Effekte eintreten. Flache Mulden (I) kühlen sich moderat ab, breite Sohlentäler, in denen der Halbraum kaum eingeschränkt ist (II), weisen besonders niedrige Temperaturen auf und enge, canyonartige Schluchten (III) bleiben aufgrund der Schutzwirkung ihrer Steilwände gegen die ungehinderte nächtliche Ausstrahlung signifikant wärmer. Allerdings können die im Vergleich zur Talschulter tiefen Temperaturen am Talgrund auch nicht alleine auf der Basis der bisher angeführten Größen erklärt werden. Vielmehr zeichnen dynamische Effekte (**nächtliche Kaltluftabflüsse, Kaltluftseen**) für die endgültige thermische Struktur in Tälern verantwortlich.

Allerdings belegen zahlreiche Feldexperimente, dass die statischen Variablen Luftvolumen, Umsatzfläche etc. in Verbindung mit den dynamischen Sekundärerscheinungen eine wichtige Rolle für die thermische Differenzierung zwischen Tal und Vorland spielen (Abb. 5.11). Das Inntal erwärmt sich beispielsweise schon Ende März tagsüber deutlich stärker als das Alpenvorland und kühlt sich auch in

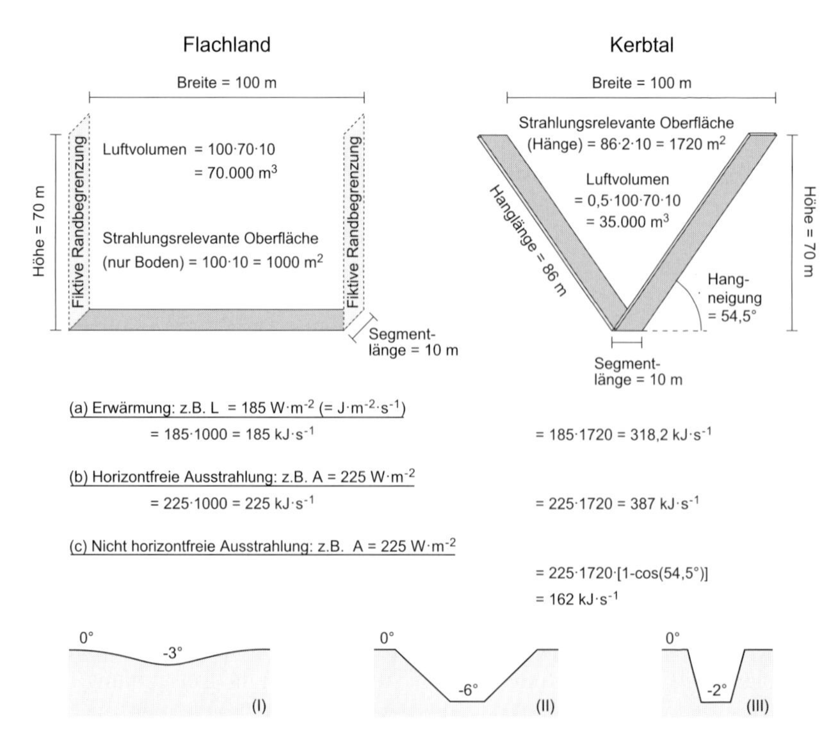

Abb. 5.10: Schema zum thermischen Verhalten von Hohlformen im Gegensatz zur Ebene (mit Ergänzungen nach GEIGER *et al.* 1995)

der Nacht mehr ab. Die gegenüber der Ebene intensivierte nächtliche Abkühlung des Tals wird durch die **Talquerzirkulation** (Kaltluftabflüsse) eingeleitet und setzt vom Talgrund her ein (20:00 Uhr). Im Laufe der Nacht wird das Inntal im Vergleich zum Umland immer kälter, wobei der maximale horizontale Temperaturgradient durch zunehmende Turbulenz der Kaltluftabflüsse immer weiter vom Boden abgehoben wird (aufsteigender Ast der Talquerzirkulation) und um 4:00 Uhr etwa 250 Meter über der Talachse liegt.

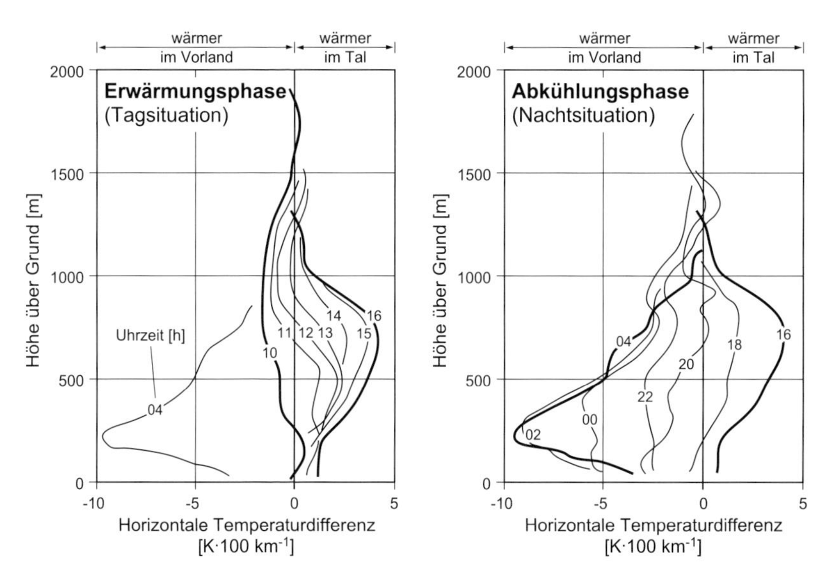

Abb. 5.11: Horizontale Temperaturgradienten für verschiedene Höhenlagen entlang der Talachse zwischen dem unteren Inntal (Radfeld) und dem Alpenvorland (Kobel) (=$T_{Radfeld}$-T_{Kobel}), nach Sondierungen vom 25.–26.3.1982 (verändert nach FREYTAG 1985)

Tagsüber bietet sich ein inverses Bild. Das Inntal erwärmt sich gegenüber dem Vorland zuerst thermisch von unten (Einstrahlung ab 10:00 Uhr) und später dynamisch von oben (ab 11:00 Uhr), da die nun absteigende Luftbewegung der Talquerzirkulation eine adiabatische Erwärmung im Bereich der Talachse zur Folge hat. Ab 10:00 Uhr ist das Tal in 100 Meter über Grund bereits wärmer, als das alpine Vorland.

Wie Temperaturmessungen in verschiedenen Höhen (hypsometrischer Temperaturgradient) eines Gebirgstals zeigen, weicht die thermische Schichtung im jahres- und tageszeitlichen Verlauf von den Verhältnissen im Flachland ab (Abb. 5.12). So zeigt sich für das Ötztal, dass sich zwischen dem nächtlich ausgekühlten Talgrund (1820 m ü. Grund) und den ebenfalls ausgekühlten Höhenlagen (Baumgrenzstandort bei 2232 m ü. Grund) eine thermisch bevorzugte Hangzone ausbildet, die als „**Warme Hangzone**“ Eingang in die Literatur gefunden hat. Diese warme Hangzone ist so zu erklären, dass unterhalb der Inversionsobergrenze (IOG) aus der oberen nächtlichen Talquerzirkulation relativ warme Luft, die noch nicht von der nächtlichen Abkühlung am Talgrund erfasst wurde, gegen die Hänge verlagert wird und diese erwärmt. Bei zunehmender Einstrahlung ist die warme Hangzone im Mittel nicht mehr festzustellen, da nun die Temperatur mit der Höhe abnimmt (z.B. Juli gegen 9:00 Uhr). Je nach Exposition und Hangneigung können allerdings tagsüber v.a. bei niedrigeren Sonnenhöhen auch höhere Lagen thermisch begünstigt sein, da die niedrigeren Talbereiche durch Abschattungseffekte nicht mehr adäquat erwärmt werden (z.B. 14:00 Uhr im Januar).

Im Monatsmittel steigt die Obergrenze der warmen Hangzone mit zunehmender Länge der täglichen Ausstrahlungsperiode (also zum Winter) an (Abb. 5.13). Im

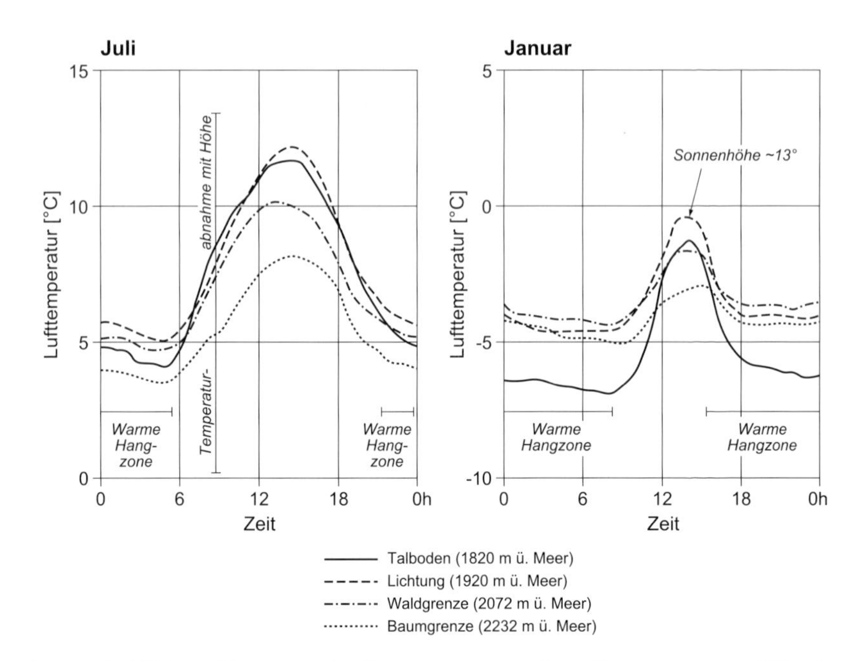

Abb. 5.12: Mittlerer Tagesgang der Temperaturentwicklung für verschiedene Höhenlagen im Ötztal (Obergurgel), Monatsmittel von Juli 1954 und Januar 1955 (verändert nach AULITZKY 1967)

Sommer nimmt sie die niedrigsten Werte ein. Zum täglichen Temperaturminimum liegt sie im Ötztal zwischen >700 m über Talgrund (Januar) und ca. 400 m über Talgrund im Sommer. Ähnliche Verhältnisse finden sich auch bezogen auf die Größenordnung der thermischen Bevorzugung. Sowohl im Tagesmittel als auch zum Zeitpunkt des Temperaturminimums ist die warme Hangzone im Winter am deutlichsten ausgeprägt, während sie in den Sommermonaten (Juni, Juli) im Mittel mit ~0,1–0,2 K kaum noch auszumachen ist.

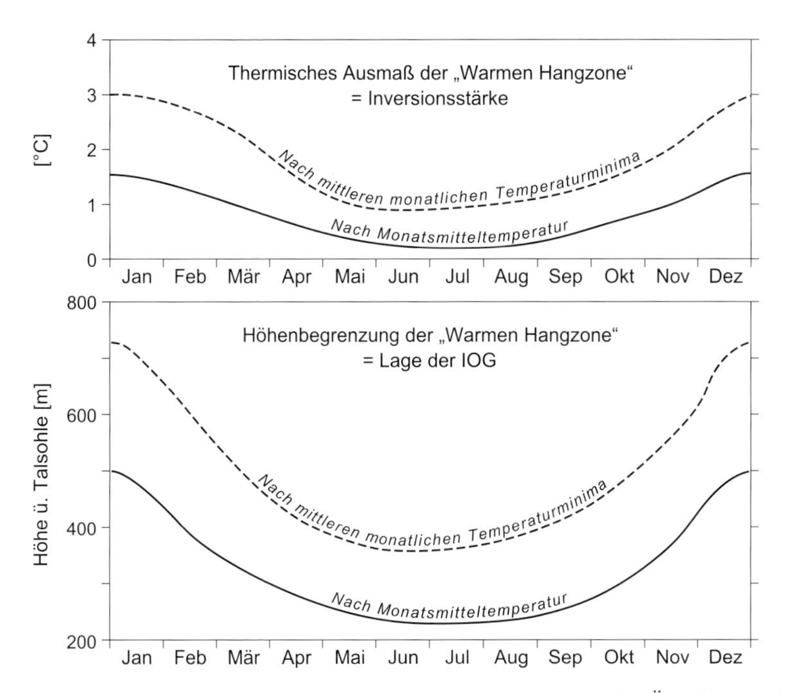

Abb. 5.13: Mittlere Lage und Intensität der „Warmen Hangzone" im Ötztal (verändert nach AULITZKY 1967)

In Mittelgebirgen liegt die warme Hangzone meist weniger hoch und ist deutlich schwächer ausgeprägt (AULITZKY 1967). Je nach topographischer Situation und Wetterlage (Wolken, Schwach-/Starkwindsituationen) kann sie auch vollständig verschwinden (s. dazu BROCKHAUS 1995).

Fasst man alle diskutierten Einflussfaktoren zusammen, dann lässt sich eine idealisierte Modellvorstellung der Temperaturdynamik in Tälern formulieren (Abb.

5.14). Nach Sonnenuntergang wird die effektive Ausstrahlung wirksam und kühlt die Bodenoberfläche im Tal und auf den begrenzenden Randhöhen ab. Haben die Kaltluftpolster eine ausreichende Mächtigkeit erreicht, beginnt die Kaltluft wie Wasser entlang des Gefälles ins Tal zu fließen (t5). Die **Kaltluftabflüsse** (als Teil der nächtlichen Talquerzirkulation) tragen nun dazu bei, dass sich im Sammelgebiet (Tal- bzw. Muldengrund) ein mächtiger Kaltluftsee mit besonders niedrigen Temperaturen ausbilden kann.

Gleichzeitig bedarf es aus Gründen der Massenkontinuität einer Ausgleichzirkulation (t6), die sich im Konfluenzbereich der Kaltluftabflüsse (Talachse) als aufsteigender Ast der Talquerzirkulation manifestiert, in der Höhe gegen die Talflanken

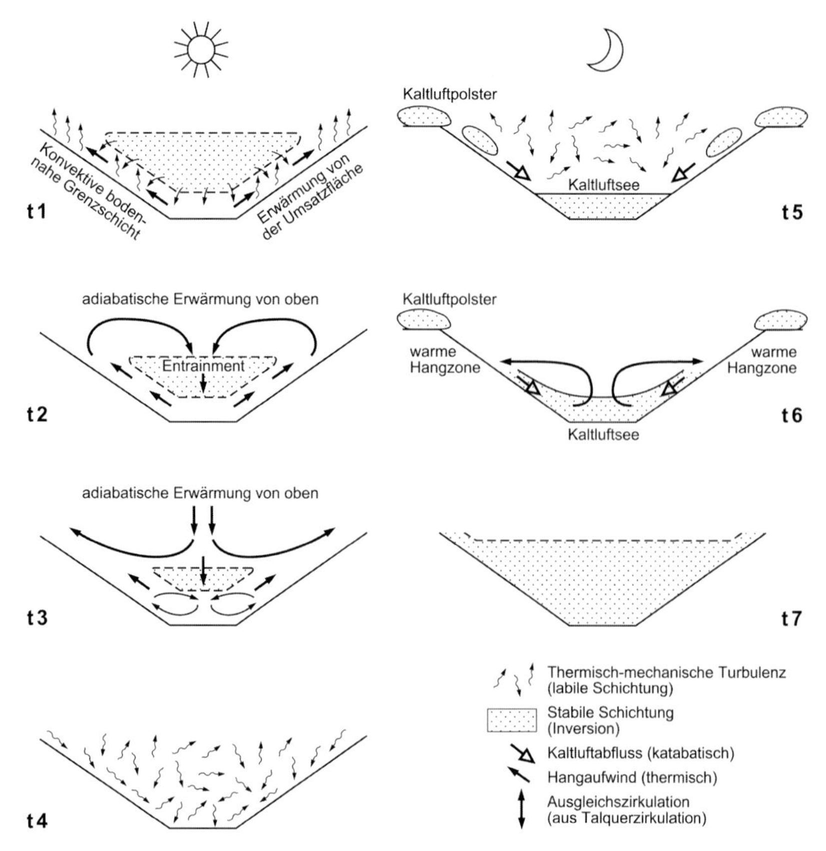

Abb. 5.14: Tageszeitliche Temperaturdynamik in Tälern (verändert nach WHITEMAN 2000a sowie VERGEINER & DREISEITL 1987 und KISTEMANN & LAUER 1990)

gerichtet ist und dort ggf. die „Warme Hangzone" verursacht. In dem Kaltluftsee nimmt die Temperatur mit der Höhe zu, so dass eine **Talinversion** entsteht. Da im Gegensatz zum Flachland nicht nur Ausstrahlungseffekte sondern auch der Kaltluftabfluss für die Bildung der Talinversion verantwortlich zeichnet, kann sie je nach Einzugsgebiet der Talschaft und Abflussintensität größere Mächtigkeiten annehmen als reine Strahlungsinversionen. Gegen Ende der Nacht ist häufig vor allem im Mittelgebirgsrelief das gesamte Tal durch die Talinversion ausgefüllt (t7).

Nach Sonnenaufgang beginnt die Erwärmung der Hänge, so dass sich dort eine konvektive bodennahe Grenzschicht ausbildet (t1), die im weiteren Verlauf der Erwärmung (t2) zu gut ausgebildeten Hangaufwinden (als Teil der Talquerzirkulation am Tag) führt. Einerseits wird nun die Talinversion vom Boden konvektiv abgehoben, andererseits baut sie sich aus dem rückfließenden Ast der Talquerzirkulation auch in der Höhe adiabtisch ab. Aufgrund der dynamischen Komponente ist das **Entrainment** an der IOG stärker ausgeprägt als im Flachland. In größeren Hochgebirgstälern besteht in der zweiten Phase der Einstrahlungsperiode die Tendenz (t3), dass sich zwei getrennte Zirkulationssysteme mit einer trennenden Inversion im mittleren Talniveau ausbilden (s. Vergeiner & Dreiseitl 1987 und Kistemann & Lauer 1990). Im unteren Bereich handelt es sich um die Kompensationsströmung der Hangaufwinde (Talquerzirkulation), im oberen Bereich werden in Richtung Vorland zunehmend vertikale Kompensationsströme zum gesamten Talaufwind-System wirksam. Bis zum späten Nachmittag löst sich die Talinversion bei hoher Einstrahlung vollständig auf, wenn ausreichend thermisch-mechanisch turbulente Durchmischung gewährleistet ist (t4). Im Tal herrscht dann eine labile Schichtung mit nach oben abnehmender Lufttemperatur vor.

Das Schema in Abbildung 5.14 zeigt allerdings nur die grundsätzliche Temperaturdynamik in Tälern. In der Realität sind darüber hinaus **räumlich asymmetrische** Erwärmungs- bzw. Abkühlungseffekte zu berücksichtigen, die vor allem bei niedriger Sonnenhöhe (Morgen, Abend, Winter der mittleren und höheren Breiten) zum Tragen kommen. Am Beispiel des Dischmatals zeigt sich, dass die ostexponierten (NE, SE) Hänge am Morgen (22.8, 7:30 Uhr) deutlich mehr Strahlung erhalten als die nach Südwesten exponierten Talbereiche (Abb. 5.15). Ab Mittag sind dann aber die südwestlich exponierten Hänge klar bevorzugt und erhalten im Tagesverlauf auch die größte potentielle Einstrahlungssumme. So muss in Tälern aufgrund des jahres- und tageszeitlichen Gangs der Sonne in Verbindung mit Exposition und Schattenwurf nach **Sonnen**- und **Schattenhängen** unterschieden werden.

Aus diesem Grund entwickelt sich auch die Erwärmung der Luft über den Hängen im Tagesverlauf asymmetrisch. Im Dischmatal zeigt sich, dass die NE-exponierten Hänge am Morgen bereits erwärmt werden, während die SW-Hänge noch im Schlagschattenbereich liegen. Die Erwärmungsraten der NE-Hänge sind dort am höchsten, wo die stärkere Hangneigung im Bezug zur niedrigen Sonnenhöhe den günstigsten resultierenden Geländewinkel ergeben (s. Punkt mit >1 $K \cdot h^{-1}$).

Gegenüber dem Schema in Abbildung 5.14 sind aufgrund der Wetterdynamik im Tal auch zeitliche Verschiebungen der einzelnen Phasen möglich. Bei heftigen Talabwinden und damit mechanischer Turbulenz kann sich die Bodeninversion am Ende der Nacht durchaus schon vor Sonnenaufgang abheben. Ist die Luft sehr feucht, bildet sich häufig im Bereich des aufsteigenden Astes der Talquer-

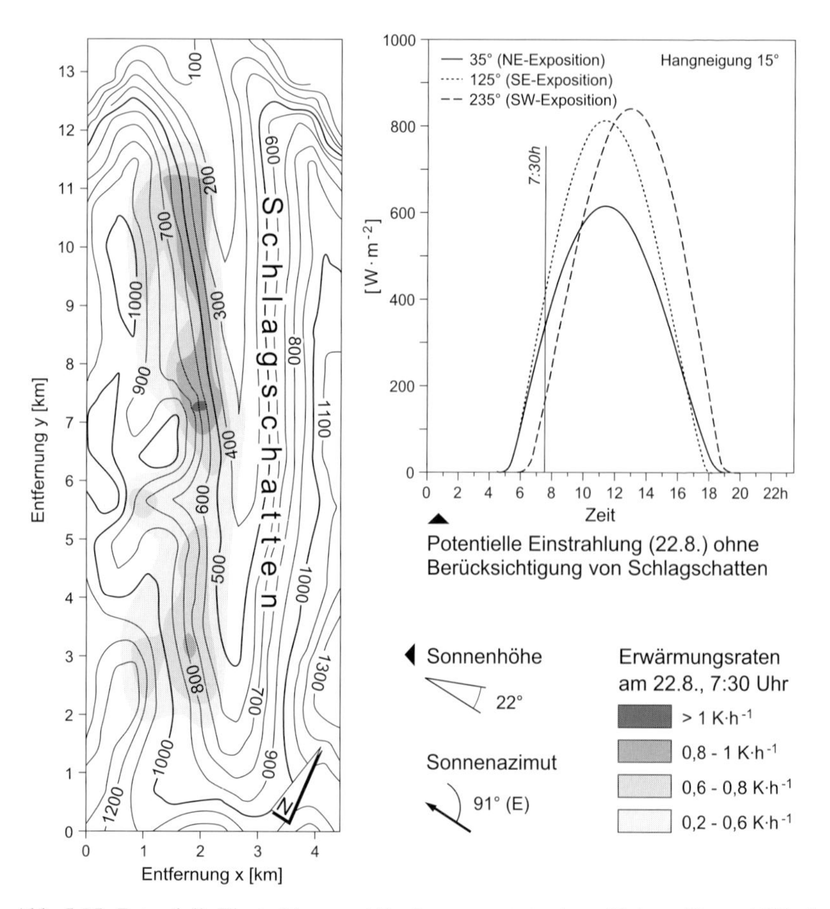

Abb. 5.15: Potentielle Einstrahlung und Erwärmungsrate in einem kleinen Alpental (Dischmatal) (ergänzt und verändert nach ULRICH 1982)

zirkulation (Abb 5.14, t6) durch adiabatische Abkühlung der Luftpakete bei der Hebung und daraus resultierender Kondensation eine Dunst- bzw. Hochnebelschicht aus (Abb. 5.16). Dadurch verlagert sich die Umsatzfläche für die langwellige Ausstrahlung an die Dunst-/Nebelobergrenze, während die Talsohle durch eine Zunahme der langwelligen Gegenstrahlung von der Dunst-/Nebelbasis energetisch begünstigt wird. Als Folge kühlt sich die Dunst-/Nebelobergrenze ab und die Talsohle wird erwärmt. Die thermische Schichtung im Tal verändert sich, indem aus der Bodeninversion der ersten Nachthälfte eine abgehobene Inversion mit einer schwach durchmischten bodennahen Grenzschicht entsteht. Die Dunst-/Nebelobergrenze markiert dabei in etwa die IUG.

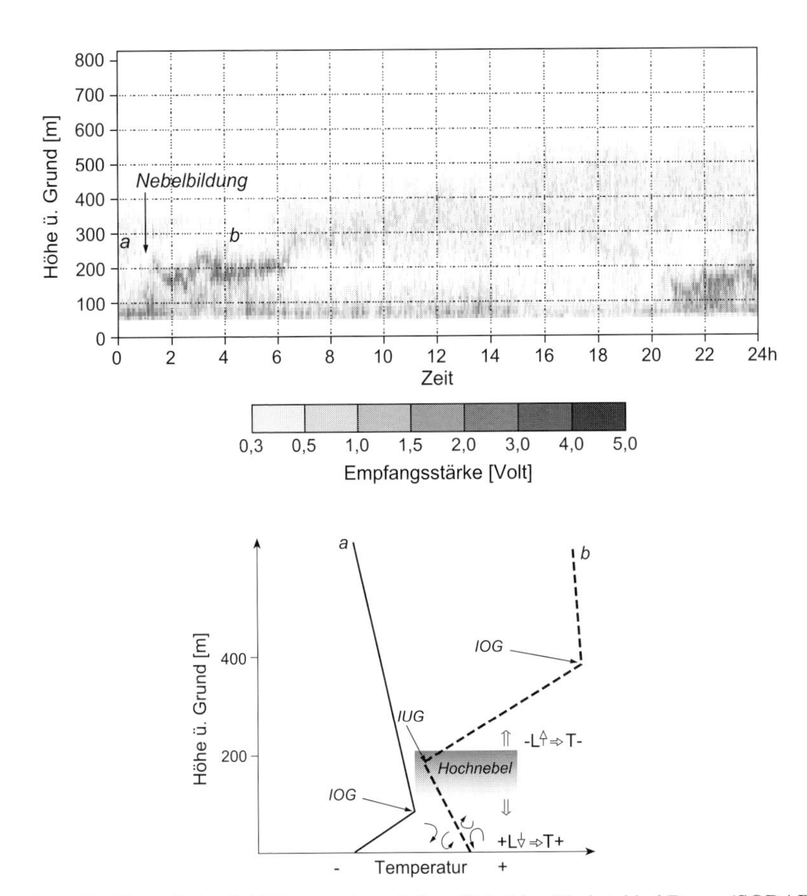

Abb. 5.16: Thermische Schichtung mit und ohne Nebel im Rheintal bei Bonn, (SODAR-gramm vom 15.12.1994) (verändert und ergänzt nach BENDIX 1998)

Betrachtet man die thermische Dynamik im Bereich von **Vollformen** (isolierte Berge, Bergzüge), gelten zum Talrelief vergleichbare Verhältnisse. Je nach Sonnenstand, Exposition und Hangneigung erwärmen sich die einzelnen Bergflanken und die darüber liegende Luft in jahres- und tageszeitlich unterschiedlicher Weise. Nachts bilden sich v.a. Kaltluftabflüsse von den Berghängen, da mit zunehmender Geländehöhe die thermische Ausstrahlung zunimmt (s. Kap. 3) und keine zum Talrelief vergleichbare Einschränkung des Halbraums vorliegt. Bei ausgedehnten Kettengebirgen (z.B. Alpen, Anden, Rocky Mountains etc.) ergeben sich durch die tägliche Konvektion an Gebirgsabhängen mesoskalige Veränderungen in der gesamten Wetterdynamik. Nachts verursachen die großen Gebirge durchaus komplexe thermische Strukturen über dem Vorland. So führt das zeitversetzte Eintreffen bzw. Über- und Unterschichten von unterschiedlichen Kaltluftkörpern aus verschiedenen Quellen (Talbereichen bzw. Gebirgsabdachungen) häufig zu komplexen thermischen Strukturen mit mehrfachen Inversionen (Ulbricht-Eissing & Stilke 1986). Ähnliche Effekte treten in deutlich abgeschwächter Form vereinzelt auch im Mittelgebirgsrelief auf (Bendix 1998).

6 Gelände und atmosphärischer Wasserdampf

Wichtige Kenngrößen des Geländeklimas sind die raum-zeitlichlich differierende **Luftfeuchteverteilung** in der planetaren Grenzschicht sowie orographisch induzierte Wolkenbildung und Niederschläge. Die Quelle für den atmosphärischen Wasserdampf (Luftfeuchte) bzw. das atmosphärische Flüssigwasser (Wolken, Niederschlag) stellt bezogen auf den kleinen Wasserkreislauf die Verdunstung der Landoberfläche dar. Vier maßgebliche Faktoren steuern den atmosphärischen Wasserhaushalt in der geländeklimatologischen Skala (s. Abb. 6.1):

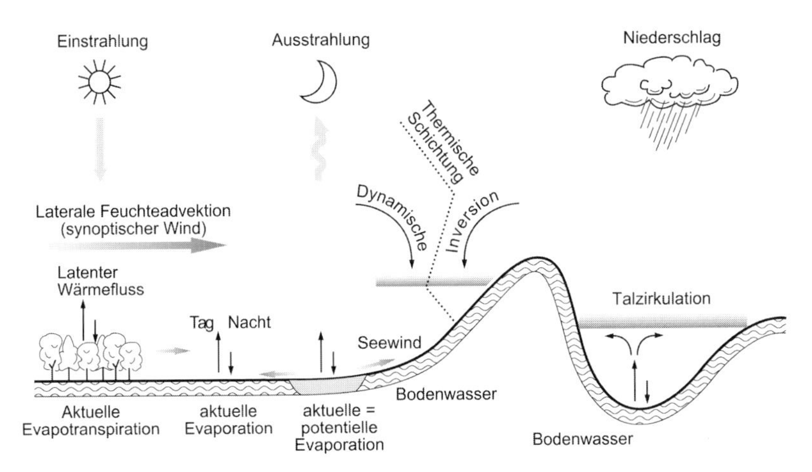

Abb. 6.1: Steuergrößen zum atmosphärischen Wasserhaushalt der planetaren Grenzschicht

- Die **solare Einstrahlung** (in Form der Strahlungsbilanz) ist Energielieferant für die Verdunstung der Landoberfläche und damit den Transport von Wasserdampf in die Atmosphäre. Demgegenüber zeichnet die Intensität der nächtlichen Ausstrahlung im Kontakt mit der Landoberfläche für den Entzug von Wasserdampf durch **Taubildung** verantwortlich.
- Da der maximale Wasserdampfgehalt der Luft (Sättigungsdampfdruck) temperaturabhängig ist, spielt das **Relief** v.a. in Hochgebirgsräumen eine entscheidende Rolle für den Wasserdampfgehalt der Grenzschicht. Nimmt die Temperatur mit der Höhe ab, so muss auch die maximal mögliche Wasserdampfmenge der Luft zurückgehen. Allerdings wirkt eine davon abweichen-

de thermische Schichtung (z.B. dynamische Inversionen) modifizierend auf die Luftfeuchte ein.

- Die Landoberfläche als untere Grenzfläche der planetarischen Grenzschicht liefert über den Mechanismus der **Verdunstung** den Wasserdampf für die Atmosphäre. Wichtig ist grundsätzlich die **Wasserverfügbarkeit**. Nur wenn am Boden ausreichend Wasser vorhanden ist, kann die verfügbare (Netto-) Solarenergie für die Verdunstung eingesetzt werden. Über unbedeckten Landflächen spielt vor allem das begrenzte Reservoir des **Bodenwassers** eine wichtige Rolle, das im Klimasystem allerdings mit dem atmosphärischen Niederschlag **rückgekoppelt** ist. Unter Vegetationsbedeckung ergeben sich darüber hinaus **aktive Regelmöglichkeiten** der Verdunstung über das Schließen und Öffnen der **Stomata** (Spaltöffnungen) bei Wasserstress bzw. Wasserüberschuss.
- Die groß- und kleinräumige **Strömungsdynamik** in der planetaren Grenzschicht spielt in Verbindung mit der **Geländerauhigkeit** ebenfalls eine entscheidende Rolle für den atmosphärischen Wasserhaushalt. Die Intensität der mechanisch-thermischen Turbulenz beeinflusst maßgeblich den vertikalen Austausch von Wasserdampf zwischen Boden und Grenzschicht (Fluss latenter Wärme, s. Abb. 4.4), lokale Windsysteme verfrachten wasserdampfgeladene Luftpakete vertikal bzw. horizontal und großräumig sorgt der synoptische Wind für die Advektion feuchter bzw. trockener Luft, mit den entsprechenden Effekten für den lokalen Wasserdampfhaushalt.

6.1 Verdunstung

Die passive Verdunstung der vegetationsfreien Landoberfläche wird als **Evaporation**, die aktive Verdunstung der Vegetation als **Transpiration** und die Summe als **Evapotranspiration** bezeichnet. Bietet die Landoberfläche kein ausreichendes Wasserreservoir (z.B. Wüsten), bleibt die **aktuelle Verdunstung** hinter der energetisch (Netto-Strahlung) und atmosphärisch (Sättigungsdefizit, Turbulenz) möglichen (**potentielle Verdunstung**) zurück. Berechnung und Messung der Verdunstung sind in der Regel sehr kompliziert. Zur Approximation der Evapotranspiration wird häufig die PENMAN-MONTEITH Gleichung herangezogen (s. Anhang 7).

Im Tagesgang orientiert sich die Verdunstung (ähnlich wie der latente Wärmestrom in Abb. 4.5) an der Strahlungsbilanz, dem Sättigungsdefizit der Luft sowie den Regelmöglichkeiten der Vegetation. In einem mitteleuropäischen Kiefernforst (s. Abb. 6.2) setzt der **Saftfluss** in den Bäumen bereits am Morgen mit einer positiven Strahlungsbilanz ein und auch die Verdunstung folgt bis etwa 9 Uhr der Kurve der Strahlungsbilanz. Mit zunehmendem Sättigungsdefizit in der Luft wird der Saftfluss allerdings deutlich reduziert und die Verdunstung des Forstes insgesamt gedrosselt. Ein Zeichen für die Regulationsmöglichkeit der Bäume ist der deutliche Einbruch in der Verdunstungskurve nach Sonnenhöchststand (ca. gegen 14:00 Uhr).

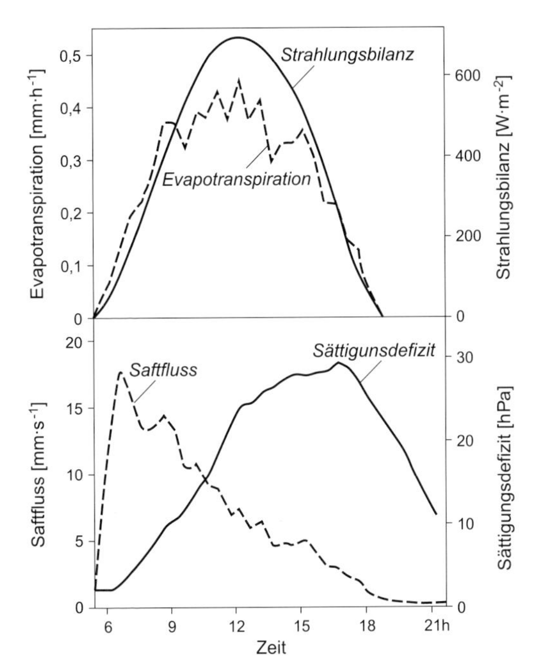

Abb. 6.2: Mittlerer Tagesgang der Verdunstung des Kiefernforstes (*Pinus silvestris*) Hartheim (Nähe Freiburg) im Frühjahr 1992 (verändert nach BERNHOFER *et al.* 1996)

Dass die mit dem Niederschlag rückgekoppelte Wasserverfügbarkeit im Boden ebenfalls Auswirkungen auf den Verdunstungsstrom hat, zeigt Abbildung 6.3. Der Bodenspeicher wird durch jedes Niederschlagsereignis aufgefüllt und in den darauf folgenden Trockenphasen aufgrund der kontinuierlich wirkenden Evaportranspiration wiederum entleert. Bei länger anhaltenden Trockenphasen gerät die Vegetation zunehmend unter Trockenstress und passt daher die Transpirationsleistung der Wasserverfügbarkeit an, die Evaportranspiration geht insgesamt zurück (s. Periode 23.9.–28.9. in Abb. 6.3).

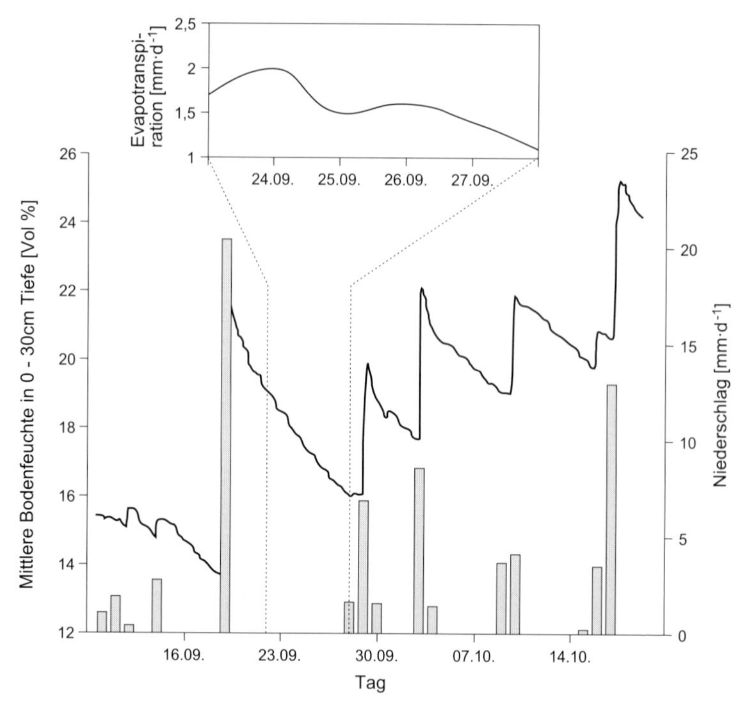

Abb. 6.3: Verdunstung des Kiefernforstes (*Pinus silvestris*) Hartheim (Nähe Freiburg) im Oktober 1992 in Abhängigkeit von Bodenfeuchte und Niederschlag (verändert nach STURM *et al.* 1996)

Die differentielle Verdunstung der Landoberfläche ist zwar lokal abhängig vom Landbedeckungstyp und den Wasserhalteeigenschaften der Böden, allerdings global gesehen in den jahreszeitlichen Gang derjenigen Klimaelemente eingebettet, die die Verdunstung steuern (Strahlungsbilanz, Sättigungsdefizit, Niederschlag). So ist es nicht verwunderlich, dass sich im jahreszeitlichen Verlauf der Verdunstung einer Landschaft neben den lokalen Faktoren besonders die geographische Lage bzw. die klimatischen Eigenschaften der jeweiligen Klimazone durchpausen (Abb. 6.4). Regenwaldgebiete weisen bei ausreichenden Niederschlägen und jahreszeitlich in etwa konstanter Strahlungsbilanz ganzjährig eine hohe **potentielle Landschaftsverdunstung** auf, die nur in relativen Trockenzeiten etwas reduziert wird. Tropische Trockengebiete mit über das Jahr konstant niedrigen Niederschlägen bzw. hohen Einstrahlungssummen zeigen einheitlich niedrige Verdunstungsflüsse. In den mittleren und höheren Breiten zeichnen vor allem die kalten Wintertemperaturen, die deutlich reduzierte Solarstrahlung sowie die weitgehende Vegetationsruhe für den Rückgang der Verdunstung in der kalten Jahreszeit verantwortlich.

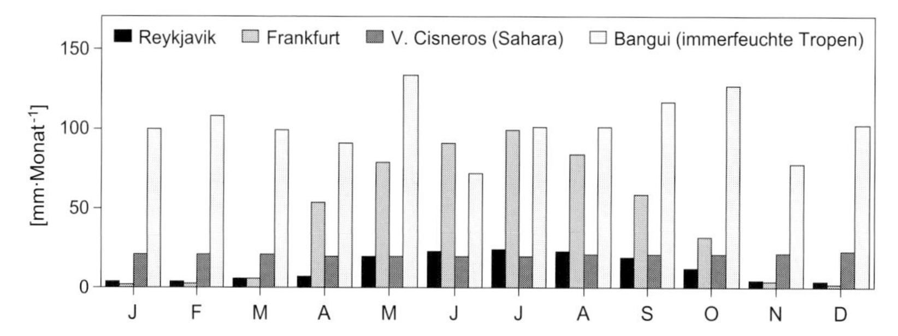

Abb. 6.4: Jahresgang der potentiellen Landschaftsverdunstung (pLV) nach LAUER & FRANKENBERG für verschiedene Klimazonen und Oberflächentypen (nach Daten aus FRANKENBERG, LAUER & RHEKER 1990)

6.1.1 Verdunstung und Landoberfläche

Sowohl die unterschiedlichen Eigenschaften unbedeckter Landoberfläche wie z.B. Porenvolumen der Böden, Grundwasserstand, laterale Bodenwasserflüsse, Versiegelung etc., als auch die Vegetationsbedeckung und der jahreszeitliche Wachstumszyklus sind Grundlage einer raum-zeitlichen Differenzierung der Verdunstung. Betrachtet man das Verdunstungsverhalten verschiedener Oberflächen bei identischer Ausprägung der Klimaelemente über eine Vegetationsperiode, lassen sich die oberflächenspezifischen Unterschiede in der Verdunstungsleistung gut herausarbeiten (Abb. 6.5).

Die Verdunstungsraten eines Kiefernwaldes sind im Vergleich zu unbedecktem Boden bzw. landwirtschaftlich genutzter Fläche hoch, da über die Vegetationsperiode eine gleichbleibend große Blattoberfläche (und damit eine hohe Anzahl Stomata) den Verdunstungsstrom aufrecht erhält. Insgesamt folgt die Verdunstungsleistung dem Jahreszyklus der Strahlungsbilanz, mit niedrigsten Werten im April und Oktober. In der Hauptwachstumsphase (Mai), in der sowohl ausreichend Wasser als auch Energie für die Verdunstung vorhanden ist, ist die Evapotranspiration am höchsten, wobei die Transpirationsleistung den Evaporationsstrom deutlich übersteigt. Insgesamt zeigt der unbedeckte Lehmboden über alle Monate die geringsten Verdunstungsraten. In den Sommermonaten kommt es hier zu geringfügigen Schwankungen durch die monatlich wechselnde Wasserverfügbarkeit. Interessant ist der Einfluss von landwirtschaftlicher Nutzung auf das raumzeitlich differenzierte Verdunstungsverhalten einer Landschaft. So verdunstet ein Feld mit Winterweizen besonders ausgiebig in der Hauptwachstumsphase im Mai-Juni (größter **Blattflächenindex** im Juni), während das Maisfeld durch die zeitlich verzögerte Entwicklung der Biomasse (s. LAI) den maximalen Verdunstungsstrom erst in den Sommermonaten Juli und August erreicht. Mit dem Ende des Anbauzyklus und dem Abernten der gesamten Biomasse nehmen die Verdunstungsraten der Felder die Evaporationsrate des unbedeckten Lehmbodens an.

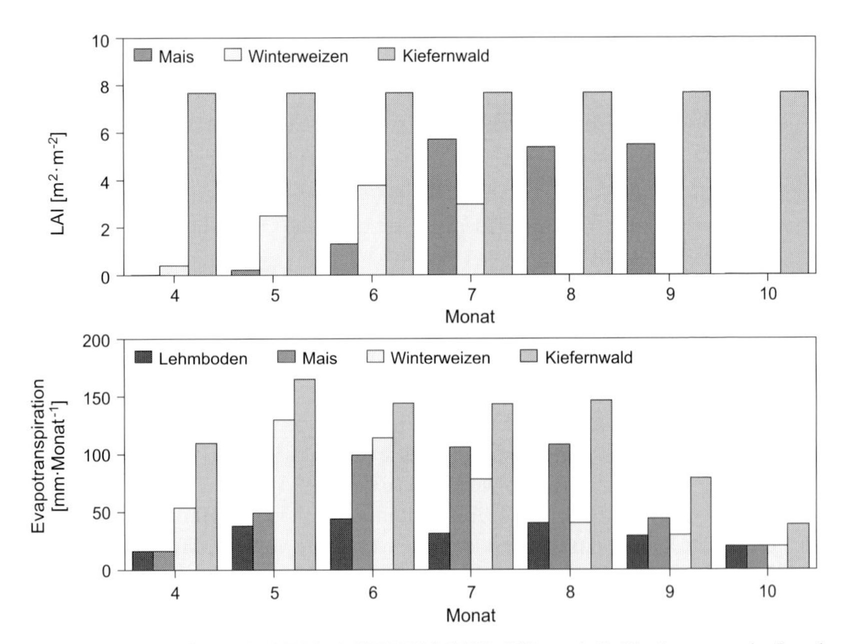

Abb. 6.5: Modellierte (SVAT-Modell PROMET-V) differentielle Verdunstung der Landoberfläche im bayerischen Voralpenraum (Testgebiet Weilheim) für die Vegetationsperiode 1993 bei identischer Ausprägung der Klimaelemente und einheitlichem Substrat (Lehmboden) (nach Daten aus Schädlich 1998)

6.1.2 Verdunstung und Geländehöhe

Nach weltweiten Messungen scheint die Evaporation freier Wasserflächen grundsätzlich mit der Geländehöhe über Meer abzunehmen. Aber auch eine Zunahme mit der Höhe ist in einzelnen Studien beobachtet worden. Wie im vorherigen Kapitel bereits ausgeführt wurde, hängt die tatsächliche Ausprägung der Verdunstung von dem Zusammenwirken der verdunstungsbestimmenden Faktoren und damit ihrer Höhenabhängigkeit ab. Für eine Zunahme der Verdunstung mit der Höhe spricht, dass die potentielle Einstrahlung (und damit die zur Verdunstung verfügbare Energie) besonders in den Hochgebirgen der Erde ansteigt (Kap. 3). Sie nimmt allerdings bei ggf. zunehmender Bewölkung mit der Höhe real wieder ab. Darüber hinaus nimmt die Turbulenzintensität und damit potentiell die Intensität des latenten Wärmestroms (Kap. 4) aufgrund höherer Windgeschwindigkeiten mit der Höhe zu. Auf der anderen Seite spielt das temperaturabhängige Sättigungsdefizit im Zusammenhang mit der Wasserverfügbarkeit eine gewichtige Rolle. Mit zunehmender Geländehöhe nimmt die mittlere Lufttemperatur generell ab (Kap. 5). In der freien Atmosphäre geht auch das spezifische Sättigungsdefizit mit zunehmender Höhe zurück, es kann daher weniger Wasserdampf aufgenommen werden (Tab. 6.1). Die atmosphärische Schichtung spricht bei ausreichender Wasserverfügbarkeit in allen Höhenniveaus somit eher für eine Reduktion der Verdunstung mit ansteigender Geländehöhe.

Tab. 6.1: Schichtung und Sättigungsdefizit in der US-Standardatmosphäre

Höhe ü. Meer [km]	Temperatur [K]	Spezifische Feuchte [$g \cdot kg^{-1}$]	Spezifisches Sättigungsdefizit [$g \cdot kg^{-1}$]
0	288,2	4,81	5,70
1	281,7	3,77	3,93
2	275,2	2,88	2,65
3	268,7	1,98	1,90
4	262,2	1,34	1,32
5	255,7	0,87	0,90
6	249,2	0,58	0,57

Auf der Basis von Messungen in den Tropen und Subtropen hat sich gezeigt, dass vor allem das thermisch beeinflusste Sättigungsdefizit die Höhenabhängigkeit der Evaporation steuert (Nullet & Juvik 1994, Abb. 6.6). So nimmt die gemessene Evaporation grundsätzlich mit der Höhe ab. Das gilt allerdings nicht für den Fall einer Temperaturzunahme mit der Höhe in Folge einer dynamischen Inversion. Im Bereich subtropischer Wüsten bzw. trockener Westküsten (37° N), wo die Passatinversion in die untere Grenzschicht (bis ~400 m ü. Meer) reicht, nimmt die Verdunstung zuerst mit der Höhe zu, um oberhalb der Inversion mit dem Rückgang der Temperatur ebenfalls abzunehmen. In Richtung Äquator (z.B. bei 20°N) verlagert sich die Zone der Zunahme mit der Höhe parallel zum Anstieg der Passatinversion. Bei näherem Hinsehen findet sich eine ähnliche Zunahme im spezifischen Sättigungsdefizit durch die Passatinversion auch in der mittleren freien Atmosphäre (bei 3 km in der tropischen Standardatmosphäre). In den inneren Tropen stellt sich eine Abnahme der potentiellen Evaporation mit der Höhe ein. Auch in den mittleren Breiten nimmt die Evaporation generell mit der Geländehöhe ab (s. z.B. Rheinebene-Schwarzwald, KALTHOFF *et al.* 1999).

Die tatsächliche Evaportranspiration im Gebirge kann allerdings sehr komplexe raum-zeitliche Muster annehmen, da Luv- und Leeeffekte sowie lokale Abwei-

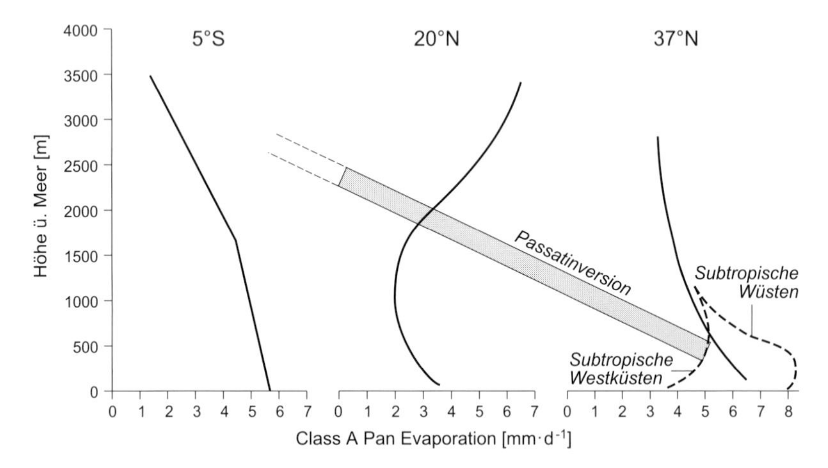

Abb. 6.6: Veränderung der Verdunstung freier Wasserflächen (Class-A Pan) mit der Höhe in den Tropen und Subtropen (verändert nach NULLET & JUVIK 1994)

Tab. 6.2: Niederschlag und potentielle Evapotranspiration (mittlere jährliche Werte in mm) für ausgewählte Bergstationen Ecuadors (innere Tropen) (Daten aus HUTTEL 1997)

Station, Höhe ü. Meer	Niederschlag	Potentielle Evapotranspiration
Catamayo 1230 m *Interandines Trockental*	390	1210
Puyo, 990 m *Andine Fußstufe, Bergregenwald*	4410	915
Papallacta, 3150 m *Feuchte Ostabdachung*	1290	580
Cotopaxi Minitrak, 3560 m *Grasparamo*	1190	560

chungen durch das Talrelief über die kleinräumige Veränderung des Niederschlags und der Vegetationsbedeckung die Verdunstung beeinflussen (Tab. 6.2).

6.2 Luftfeuchte und Gelände

Lässt man laterale Advektion feuchter bzw. trockener Luft außer Acht, orientiert sich die Luftfeuchte im Jahres- bzw. Tagesverlauf am Gang der verdunstungsbestimmenden Klimafaktoren (Kap. 6.1). Bei der Betrachtung der Luftfeuchte muss dabei in den **tatsächlichen Wasserdampfgehalt** der Luft (z.B. spezifische Feuchte) und den **Sättigungszustand** (z.B. relative Feuchte) unterschieden werden (Abb. 6.7). In den mittleren und höheren Breiten ist der tatsächliche Wasserdampfge-

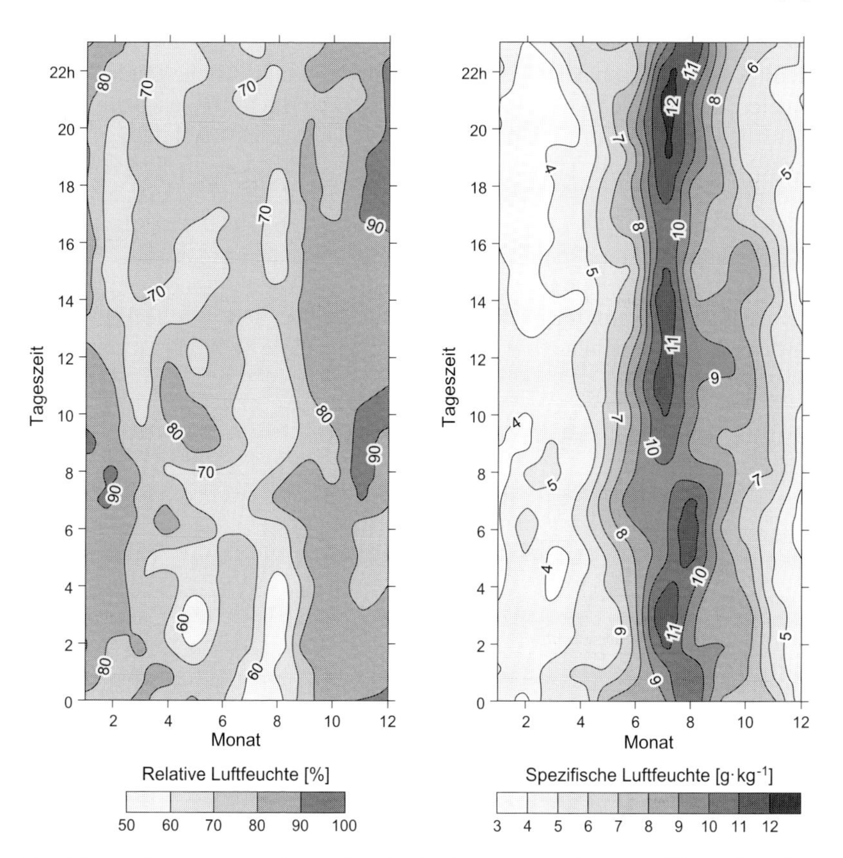

Abb. 6.7: Relative und spezifische Feuchte im Tages- und Jahresgang, Rheintal bei Bonn (Station Langer Eugen, 169 m ü. Meer), Mittelwerte 1994/95

halt in der unteren planetaren Grenzschicht (spezifische Feuchte) in den Sommermonaten am höchsten und im Winter am niedrigsten. Im Tagesgang treten die höchsten Werte im Kernsommer (Juli) gegen Abend, also zum Ende der täglichen Verdunstungsperiode auf. Die geringsten Werte finden sich in der Nacht im Winter.

Davon abgekoppelt ist allerdings die Entwicklung der relativen Feuchte als Ausdruck des Sättigungszustandes. Hier zeigt sich, dass trotz hoher absoluter Wasserdampfwerte der Sättigungszustand im Sommer (hohe Lufttemperatur) besonders niedrig ist. Demgegenüber finden sich recht hohe Werte der relativen Feuchte im Winter und im Herbst, besonders nachts.

6.2.1 Luftfeuchte und Landoberfläche

Die im Raum unterschiedliche Landbedeckung, das spezifische Verdunstungsverhalten und die wechselnde Wasserverfügbarkeit führen letztlich auch zu einer räumlichen Differenzierung der Luftfeuchte im Tagesverlauf. Abbildung 6.8 mag dies verdeutlichen. Eine Grasfläche auf einem feuchten Lehmboden verdunstet bei identischer Einstrahlung wesentlich intensiver als der benachbarte unbedeckte Boden (14:00 Uhr). Gleichzeitig erwärmt sich der unbedeckte Lehmboden stärker, da weniger Wärme für die Verdunstung aufgewendet werden muss. Das Verdunstungs- und Erwärmungsverhalten spiegelt sich in den Wärmeströmen wider, indem der latente Wärmestrom über Gras höher als über dem unbedeckten Boden ist, während für den fühlbaren Wärmestrom umgekehrte Verhältnisse gelten. Die

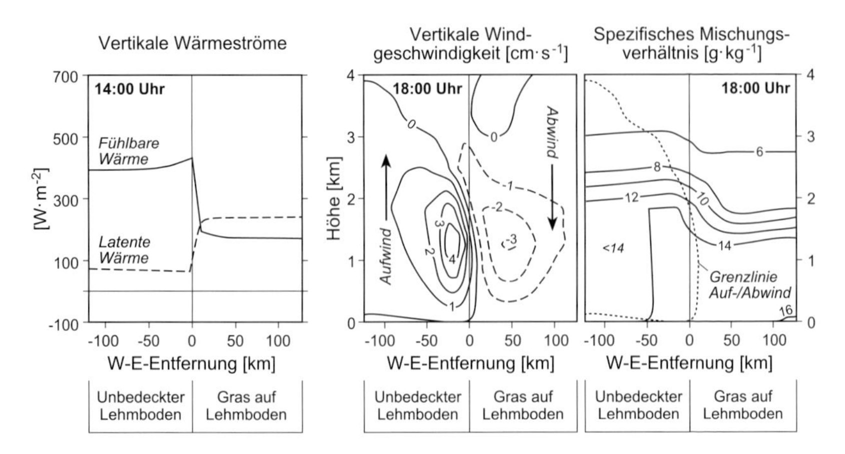

Abb. 6.8: Modelliertes Mischungsverhältnis im Zusammenhang mit atmosphärischen Wärmeströmen und Vertikalwind (verändert nach MAHFOUF *et al.* 1987)

Folge ist bei ausreichender Einstrahlung die Entwicklung thermischer Konvektion (Aufwind um 18:00 Uhr) an der Grenzfläche zwischen unbedecktem Boden und Grasfläche und eine aus Gründen der Massenbilanz absteigende Luftbewegung über der Grasfläche.

Bezogen auf die Entwicklung des Wasserdampfgehalts der Luft (spezifisches Mischungsverhältnis = Wasserdampfmenge in g pro kg trockener Luft) sind am Ende der Einstrahlungsperiode (18:00 Uhr) deutlich höhere Werte über der Grasfläche bis etwa 1,5 km Höhe zu erkennen, die im Kern der Aufwindzone (2–4 cm·s^{-1}) über dem unbedeckten Boden am weitesten in die Höhe reichen (14 g·kg^{-1} bis ~ 2 km Höhe). In Höhen >1,5 km sind die Feuchtewerte über dem

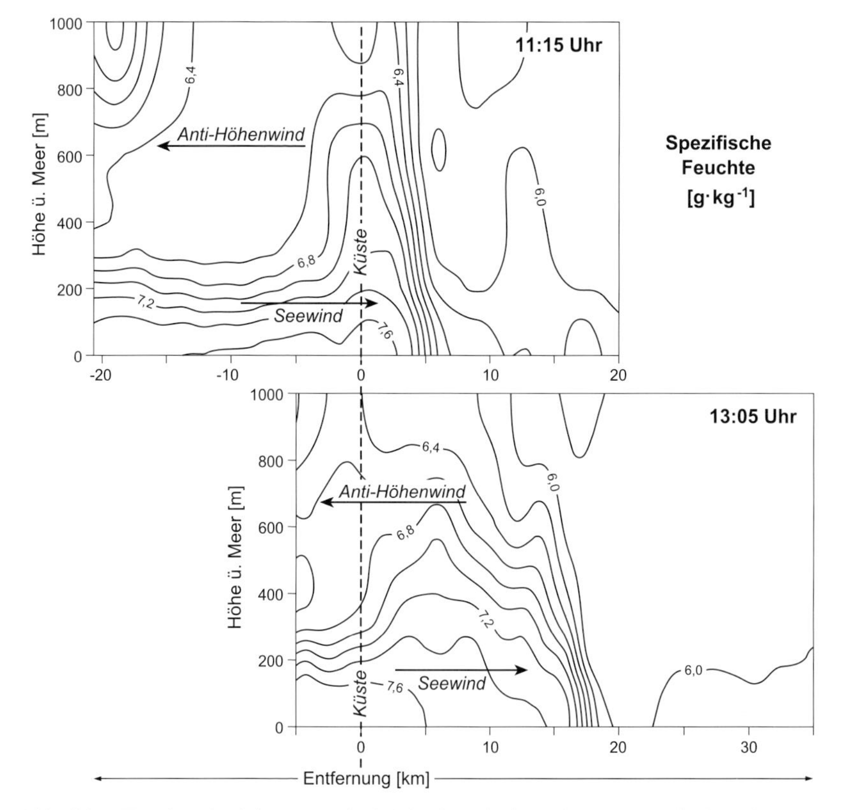

Abb. 6.9: Feuchteadvektion am Beispiel des Seewinds an der südaustralischen Coorong-Küste nach Flugzeugmessungen (verändert nach FINKELE *et al.* 1995)

unbedeckten Boden durch den Aufwärtstransport der feuchten Luft gegenüber der Grasfläche sogar etwas erhöht.

Die **Advektion** feuchter oder trockener Luft durch lokale Windsysteme kann die **vertikale Feuchteschichtung** in der planetaren Grenzschicht signifikant verändern (Abb. 6.9).

Betrachtet man den Unterschied von Land- und Wasser, so ist die Verdunstungsleistung über den Wasserflächen und damit die Luftfeuchte besonders der unteren Luftschichten gegenüber dem Land deutlich erhöht (11:15). Im Bereich der Küste treten daher starke horizontale Feuchtegradienten der Luft auf. Aufgrund der mit dem unterschiedlichen Verdunstungsverhalten verbundenen differentiellen Erwärmung von Land und Wasser entsteht über den Tag eine thermische Zirkulation vom Meer zum Land (**Seewind**), die gegen Nachmittag ihre stärkste Ausprägung erreicht. Mit dem Seewind wird nun feuchte Luft bis weit auf das benachbarte Festland verlagert, die dort die vertikale Feuchteschichtung signifikant verändert. So liegt im Beispiel von Abbildung 6.9 die 7 $g \cdot kg^{-1}$ Linie um 11:15 Uhr erst 5 km von der Küste entfernt, hat sich aber ca. 2 Stunden später (13:05) schon bis 17 km landeinwärts verlagert.

6.2.2 Luftfeuchte und Topographie

Neben Oberflächenbeschaffenheit und Verdunstungsverhalten kann die Lage im Relief, das Auftreten von reliefgebundenen Windsystemen sowie die jahreszeitlich wechselnde Ausrichtung zum synoptischen Strömungsgeschehen die Luftfeuchteverhältnisse deutlich modifizieren. In der freien Atmosphäre nimmt die Luftfeuchtigkeit normalerweise mit steigender Höhe ab (Tab. 6.3), da mit abnehmender Temperatur der Feuchtegehalt zurückgeht und auch die Entfernung zum Wasserreservoir der Erdoberfläche immer größer wird.

Tab. 6.3: Spezifische Feuchte für verschiedene Standardatmosphären

Höhe ü. Meer [km]	Tropen	Mittelbreiten Sommer	Subarktis Sommer
0	16,13	11,65	7,41
1	12,12	8,57	5,41
2	9,54	6,01	4,19
3	5,35	3,72	3,00
4	2,76	2,37	2,10
5	2,08	1,38	1,38
6	1,31	0,94	0,83

Bei der Betrachtung von Höhengradienten der Luftfeuchte in Gebirgen beeinflusst allerdings neben der Wasserverfügbarkeit und dem oberflächenspezifischen Verdunstungsverhalten eine Reihe weiterer Faktoren die lokalen Luftfeuchteverhältnisse. In **geschützten Tallagen** ist die Luftfeuchteentwicklung eher an den Tagesgang der lokalklimatischen Verhältnisse gebunden, während in den **ungeschützten Höhenlagen** die großräumige Advektion trockener bzw. feuchter Luftmassen die Feuchteschichtung modifiziert. Luv- und Leeeffekte beeinflussen die Luftfeuchteverhältnisse ebenfalls. Es ist somit verständlich, dass Messprofile der Luftfeuchte entlang von Höhentransekten in Gebirgsräumen nicht das grundsätzliche Verhalten der freien Atmosphäre widerspiegeln (Abb. 6.10). Messungen in der chilenischen Hochatacama ergaben beispielsweise eine Zunahme der spezifischen Feuchte zwischen 3 und 4 km. Erst danach nimmt die Luftfeuchte mit der Höhe wiederum ab. Die Zunahme hängt, analog zu den Ausführungen zum Verdunstungsverhalten (s. Abb. 6.6), mit dem Auftreten einer Temperaturinversion im Messprofil zusammen. Von den Absolutwerten der spezifischen Feuchte ist wiederum das **Sättigungsverhältnis** (z.B. in Form der relativen Luftfeuchte) zu unterscheiden. Im gezeigten Höhenprofil nimmt die relative Luftfeuchte und damit die Kondensationsneigung mit der Höhe zu.

Bezogen auf den unteren Bereich der planetaren Grenzschicht spielt die Tagesdynamik der thermischen Schichtung (Inversionsbildung) eine gewichtige Rolle, insbesondere dann, wenn z.B. in Tälern dynamische Effekte (Talquerzirkulati-

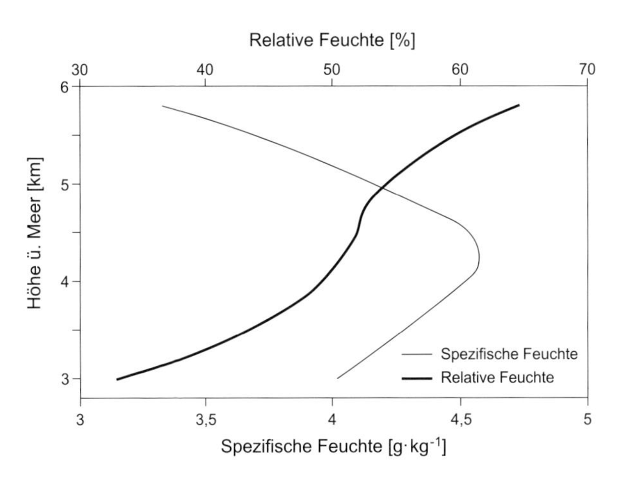

Abb. 6.10: Höhengradient von spezifischer und relativer Luftfeuchte in den chilenischen Anden bei ca. 22°40' S nach Messungen in 2 m Höhe, Januar-Mittelwerte 1991–1994 (nach Daten aus SCHMIDT 1999)

on) die Ausbildung der thermischen Schichtung intensivieren. In der nächtlichen Auskühlungsphase mit einer dem Boden aufliegenden Temperaturinversion (6:40 Uhr in Abb. 6.11) nimmt die spezifische Feuchte im Rheintal mit der Höhe (und damit mit zunehmender Temperatur) zu und erreicht im maximalen Wirkungsbereich des aufsteigenden Astes der Talquerzirkulation (50–150 m Höhe) ihren höchsten Wert. Im Höhenbereich bis 100 Meter bleibt zu dieser Zeit das (spezifische) Sättigungsdefizit auf annähernd konstant niedrigen Werten (hohe Kondensationsneigung, Bodennebel). Nach Sonnenaufgang (9:40 Uhr) ändert sich die hygrische Schichtung mit dem Abheben der Temperaturinversion. Unterhalb der Temperaturinversion nimmt die spezifische Feuchte mit der Höhe ab, im Bereich der IUG (~ 100 m) kommt es dann wieder zu einer Zunahme der spezifischen Feuchte (**Feuchteinversion**) bei gleichzeitiger Abnahme des spezifischen Sättigungsdefizits.

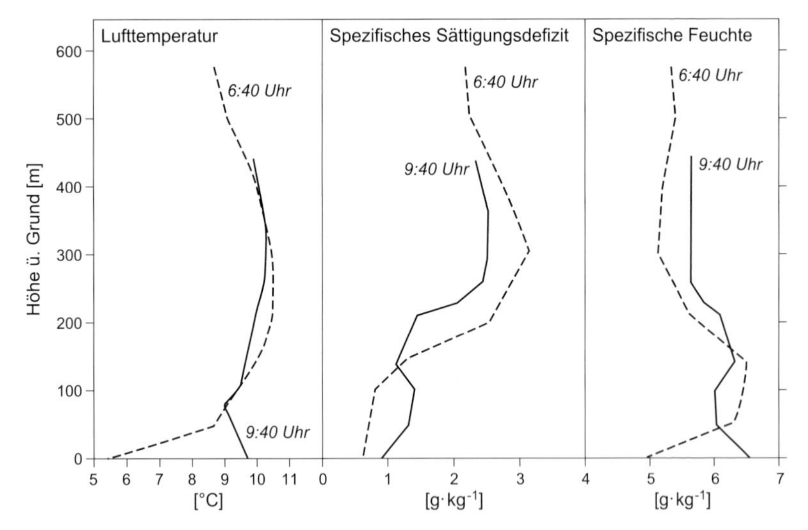

Abb. 6.11: Entwicklung der Luftfeuchte im Rheintal bei Mannheim am 12.9.1967 (verändert nach Ahrens 1975)

7 Gelände, Wolken und Niederschlag

Die raum-zeitliche Dynamik von Wolken- und Niederschlagsfeldern kann sowohl lokal (kleiner Wasserkreislauf) als auch überregional (synoptische Strömung, großer Wasserkreislauf) induziert sein. Verantwortlich für eine räumliche Differenzierung sind:

- Ein **Wechsel der Landbedeckung** und der oberflächenspezifischen Eigenschaften in Bezug auf den Strahlungs- und Wärmehaushalt, das Verdunstungsverhalten sowie die Erzeugung mechanisch-thermischer Turbulenz.
- **Feuchteadvektion** durch thermisch induzierte Windsysteme (z.B. Land-Seewind) in Verbindung mit den o.a. Änderungen.
- Unterschiedliche **thermische Eigenschaften** des Reliefs wie Strahlungsbevorzugung von Hängen etc., die über entsprechende Windsysteme Wolken- und Niederschlagsbildung forcieren.
- Lokale Wolken- und Niederschlagsbildung, die durch die Lage des Reliefs zur synoptischen Windrichtung und damit als Folge **strömungsdynamischer Effekte** (z.B. gezwungene Hebung, Staubewölkung) entstehen.

7.1 Wolken, Niederschlag und Landoberfläche

7.1.1 Räumliche Differenzierung während der Einstrahlungsperiode

Prinzipiell findet eine Verstärkung bzw. Abschwächung der **Wolkenbildung** allein durch Differenzen der Landoberfläche nur bei synoptisch ungestörtem Strahlungswetter statt.

Grundsätzlich ist die Möglichkeit der autochthonen Wolkenbildung über der Erdoberfläche vom Wasserangebot und dem oberflächenspezifischen Verdunstungsverhalten abhängig. Über Wasseroberflächen steht ausreichend Wasserdampf zur Verfügung, über Landoberflächen ergibt sich eine Rückkopplung mit dem Niederschlag, da nach ergiebigen Regenfällen auch der Bodenwasserspeicher aufgefüllt ist und sowohl der unbedeckte Boden als auch die Vegetation mehr Wasser verdunsten können. Allerdings ist eine reine Abhängigkeit der Wolkenbildung von Raummustern der Bodenfeuchte (**Recycling-Hypothese**) nicht wahrscheinlich, da die wasserdampfgeladenen Luftpakete nahe der Umsatzfläche erst aufsteigen müssen, damit durch adiabatische Abkühlung Kondensation und damit Wolkenbildung eintreten kann. Dazu ist **thermische Turbulenz** notwendig, die so stark sein muss, dass sich eine ausreichend mächtige Mischungsschicht ausbildet, um das **Cumulus-Kondensationsniveau** zu erreichen. Eine hohe Luftfeuchtigkeit ist für die Wolkenbildung förderlich, da bei initialer Kondensation unterhalb der Peplopausen-Inversion die frei werdende latente Wärme (Konversion zu fühlbarer Wärme) die thermische Turbulenz in der Wolke und damit den Aufwind so verstärkt, dass die Inversion durchbrochen werden kann. Ist durch starke Konvektion und permanente Verdunstung am Boden ein kontinuierlicher Strom latenter Wärme gegeben, können sich hochreichende Quellwolken ggf. mit Niederschlag ausbilden. Hohe Bodenfeuchtewerte spielen somit eine entscheidende Rolle bei der Wolkenbildung, können aber nur im Sinne eines Katalysators wirksam werden, wenn ausreichende thermisch-mechanische Turbulenz vorhanden ist (**Katalyse-Hypothese**).

Die unterschiedliche Entwicklung der hygrischen Schichtung im Tagesverlauf über einem Eucalyptuswald und einem landwirtschaftlich genutzten (Weizen), zum Aussaatzeitpunkt aber noch unbedeckten Sandboden verdeutlicht Abbildung 7.1.

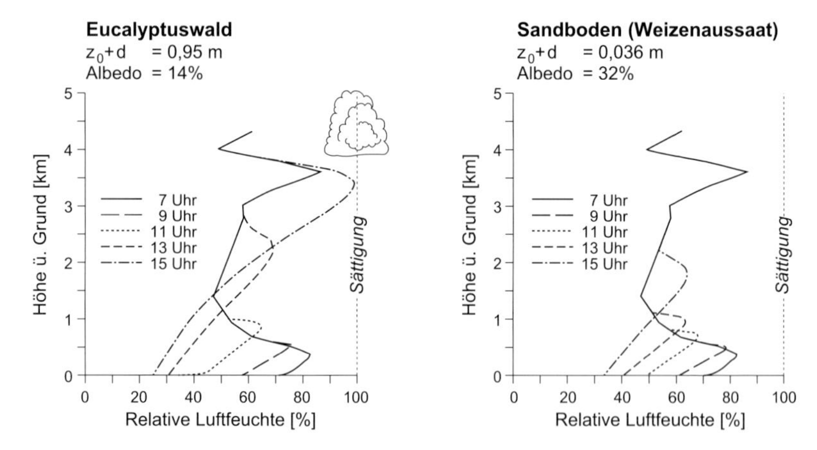

Abb. 7.1: Entwicklung der hygrischen Schichtung im Tagesverlauf über einem Eucalyptus-Wald und einer benachbarten landwirtschaftlichen Fläche in Westaustralien (verändert nach Lyons 2002)

Zum morgendlichen Beginn der Untersuchungen (7:00 Uhr) ist der Sättigungszustand (relative Feuchte) in den unteren 500 m der planetaren Grenzschicht durch nächtliche Ausstrahlungsvorgänge über beiden Oberflächentypen einheitlich hoch. Darüber nimmt die relative Feuchte ab, um in etwa 4 km Höhe ein zweites Maximum zu erreichen. Über dem unbedeckten Sandboden, der eine hohe Albedo bei gleichzeitig geringer Rauhigkeit aufweist, müssen Strahlungsbilanz und turbulente Flüsse über den Tagesverlauf geringer ausgebildet sein, als über dem Eucalyptuswald mit niedriger Albedo (=hohes Absorptionsvermögen) und größerer Rauhigkeitslänge (=stärkere mechanische Turbulenz). Gleichzeitig kann der Wald mehr verdunsten als der unbedeckte Sandboden. Im Tagesverlauf bildet sich über beiden Oberflächen eine konvektive Mischungsschicht aus, die durch niedrige relative Feuchten im Bereich des erwärmten Bodenniveaus und eine Zunahme des Sättigungszustandes mit der Höhe gekennzeichnet ist. Die Mischungsschicht kann sich über dem Weizenfeld allerdings nur bis ca. 2 km Höhe entwickeln (15:00, relative Feuchte ~68%), so dass das Kondensationsniveau nicht erreicht wird. Über dem Eucalyptuswald bildet sich zum gleichen Zeitpunkt im Zuge der erhöhten mechanisch-thermischen Turbulenzneigung und der stärkeren Verdunstung eine mächtigere Mischungsschicht (~3,5 km) aus, an deren Obergrenze das Kondensationsniveau (relative Feuchte = 100%) erreicht und Wolkenbildung initiiert wird.

Die Entwicklung der Mischungsschicht im Zusammenhang mit der Wolkenbildung soll in einem einfachen Schema subsummiert werden (Abb. 7.2).

Grundsätzlich wird das thermisch-mechanische Wachstum der Mischungsschicht bis zur Niederschlagsbildung durch mehrere Faktoren gefördert: (a) Eine **niedrige Albedo** der Unterlage führt zu hoher Absorption an der Umsatzfläche, stärkerer Erwärmung in Bodennähe und damit zu einem erhöhten Konvektionspotenzial. (b) Benachbarte Oberflächentypen, die ein voneinander **abweichendes Erwärmungsverhalten** (kalte neben warmer Fläche) zeigen, führen besonders im

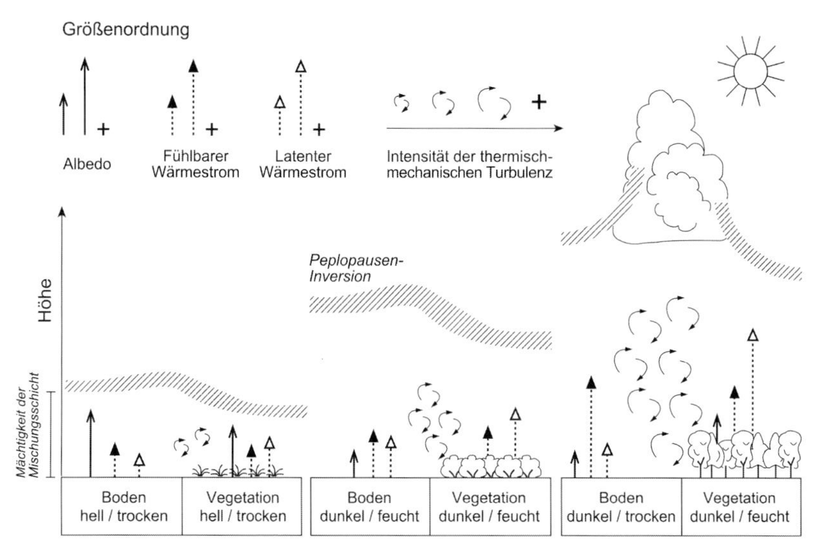

Abb. 7.2: Schema zur Wolkenbildung in Abhängigkeit der Oberflächeneigenschaften

Bereich der (vertikalen) Grenzfläche zur Konvektion von Luftpaketen. (c) Eine hohe **Geländerauhigkeit** fördert darüber hinaus die mechanische Turbulenzneigung und damit die fühlbaren und latenten Wärmeflüsse. (d) **Wasserverfügbarkeit** und **Verdunstungsverhalten** modifizieren den Wärmehaushalt, stellen aber gleichzeitig den Wasserdampf für die Wolkenbildung zur Verfügung.

Je nach Kombination der vier Faktoren im Gelände können sich theoretisch unterschiedliche autochthone Raummuster von Wolkenbedeckung und Niederschlag ausbilden. Niedrige Vegetation (trocken, hell) neben einem hellen unbedeckten Boden fördert weder die thermisch-mechanische Entwicklung der Mischungsschicht noch stellt sie ausreichend Wasserdampf zur Wolkenbildung zur Verfügung. Konvektion und Turbulenz bleiben aufgrund der hohen Albedo bzw. der geringen Rauhigkeit deutlich reduziert, die Mischungsschicht kann nur wenig anwachsen, das Kondensationsniveau wird nicht erreicht. Liegt allerdings ein dunkler trockener Boden (hohe Absorption, Erwärmung und fühlbarer Wärmefluss) neben einem dunklen, stark verdunstenden Wald (hohe Absorption, moderate Erwärmung und Konvektion, hoher latenter Wärmstrom), so führt die günstige räumliche Faktorenkombination dazu, dass die Mischungsschicht thermisch-mechanisch soweit ansteigen kann, bis das Kondensationsniveau erreicht wird und damit Wolkenbildung einsetzt.

Je nach Strahlungsbilanz, Wasserverfügbarkeit und Turbulenzintensität sind in der Realität vielfältige Kombinationsmöglichkeiten zur Wolkenbildung durch die Oberflächenstruktur denkbar. Im Gelände bzw. in Niederschlagskarten sind solche kleinräumig auftretenden, autochthonen Wolken- und Niederschlagsfelder häufig schwer nachweisbar, da großräumige Advektions- und Hebungsprozesse die Wolken- und Niederschlagbildung (z.B. Warm-/Kaltfronten der Mittelbreiten) in den meisten Klimaten dominieren und das autochthone Geschehen stark modifizieren bzw. überprägen. Auch vielfältige Kombinationswirkungen von allochthonen und autochthonen Effekten sind möglich. Es ist z.B. denkbar, dass es durch die Änderung von einer hellen zu einer dunklen Fläche ohne großes Bodenwasserreservoir zwar zur Verstärkung der Konvektion kommt, der verfügbare Wasserdampfgehalt zur autochthonen Wolkenbildung aber nicht ausreicht. Wird nun in der Höhe aus dem großen Wasserkreislauf (allochthon) Wasserdampf lateral herangeführt, kann durch die verstärkte Konvektion aufgrund der lokalen Landnutzungsänderung im Zusammenhang mit der externen Feuchteversorgung eben doch Wolkenbildung einsetzen.

Vor allem in den **Tropen** und bei großräumigen Änderungen der Landoberfläche können die beschriebenen autochthonen Effekte auch dominant werden (Abb. 7.3).

Die **Degradation** von **tropischen Waldbeständen** mit ihrer hohen Vegetationsbedeckung und Biomasse zu einer krautigen, wenig dicht stehenden Vegetation (z.B. als Folge von Brandrodung etc.) mit geringer Rauhigkeitslänge und höherer Albedo führt insgesamt zu einer deutlichen Abnahme im turbulent-latenten Wärmestrom und damit zu einem Rückgang von Niederschlag und Verdunstung. Gleichzeitig erhöht sich die Oberflächentemperatur, während die Temperatur der Mischungsschicht aufgrund des reduzierten turbulenten Austauschs zurückgeht.

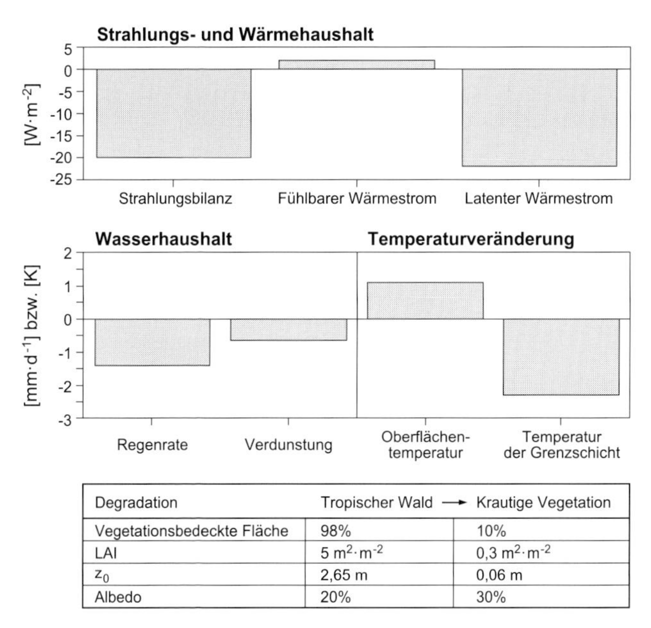

Degradation	Tropischer Wald ⟶	Krautige Vegetation
Vegetationsbedeckte Fläche	98%	10%
LAI	5 $m^2 \cdot m^{-2}$	0,3 $m^2 \cdot m^{-2}$
z_0	2,65 m	0,06 m
Albedo	20%	30%

Abb. 7.3: Änderungen im Wasser- und Energiehaushalt durch Degradation des Tropenwaldes zu krautiger Vegetation; Simulationsergebnisse für die Guinea-Küste (Daten aus CLARK *et al.* 2001)

Ein gutes Beispiel der Kombinationswirkung von konvektiv ausgeprägter Mischungsschicht und advektiv herbeigeführter Luftfeuchte auf die Bewölkungs- und Niederschlagsdynamik stellt der Übergangsbereich zwischen Land und Meer dar. Am Tag erhitzt sich das Land stärker als das Meer, so dass sich eine thermische Zirkulation vom Meer zum Land ausbildet (**Seewind**), die wasserdampfhaltige Luft ins Küstenvorland verlagert (s.a. Abb. 6.9). In Ecuador führt das vertikale Aufsteigen der in das über den Tag erhitzte Küstenvorland eindringenden feuchten Luftmassen in der gesamten Küstenebene zur verstärkten Wolkenbildung (19:00 Uhr, Abb. 7.4). Besonders an der Grenzfläche zwischen erhitzter

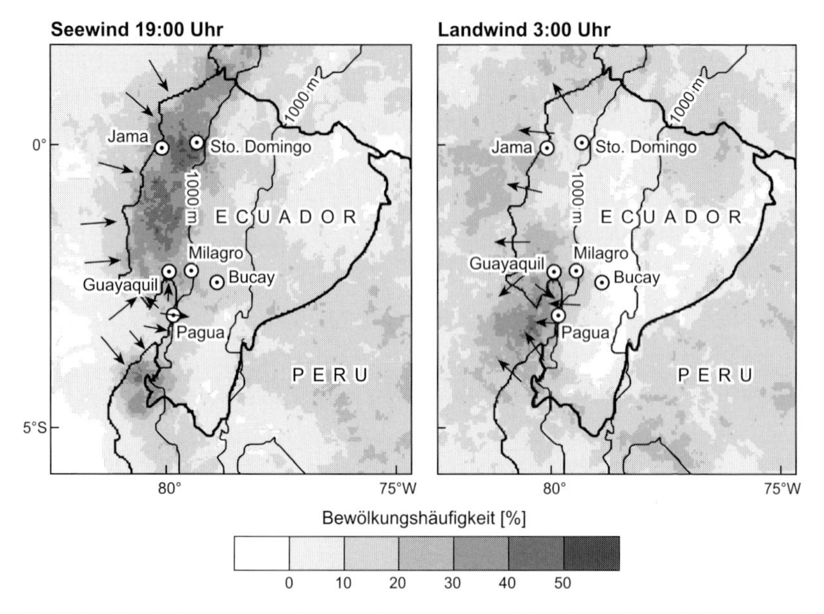

Abb. 7.4: Häufigkeit niederschlagswirksamer Konvektionsbewölkung in Ecuador, abgeleitet aus Meteosat-3 Daten für 45 Tage (1991/92) (verändert nach Bendix 2000)

Festlandsluft und eindringender Seeluft (Seewindfront) kommt es zur Ausbildung von hochreichender Konvektionsbewölkung, die zum Teil starke Niederschläge hervorbringt (s.a. Bendix *et al.* 2003b). Hervorzuheben sind die Verhältnisse im Bereich des Golfs von Guayaquil, da hier aufgrund stark diffluenter Strömung die Wolkenhäufigkeit über den Tag deutlich reduziert ist.

7.1.2 Räumliche Differenzierung während der Ausstrahlungsperiode

Die Bewölkungsverhältnisse während der nächtlichen Ausstrahlungsperiode sind in Bodennähe vor allem durch **Nebelfelder** charakterisiert, die sich bei synoptisch ungestörten Wetterlagen besonders im Winterhalbjahr der mittleren und höheren Breiten ausbilden können. Je nach Typ kann Nebel aber auch am Tag, also während der Einstrahlungsperiode gebildet werden. Nebel wird generell als Sonderform einer Wolke angesehen, die dem Erdboden aufliegt. Gemäß international gültiger Definition liegt allerdings immer dann Nebel vor, wenn die in Augenhöhe gemessene horizontale Sichtweite 1 km unterschreitet (Tab. 7.1).

Tab. 7.1: Nebeldichteklassen

Horizontale Sichtweite [m]	Nebelbezeichnung
< 50	äußerst dichter Nebel
50 < 100	sehr dichter Nebel
100 < 200	dichter Nebel
200 < 500	mäßiger Nebel
500 < 1000	leichter Nebel
1000 < 8000	Dunst

Die Sichtweite ist dabei ein Maß für die Nebeldichte und kann nach **KOSCHMIEDERS Gesetz** als Lichtschwächung in Form von Absorption und Streuung (= **Extinktion**) durch Nebeltröpfchen entlang eines horizontalen Strahlungspfads (Augenhöhe) beschrieben werden.

$$\mathrm{VIS} = \frac{1}{\beta_{ext}} \cdot \ln\frac{1}{\varepsilon_c}; \quad = \frac{3{,}91}{\beta_{ext}} \quad \text{mit} \quad \varepsilon_c = 0{,}02 \tag{7.1}$$

wobei: VIS = Horizontale Sichtweite [km], β_{ext} = Extinktionskoeffizient [km^{-1}], ε_c = Kontrastschwellenwert

Die Nebeldichte steht somit in engem Zusammenhang zum mittleren Tropfenradius und der Anzahl der Tropfen, die durch den Flüssigwassergehalt repräsentiert werden. Damit ergibt sich eine einfache Beziehung zwischen Sichtweite und Flüssigwassergehalt.

$$\mathrm{LWC} = \frac{2{,}608 \cdot r}{\mathrm{VIS}} \tag{7.2}$$

wobei: LWC = Flüssigwassergehalt [$g \cdot m^{-3}$], r = mittlerer Tropfenradius [µm], VIS = horizontale Sichtweite [m]

Die Abgrenzung nach dem Sichtweitekriterium ist allerdings aus geländeklimatologischer Sicht nicht immer eindeutig, da sie weder Aussagen über die räumliche Ausdehnung, die mikrophysikalischen Eigenschaften noch die Entstehungsart des Nebels zulässt (Abb. 7.5).

So würde ein Beobachter bzw. Messgerät auf einem Berggipfel, der von Konvektionswolken oder Staubewölkung eingehüllt ist, bei VIS < 1km Nebel melden (**Wolkennebel**), während in einem von **Hochnebel** bedeckten Tal nur die Hangstationen (VIS < 1km), nicht aber die Station im Talgrund (VIS > 1km) Nebel

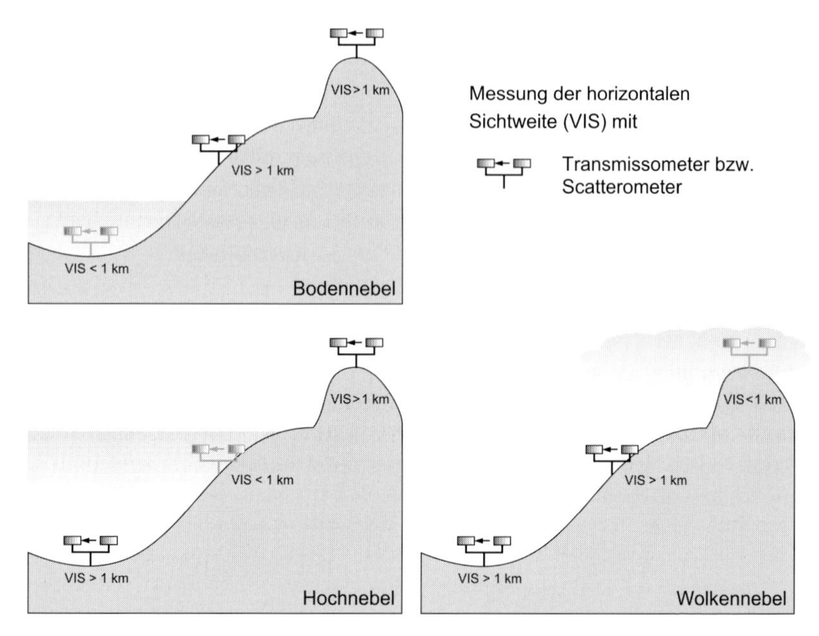

Abb. 7.5: Räumliche Nebeltypen und Konsequenzen für die Bestimmung von Nebel nach dem Sichweitekriterium

registriert. Bei **Bodennebel** würde demgegenüber nur die Talstation Nebel melden. Genetisch gesehen sind in der Regel aber nur Boden- und Hochnebel als **Strahlungsnebel** anzusprechen, Wolkennebel resultiert meist aus Advektionsbewölkung. Um verschiedene Nebelarten sinnvoll abgrenzen zu können, haben sich daher neben der Einteilung nach dem **Sichtweitekriterium** weitere Klassifikationssysteme etabliert (Tab. 7.2).

Tab. 7.2: Räumliche und genetische Nebeltypen (verändert nach WANNER 1979)

Räumlicher Typ	Genetischer Typ
Bodennebel	Strahlungsnebel mit Bodeninversion; Warmluftnebel, Meernebel, Küstennebel, Fluss-/Seenebel, Dampfnebel, Mischungsnebel
Hochnebel	Strahlungsnebel mit Höheninversion; Mischungsnebel
Wolkennebel	v.a. Staubewölkung

Bei der **Nebelklassifikation** nach räumlichen Gesichtspunkten spielt der Bezug zur Topographie eine bedeutende Rolle. Neben Bodennebel finden sich Begriffe wie Hochnebel sowie **Hangnebel**, bei denen die Tieflagen grundsätzlich nebelfrei bleiben. Von Wolkennebel spricht man, wenn höhere Gebirge in vorüberziehende Wolken eintauchen. Solche Wettersituationen gehen teilweise mit hohen Windgeschwindigkeiten und Niederschlag einher. Wolkennebel kann aus verschiedenen cumuliformen und stratiformen Wolkenarten resultieren und hebt sich daher bezogen auf seine mikrophysikalischen Eigenschaften deutlich von den meisten anderen Nebelarten ab. Bei der **genetischen Nebelklassifikation** werden die Nebelarten nach ihrer Entstehung differenziert. Grundsätzlich unterscheidet man Nebel, die durch Abkühlung der Luft oder durch Abkühlung und Feuchtezufuhr gebildet werden. Die **Nebelbildung** unterliegt dabei den gleichen Gesetzmäßigkeiten wie die Wolkenbildung. Neben Abkühlung der Luft und Feuchtezufuhr bis zum Erreichen der für die Kondensation notwendigen Übersättigung des Wasserdampfs muss eine ausreichende Anzahl an Kondensationskernen verfügbar sein. Darüber hinaus können windschwache Wettersituationen für die Ausbildung einiger Nebelarten vorteilhaft sein. Bei nächtlicher Abkühlung der Luft durch langwellige Ausstrahlung bildet sich **Strahlungsnebel**. Abkühlen der Luft durch das Überströmen einer kalten Unterlage führt zu **Advektionsnebel**. Hier unterscheidet man die Arten **Warmluftnebel**, wenn warme Luft über kalten Boden streicht, **Meernebel**, wenn warme maritime Luft auf kalte Meeresströmungen trifft und **Küstennebel**, wenn warme maritime Luft über ausgekühlte Küstenregionen strömt. Warmluftnebel tritt in den Mittelbreiten typischerweise als Folge eines winterlichen Warmfronteinbruchs auf, Meernebel finden sich vermehrt im Bereich der subtropischen Westküsten, wo kaltes Auftriebswasser wirksam wird (z.B. Humboldt-Strom an der Westküste Südamerikas mit der als **Garua** bezeichneten Nebeldecke) und Küstennebel ist ein verbreitetes Phänomen an Küsten, die durch einen starken jahreszeitlichen Temperaturgradienten zwischen Land und Meer gekennzeichnet sind (z.B. Nordseeküste im Winter). Nebelbildung kann auch in Folge adiabatischer Abkühlung beim Aufsteigen an einem Berghang (**Orographischer Nebel**), durch Luftversetzung gegen den tieferen Druck (**Isobarischer Nebel**) sowie durch starken Druckabfall (**Isallobarischer Nebel**) auftreten. Nebelarten, die sich durch Abkühlung der Luft bei gleichzeitiger Feuchtezufuhr bilden sind **Flussnebel** und **Seenebel**, **Dampfnebel** wie z.B. **Moornebel** sowie **Mischungsnebel**.

Neben lokalen Nebelfeldern bilden sich im Winterhalbjahr der mittleren und höheren Breiten unter bestimmten Bedingungen ausgedehnte **Nebelmeere** in den Tieflagen aus. Grundlage bildet meist ein stabiles Hochdruckgebiet mit einer kräftigen Absinkinversion, die bis in die Grenzschicht hinein wirksam ist (s.a. Abb. 5.7). In Mitteleuropa sind nebelbringende Wettersituationen auch durch bodennah stagnierende Arktik-/Polarluft gekennzeichnet, die von warmer (meist mediterraner) Luft überströmt wird. Im Mischungsbereich bilden sich über große Flächen zähe Nebelfelder mit hoher Schichtdicke aus, wobei die langwellige Ausstrahlung an der Nebelobergrenze die Nebelbildung in der Nacht noch deutlich intensivieren kann. Je nach Wetterlage sind Nebelmeere als Hoch- bzw. Bodennebel ausgeprägt.

Die **Bildungsstadien** eines typischen Strahlungsnebels sind in Abbildung 7.6 dargestellt. Vorausbedingung für die Nebelbildung sind schwache Winde (1–2 $m \cdot s^{-1}$) zu Beginn der Ausstrahlungsperiode (Phase 1). Die Taupunkttemperatur (Lufttemperatur, bei der Kondensation einsetzt) liegt noch unter der aktuellen Lufttemperatur, Strahlungsbilanz und Bodenwärmestrom führen dazu, dass sich die Oberflächentemperatur deutlich reduziert und in Bodennähe dem Taupunkt näherrückt.

Darüber hinaus bildet sich unterhalb der isothermen Restschicht eine stabile Schichtung (Bodeninversion) aus. Bei weiterer Ausstrahlung wird in Bodennähe der Taupunkt erreicht (2). Da allerdings die turbulenten Flüsse bei schwachen Winden noch bestehen, kommt es in Bodennähe vorerst nur zur Taubildung. Erst mit dem Abflauen des Windes auf Werte von 0,5 $m \cdot s^{-1}$ oder darunter kommt die

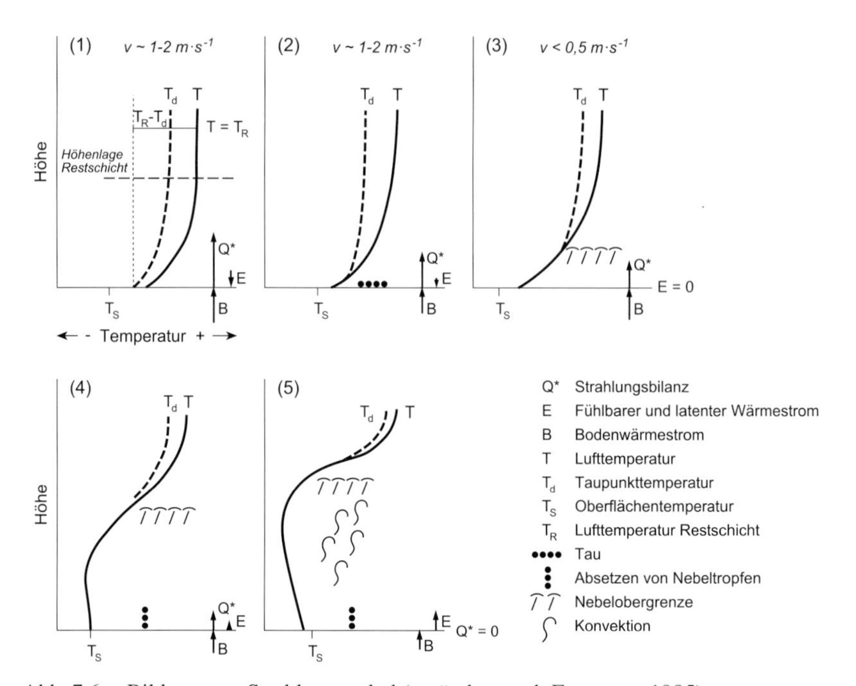

Abb. 7.6: Bildung von Strahlungsnebel (verändert nach FINDLATER 1985)

turbulente Durchmischung und damit auch die Taubildung zum Erliegen, so dass sich eine geringmächtige Bodennebelschicht ausbilden kann (3). Im weiteren Verlauf der Nacht gehen die Strahlungsverluste aus der Strahlungsbilanz am Erdboden weiter zurück, da die Nebelobergrenze mit zunehmender Nebeldichte als Ausstrahlungsfläche wirkt. Durch die Abkühlung an der Nebelobergrenze kann der Nebel weiter an Mächtigkeit zunehmen (4). Gleichzeitig übersteigt der Bodenwärmestrom die Verluste durch die langwellige Abstrahlung im Bodenniveau, so dass sich die bodennahe Schicht leicht erwärmt und die Inversion vom Boden abhebt. Mit fortschreitender Andauer des Kondensationsprozesses wachsen die Tropfen im Nebel an, bis sie aufgrund ihres Gewichts die kritische Fallgeschwindigkeit (**terminal velocity**) überschreiten, schwerkraftbedingt ausfallen und somit dem Nebel entzogen werden. In der Reifephase (5) um den Sonnenaufgang hat sich eine mächtigere Nebelschicht mit deutlich abgehobener Inversion ausgebildet, die im unteren Teil bereits leicht thermisch-turbulent durchmischt ist. Je nach Wasserverlust durch Ausfallen der Tropfen bzw. Auskämmen durch die Vegetation in Bodennähe kann sich der Nebel von Boden abheben, es entsteht Hochnebel.

Unter der Voraussetzung idealer Bildungsbedingungen für Strahlungsnebel (flaches Gelände, keine Advektion) lässt sich der Bildungszeitpunkt für Strahlungsnebel, gerechnet ab dem Zeitpunkt der Inversionsbildung, wie folgt bestimmen (JACOBS *et al.* 2001):

$$t_0 = \frac{a^2 \cdot v_R^{3/2} \cdot (T_R - T_d)^2}{(-w \cdot T_m)^2} \quad (7.3)$$

wobei: t_0 = Zeit der Nebelbildung [s], v_R = mittlere Windgeschwindigkeit in der Restschicht [$m \cdot s^{-1}$], T_R = Temperatur der Restschicht [K], T_d = Taupunkttemperatur [K], w = mittlere vertikale Windgeschwindigkeit [$m \cdot s^{-1}$], T_m = mittlere Abkühlung [K], a = 0,15 [$m^{0,25} \cdot s^{0,25}$], s.a. Abb. 7.6

Für das Dickenwachstum der Nebelschicht gilt:

$$z_t = a \cdot v_R^{3/4} \cdot t^{1/2} \cdot \ln\sqrt{t/t_0} \quad (7.4)$$

wobei: t_0 = Zeit der Nebelbildung [s], t = vergangene Zeit seit t_0 [s], z_t = Nebelmächtigkeit zum Zeitpunkt t [m]

In der Realität ist reiner Strahlungsnebel allerdings selten und meist geringmächtig (wenige 10 Meter). In der Regel ist besonders in geneigtem Gelände mit **Kaltluftadvektion** zu rechnen, die Nebelbildung fördern kann und ein stärkeres Dickenwachstum ermöglicht.

Die **Auflösung** von Strahlungsnebeln nach Sonnenaufgang wird durch drei Faktoren begünstigt: (1) Erwärmung der Nebelschicht aufgrund der täglichen Einstrahlung, Warmluftadvektion oder Überströmen einer warmen Unterlage durch kältere Nebelluft. Mit der Erwärmung der Nebelluft geht die Verdunstung der Nebeltröpfchen einher. (2) Entzug von Wasserdampf z.B. durch Advektion trockenerer Luft sowie (3) hohe Windgeschwindigkeiten bei bestimmten Nebelarten (Strahlungsnebel). Bei ausreichender Sonneneinstrahlung und schwachen Winden dominiert die thermische Nebelauflösung. Neben dem Betrag der verfügbaren Solarstrahlung wird der Zeitpunkt, zu dem sich der Nebel vollständig aufgelöst hat, von seiner Schichtdicke und dem Flüssigwassergehalt bestimmt.

Die thermische Auflösung von Strahlungsnebeln ist dann erreicht, wenn alle Nebeltropfen verdunstet sind und sich eine adiabatische Schichtung eingestellt hat. Nach REUDENBACH & BENDIX (1998) muss die aktuelle Lufttemperatur die sogenannte Nebelauflösungstemperatur erreichen, damit dieser Zustand eintritt.

$$T_p = \ln\left(\frac{(r_w + LWC)\cdot p}{0{,}622}\right)\cdot 14{,}56607 - 26{,}124 + \frac{dT}{dz}\cdot z \qquad (7.5)$$

wobei: T_p= Nebelauflösungstemperatur [K], r_w = Sättigungsmischungsverhältnis [kg·kg^{-1}], LWC = Flüssigwassergehalt im Nebel [kg·kg^{-1}], dT/dz = vertikaler Temperaturgradient [K·m^{-1}], z = Nebeldicke [m], Zeitpunkt der Nebelauflösung wenn $T = T_p$, p = Luftdruck [hPa]

Die Ausbildung von Strahlungsnebel im Gelände ist bei vergleichbaren atmosphärischen Bedingungen auch eine Folge der Differenzierung der Landoberfläche hinsichtlich Feuchteangebot (Land-Wasserverteilung, Bodenfeuchte-Reservoir) und Strahlungsverhalten (Abb. 7.7). So bildet sich beispielsweise über einem Fluss aufgrund des höheren Wasserdampfgehalts der überlagernden Atmosphäre besonders im Zusammenhang mit Advektion kalter Luft zum morgendlichen Nebelmaximum dichterer Nebel aus als über dem Ufer. Darüber hinaus liegt der Nebel noch der Wasserfläche auf, während er über der Landoberfläche aus den in Abbildung 7.6 genannten Gründen schon abgehoben ist. Der Nebel wird allerdings mit der horizontalen Strömung in den leewärtigen Uferbereich verlagert. Ähnliche Differenzen finden sich zwischen Stadt und Umland. In den versiegelten Stadtflächen steht weniger Luftfeuchte zur Verfügung als im Umland. Gleichzeitig ist die städtische Temperatur in der Nacht häufig höher als im Umland. Daher bleibt die Stadt auch dann nebelfrei, wenn sich im Umland Nebel ausgebildet hat.

Dieses Verhalten wiederspricht älteren Untersuchungen (z.B. **London Smog**), da Anfang des letzten Jahrhunderts in Agglomerationsräumen aufgrund starker Luftverschmutzung und stärkerer Kondensationsneigung (hohe Konzentration von Kondensationskernen) öfters schlechte Sichtverhältnisse vorherrschten (**In-**

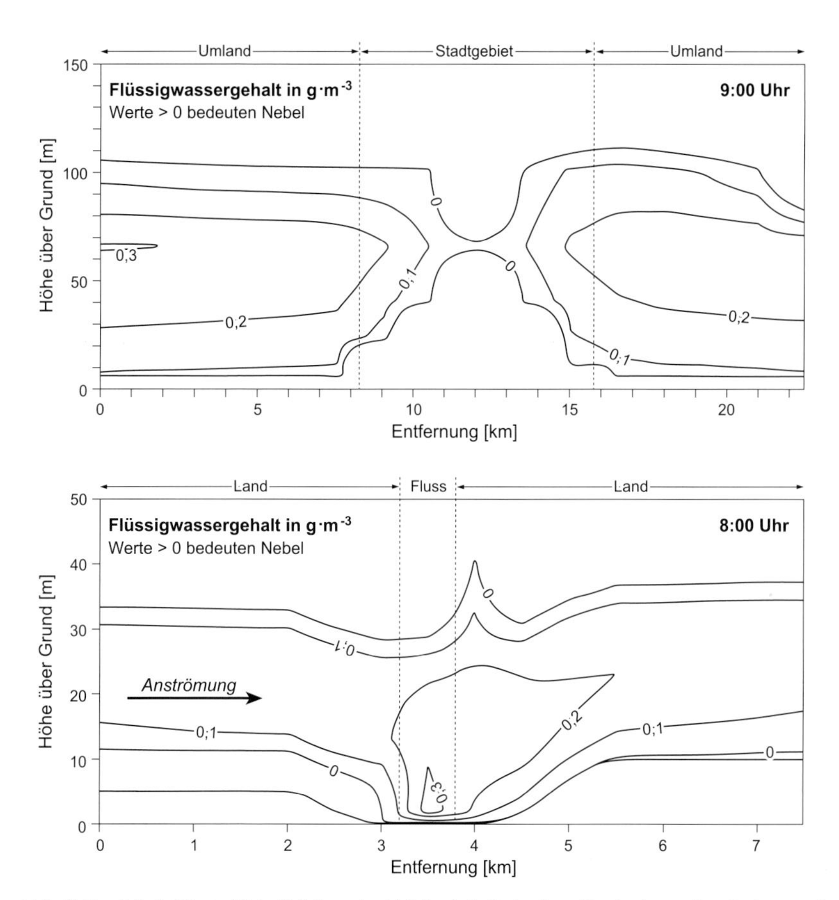

Abb. 7.7: Modellierte Nebelbildung in Abhängigkeit der Landbedeckung (verändert nach FORKEL 1985)

dustrienebel). Neuere Untersuchungen haben aber ergeben, dass sich Nebel in größeren Agglomerationsräumen bevorzugt auflöst bzw. die Nebelbildung als solche bereits deutlich reduziert ist (Abb. 7.8, München: SACHWEH 1992, Ruhrgebiet: BENDIX 1998). Für die Poebene lässt sich der Stadteffekt besonders deutlich erkennen. Die maximale Nebelhäufigkeit an der Station Brescia-Ghedi tritt im Kernwinter kurz nach Sonnenaufgang ein und nimmt gegen Frühjahr und Herbst stark ab. Nebelfälle zwischen April und September sind hier selten. Vergleicht man die ähnlich hoch gelegene Station Milano-Linate (Flughafen) am südöstlichen Rand der Agglomeration von Mailand gelegen, so nimmt die Häufigkeit

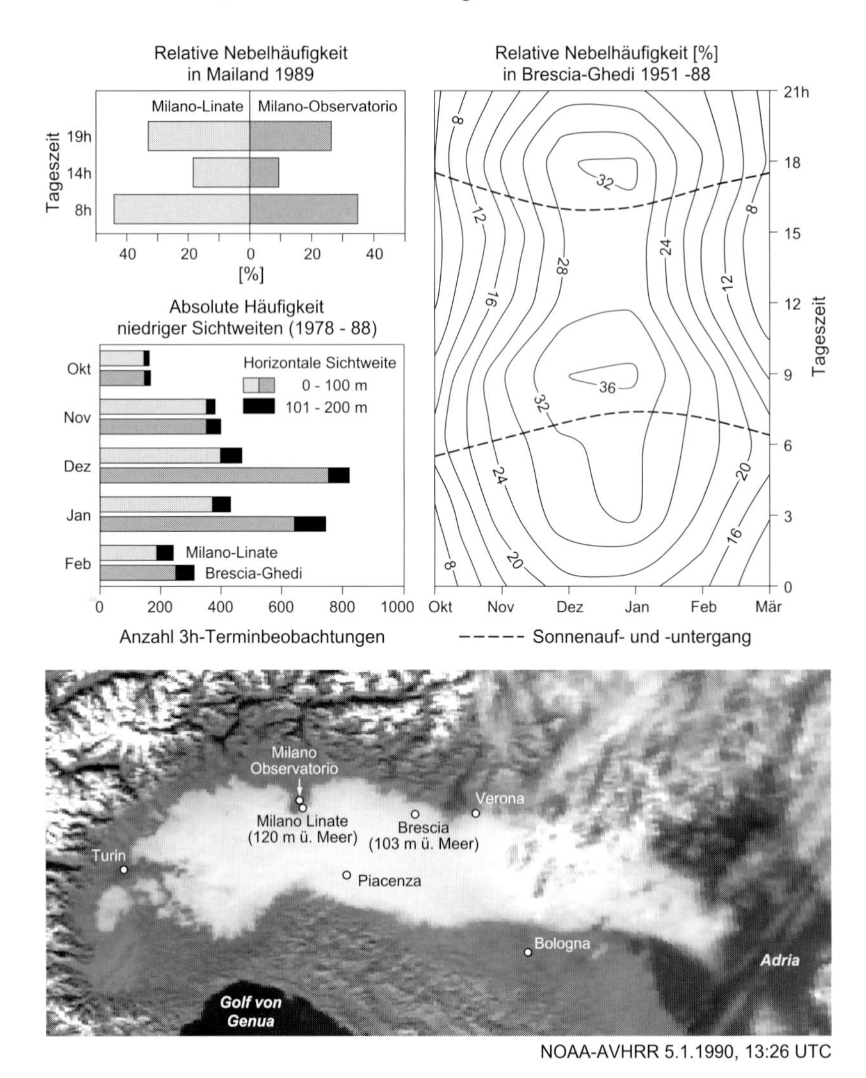

Abb. 7.8: Nebelhäufigkeit und Stadteffekt am Beispiel der Poebene (zusammengestellt aus BENDIX 1992 & FLEIGE 1992)

von dichtem Nebel gegenüber Brescia schon deutlich ab. Im Zentrum von Mailand (Observatorio am Piazza Duomo) zeigt sich ein weiterer Rückgang der Nebelhäufigkeit zu allen Tageszeiten. So kann der Stadteffekt auch sehr schön im

Satellitenbild beobachtet werden. Bei ausgedehnten Nebelmeeren in der Poebene bleibt der Großraum Mailand in der Regel nebelfrei bzw. der Nebel löst sich am Morgen besonders schnell auf.

Auch nachts spielt die **laterale Feuchteadvektion** im Zusammenhang mit den spezifischen Oberflächeneigenschaften eine bedeutende Rolle für die räumlich differenzierte Wolken- und Niederschlagsbildung. Als Beispiel sei wiederum der Land-/Seegegensatz angeführt. In der Nacht weht die über dem Festland ausgekühlte Luft über die im Vergleich warmen Wasserflächen (Landwind). Bei ausreichender Konvektionsneigung bilden sich auch über den Küstengewässern (parallel zur Landwindfront) hochreichende Quellwolken aus, die zu Niederschlag führen können. Die Ausprägung des nächtlichen Phänomens ist (s. Bspl. Ecuador, Abb. 7.4) gegenüber den Verhältnissen bei Seewind aber weniger stark, da die thermischen Gradienten und damit die Intensität von Advektion und Konvektion in der Nacht insgesamt kleiner sind. Bemerkenswert ist die höhere Bewölkungshäufigkeit im Golf von Guayaquil, da hier das Oberflächenwasser in der Regel wärmer ist, der Landwind aus mehreren Richtungen konvergent in den Golf einströmt und die bodennahe Konfluenz Konvektion mit entsprechenden Effekten auf die Wolkenbildung auslösen muss.

7.2 Wolken, Niederschlag und Relief

Die raum-zeitlichen Muster von Wolkenbildung und Niederschlagsverteilung werden durch das festländische Relief nachhaltig beeinflusst. Zu unterscheiden sind überwiegend **thermische** bzw. mehrheitlich **dynamische** Effekte. Dabei ist zu beachten, dass die Prozesse je nach Dimension des Gebirges bzw. des Einzelberges in unterschiedlichen Skalen wirksam werden können (isolierter Hügel bzw. Kettengebirge wie die Alpen).

- Durch die strahlungsklimatische Bevorzugung bzw. Benachteiligung in komplexer Topographie (s. Kap. 3 und 4) bilden sich thermische Windsysteme aus (Kap. 8), die wiederum bei ausreichendem lokalen Feuchteangebot und entsprechender Schichtung der Grenzschicht Wolken- und Niederschlagsbildung initiieren können. Sie produzieren bei Strahlungswetter kleinräumigere, der Geländedifferenzierung angepasste Muster.
- Bei der dynamisch induzierten Wolken- und Niederschlagsbildung spielen neben den lokalen Faktoren vor allem die Lage des Reliefs zur Höhenströmung (Luv-/Leeeffekte), die Advektion feuchter Luft sowie die Anströmungsgeschwindigkeit eine zentrale Rolle. Die resultierenden Wolken- und Niederschlagsmuster sind in der Regel auf einer raum-zeitlich größeren Skala relevant als dies bei den rein thermisch initiierten Mustern der Fall ist. Durch das Relief hervorgerufene Wolkenbildung kann auch in der höheren Troposphäre

stattfinden, die Niederschlagswirksamkeit dieser Wolken ist allerdings relativ gering.

➢ Thermisch-dynamische Übergangstypen von Wolken- und Niederschlagsbildung treten immer dann auf, wenn thermische und dynamische Effekte miteinander interagieren.

7.2.1 Wolken, Niederschlag und thermische Auslösung

Vornehmlich thermisch induzierte Wolken- und Niederschlagsfelder können prinzipiell als Folge der Hangwind- bzw. Tallängszirkulation entstehen oder in Tälern an die Talquerzirkulation gekoppelt sein (Abb. 7.9).

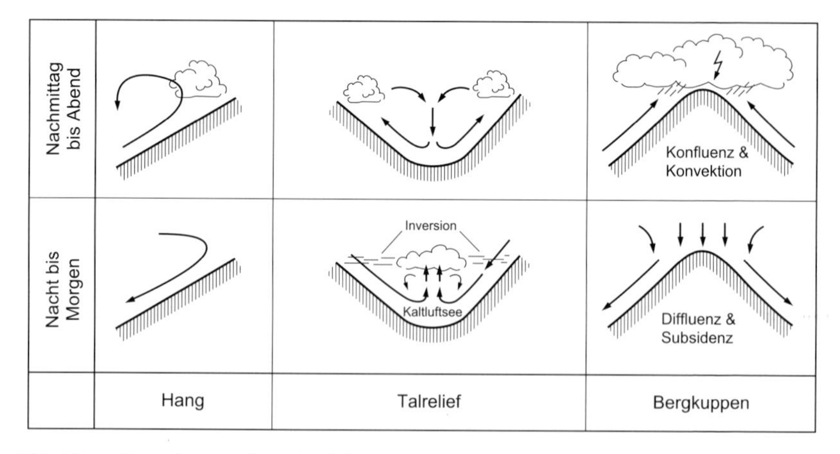

Abb. 7.9: Grundtypen thermisch induzierter Wolken- und Niederschlagsbildung in komplexer Topographie (verändert nach WARNECKE 1991)

An **Hängen** führt der nächtliche Kaltluftabfluss dazu, dass aus Gründen des Massenerhalts über dem Hang absteigende Luftbewegung herrscht und Wolkenbildung somit unterbunden wird. Am Tag werden die Kaltluftabflüsse durch thermisch induzierte Hangaufwinde ersetzt. Besonders im Oberhangbereich thermisch bevorzugter Hänge kann es am Nachmittag zu Bildung von Konvektionsbewölkung kommen. Die Prozesse sind lokal wirksam, können an Kettengebirgen (z.B. Anden) aber auch großräumig über mehrere 1000 km auftreten.

In **Tälern** sind thermische Muster der Wolken- und Niederschlagsbildung vor allem an die Talquerzirkulation gebunden. In der Nacht führt der Kaltluftabfluss ähnlich wie an Berghängen zur Wolkenauflösung, allerdings löst das Zusammenfließen der Kaltluft (Konfluenz) im Bereich der Talachse aufsteigende Luftbewegung aus, die unterhalb der nächtlichen Talinversion Wolkenbildung bewirken kann. Hierbei handelt es sich um stratiforme Bewölkung (Hoch- bzw. Bodennebel). Je nach Wetterverhältnissen wird der Nebel im Tal als Bodennebel gebildet und wächst durch die erzeugte Turbulenz aus der Talquerzirkulation nach oben oder er bildet sich unterhalb der Inversion als Hochnebel und wächst mit zunehmender Umkehrung der Strahlungsbilanz am Boden nach unten (zur Dynamik s. Bendix 1992). Analog zum Abbau von Talinversionen (Abb. 5.14) löst sich der Nebel am Tag sowohl von der erwärmten Unterlage als auch von oben durch das Entrainment warmer Luft im Bereich des nun absteigenden Asts der Talquerzirkulation (Talachse) auf. Ob Niederschläge aus dem Nebel fallen, hängt von der Feuchtigkeit und der erreichbaren Tropfengröße ab. In tropischen Tälern kann leichter Niesel entstehen, in den mittleren und höheren Breiten spielt die Auskämmung von Nebelwasser an Geländehindernissen bzw. der Vegetation eine größere Rolle (**abgesetzter Niederschlag**). Am Tag können sich bei entsprechender Schichtung und ausreichendem Feuchteangebot über den Talschultern durch die thermischen Hangaufwinde Konvektionswolken entwickeln, im Bereich der Talachse führt der aus Massenbilanzgründen notwendige absteigende Ast der Querzirkulation zu Wolkenauflösung. Die hier idealisiert symmetrisch dargestellten Verhältnisse der Wolkenbildung in Tälern werden in der Realität analog zur thermischen Situation (z.B. Schatt- und Sonnhang, Abb. 5.15 etc.) modifiziert.

Rein thermische Wolkenbildung an **Einzelbergen** bzw. **Gebirgskämmen** kann besonders intensiv sein, da im Gipfel- bzw. Kammbereich die thermischen Hang-/Talaufwinde aus den verschiedenen Himmelsrichtungen konvergieren und dadurch intensive Konvektion ermöglicht wird. Je nach Schichtung der Atmosphäre ist **durchgreifende Konvektion** (**deep convection**) mit Niederschlagstätigkeit bzw. Gewitterbildung möglich. In der Nacht wirken die Höhenlagen durch die intensive langwellige Ausstrahlung als Kaltluft-Bildungsgebiete, mit aus Kontinuitätsgründen absteigender Luftbewegung und damit Wolkenauflösung.

7.2.2 Wolken, Niederschlag und dynamische Auslösung

Die häufigste dynamische Auslösung von Wolken und Niederschlag an Gebirgen bei stabiler Schichtung stellen Staubewölkung bzw. Aufgleitniederschläge dar. Dabei werden feuchtigkeitsgeladene Luftpakete an das Gebirge advehiert, dort zum Aufsteigen gezwungen (**gezwungene Hebung**) und damit abgekühlt. Wird der Taupunkt erreicht, tritt Wolkenbildung ein. Die Kondensationsrate bei gezwungener Hebung ist abhängig von der Hebungsstrecke (z0 bis z1), der Hebungsgeschwindigkeit und dem Wasserdampfgehalt der Luft (Barry 2001):

$$c = \int_{z0}^{z1} \rho \cdot w \cdot \frac{\Delta r_s}{\Delta z} \cdot dz \tag{7.6}$$

wobei: c = Kondensationsrate [$g \cdot m^{-3} \cdot s^{-1}$], ρ = Luftdichte [$kg \cdot m^{-3}$], r_s = Sättigungsmischungsverhältnis [$g \cdot kg^{-1}$], w = vertikale Windgeschwindigkeit durch gezwungene Hebung [$m \cdot s^{-1}$], z = Höhe [m], z0 = Höhenschicht der beginnenden Hebung , z1 = Höhenschicht am Ende der Hebung

Die Vertikalgeschwindigkeit ist dabei eine Funktion der horizontalen Windgeschwindigkeit, mit der das Gebirge angeströmt wird. Bei hoher Durchflussrate (=hohes w und hohe Kondensationsrate) sind Steigungsniederschläge die Folge. Die Untergrenze der Wolken (**Hebungskondensationsniveau**) lässt sich aus Bodenmessungen nach der **Henningschen Formel** wie folgt approximieren:

$$HKN = 123 \cdot (T - Td) \tag{7.7}$$

wobei: HKN = Hebungskondensationsniveau [m], T = Lufttemperatur [K], Td = Taupunkttemperatur [K]

In der Regel beträgt die Hebung bei stabil geschichteter Luft nur wenige Kilometer, kann bei starkem Wind aber auch bis auf eine Größenordnung von 6 km über Grund ansteigen. Das Maximum des Wolkenwassergehaltes findet sich im Bereich der stärksten Hebung nahe dem Kamm, Wolkenbildung findet aber schon über der Fußstufe statt, wenn erste Hebungstendenzen zu erkennen sind (Abb. 7.10).

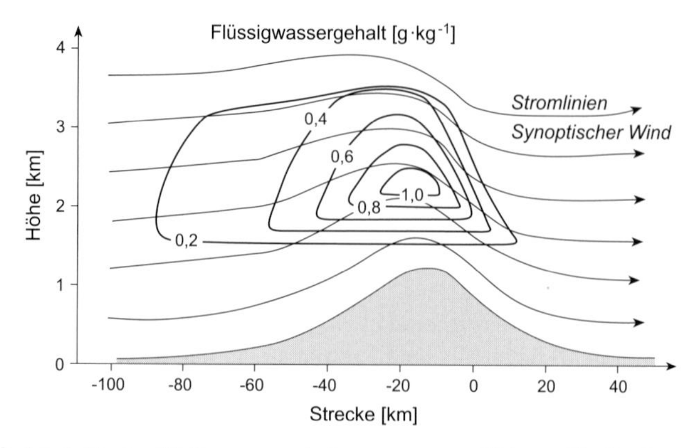

Abb. 7.10: Modelliertes Wolkenwasser bei gezwungener Hebung für die Cascade Mountains (Washington State) bei Westanströmung (verändert nach Houze 1995)

Im Lee der vorherrschenden Strömung werden die Wolkentropfen bei absteigender Luftbewegung schnell verdunstet, allerdings ergibt sich besonders im unteren Niveau eine Verlagerung der Wolken über die Kammlinie hinaus bis in den Leebereich. Je nach atmosphärischer Schichtung ist die Wolken- und Niederschlagsbildung allerdings unterschiedlich intensiv (Abb 7.11). Ist die Schichtung neutral bis schwach labil und liegen ausreichend hohe Werte von w und r_s (Gleichung 7.6) vor, kann (a) hochreichende Konvektionsbewölkung mit erheblichen Niederschlägen folgen. Ist die Wolkenbildung nach oben durch eine starke Inversion begrenzt (b), fallen die Niederschläge bei hoher Durchflussrate geringer aus bzw. wird bei niedrigen Werten von w und r_s Wolken- und Niederschlagsbildung sogar unterbunden.

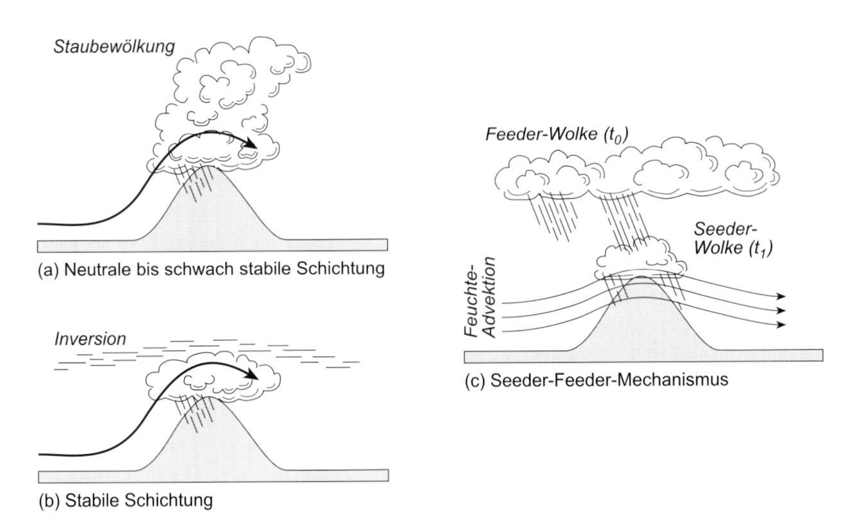

Abb. 7.11: Typen der Wolkenbildung durch gezwungene Hebung in Abhängigkeit der Schichtungsverhältnisse (verändert und ergänzt nach HOUZE 1995)

Im Bereich von Fronten der mittleren und höheren Breiten spielt ein weiterer Mechanismus eine zentrale Rolle. Liegt über dem Gebirge eine hohe Wolkenschicht, aus der z.B. Eisteilchen ausfallen, so kann das die orographische Wolken- und Niederschlagsbildung im Kammbereich deutlich intensivieren, wenn das Gebirge durch eine feuchte Luftmasse angeströmt wird (c). Obwohl die Eisteilchen bzw. kleinen Wassertropfen der hochliegenden Wolke die Erdoberfläche nicht erreichen würden, impfen sie die durch gezwungene Hebung entstandene **orographische Wolke** derart, dass intensive Niederschläge die Folge sein können. Die aus der oberen, sogenannten **Seeder-Wolke** ausfallenden Teilchen wirken nämlich als Kondensationskerne, die in der angeströmten feuchten Luft der **Feeder-Wolke** exzessiv wachsen können und damit Niederschlagsbildung auslösen.

Kettengebirge können sowohl im Luv als auch im Lee durch die Verwirbelung der Atmosphäre (Wellenbildung) Wolkenbildung verursachen, die in der mittleren Troposphäre stattfindet und nicht unbedingt niederschlagswirksam ist (Abb. 7.12). Wirbel und Rotorbildung im Lee der Gebirge stellt sich bei stabiler Schichtung in unterschiedlicher Weise ein, wenn der Höhenzug möglichst senkrecht und mit hoher, nach oben zunehmender Geschwindigkeit angeströmt wird.

Bei geringer Anströmungsgeschwindigkeit in (a) und (b) bilden sich keine Wolken aus, allerdings kommt es bei Zunahme der Windgeschwindigkeit (b) bereits zu einem stehenden Leewirbel. Erst bei einer weiteren Zunahme (c) tritt eine regelmäßige Wellenströmung ein. Neben der bereits dargestellten Staubewölkung und der generellen Föhn-Wirkung im Lee durch absteigende Luftbewegung bilden sich in der mittelhohen Troposphäre die typischen Föhnwolken (**Altocumulus lenticularis, Föhnfische**) aus. Die Linsenform resultiert daraus, dass sich die Wolkenobergrenze bei der Wolkenbildung im aufsteigenden Ast (Kondensation) bzw. bei der Wolkenauflösung im absteigenden Ast der Welle (Verdunstung) der Wellenform anpasst. Bei ausreichender Amplitude der Welle können sich in der leewärts gelegenen Grenzschicht auch **Rotorwolken** (z.B. **Cumulus humilis**) ausbilden. Geht die Windgeschwindigkeit in der höheren Atmosphäre über dem Geländehindernis wieder zurück, ist die Wellenbildung nicht mehr regelmäßig, sondern nimmt in ihrer Amplitude nach oben hin ab. Bei sehr starker Reduktion (d) z.B. durch eine Inversion bilden sich im Lee hochreichende Wolken mit zum Gebirge gerichteten Bodenwinden aus, während sich bei moderater Abnahme (e) quasi-regelmäßige Rotorwolken mit größerer Höhenerstreckung etablieren können.

7.2.3 Wolken, Niederschlag und thermisch-dynamische Auslösung

In der Realität sind allerdings bei der Wolken- und Niederschlagsbildung häufig Kombinationswirkungen von synoptischer Anströmung und thermischen Effekten zu berücksichtigen (Abb. 7.13).

Im Fall von **Kettengebirgen** spielt vor allem die thermische Konvektion an erwärmten Hängen in ihrem Zusammenwirken mit der Anströmungsrichtung eine zentrale Rolle. Ergibt sich zwischen den konvektiven Hangaufwinden und der Anströmungsrichtung in den oberen Hangbereichen eine **Konfluenz** (a), so sind hochreichende Konvektion und starke Niederschläge die Folge. Weisen Hangaufwinde und synoptischer Wind den gleichen Richtungsvektor auf (b), hat das

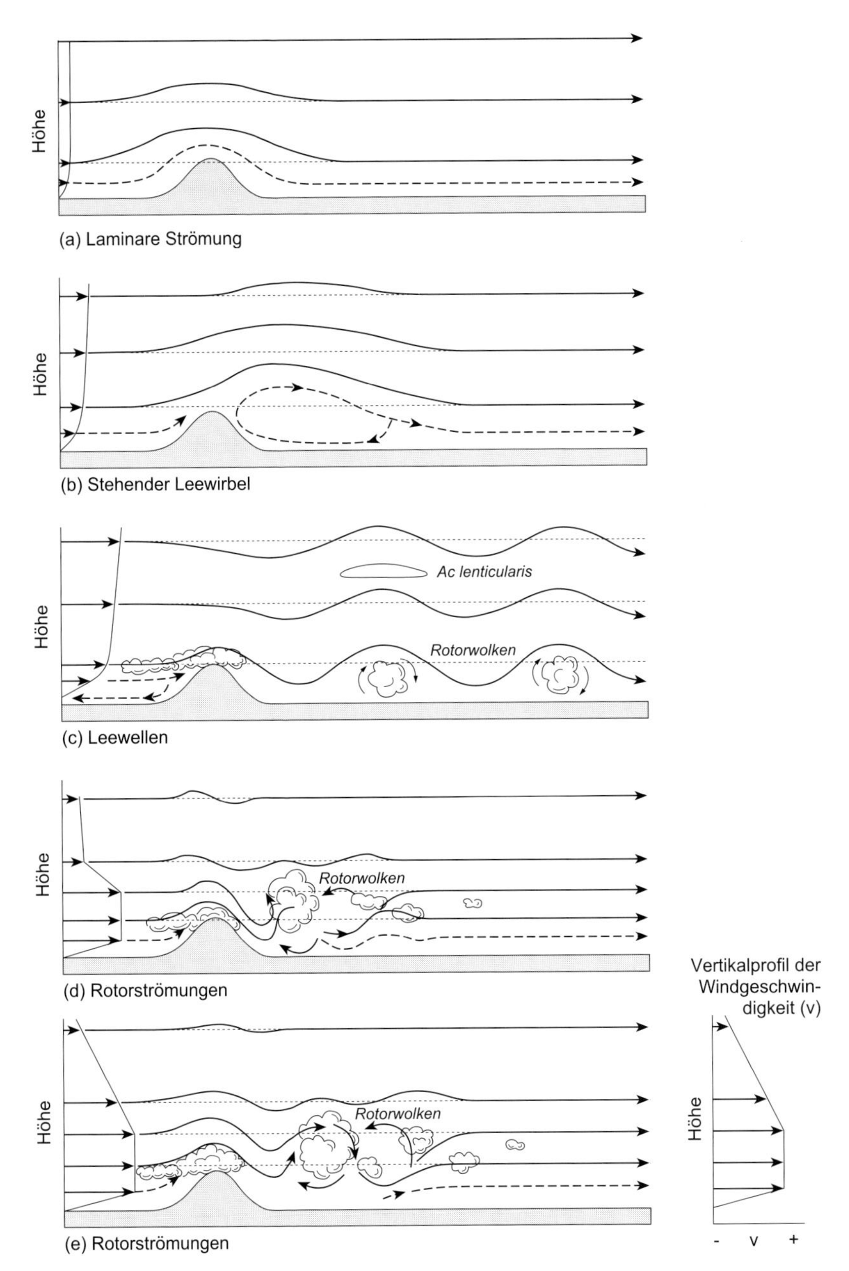

Abb. 7.12: Wolkenbildung durch vertikale Verwirbelungen und Wellenbildung (verändert nach WARNECKE 1991)

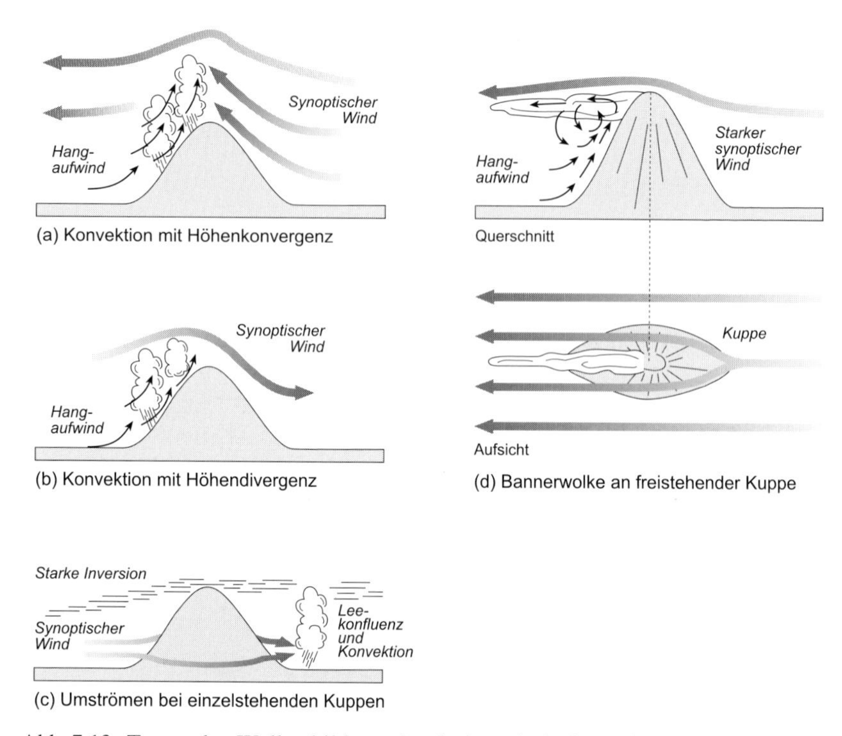

Abb. 7.13: Typen der Wolkenbildung durch thermisch-dynamische Interaktion bei schichtweise labilen Verhältnissen (verändert und ergänzt nach HOUZE 1995)

auf das vertikale Wolkenwachstum gerade bei starken Höhenwinden eher einen begrenzenden Einfluss, da die initiale thermische Konvektion der Grenzschicht mit dem Höhenwindfeld lateral verdriftet wird und somit in der Höhe an Stärke abnimmt. Bei **einzelstehenden Kuppen** kann durch eine starke Höheninversion im Bereich der Gipfellage das Überströmen auch bei labil geschichteter Grenzschicht unterbunden werden (c). Als Folge wird das Hindernis umströmt. Im Lee kommt es zur Konfluenz der Luftpakete, so dass vor allem bei thermisch initiierter Konvektion aus der Grenzschicht hochreichende Konvektion die Folge ist. Ist im Leebereich des Gipfels intensive thermische Konvektion ausgebildet, gleichzeitig aber eine besonders starke Höhenströmung vorhanden (d), wird auch die unter (a) dargestellte Konfluenzwirkung unterdrückt, die Konvektionszellen werden lateral verdriftet. Unterhalb des Gipfels bildet sich dann eine thermisch-dynamisch induzierte Rotorströmung aus, in deren aufsteigendem Ast intensive Wolkenbildung stattfindet. Die Wolken werden mit der Höhenströmung horizontal so stark in die Länge gezogen, dass im Lee von Einzelkuppen fahnenähnliche Wolken, sogenannte **Bannerwolken** zu sehen sind.

Auch die Nebelbildung in Vorlandsenken von Hochgebirgen, aber auch in Flusstälern der Mittelgebirge kann durch die Interaktion mit der Höhenströmung modifiziert werden (Abb. 7.14).

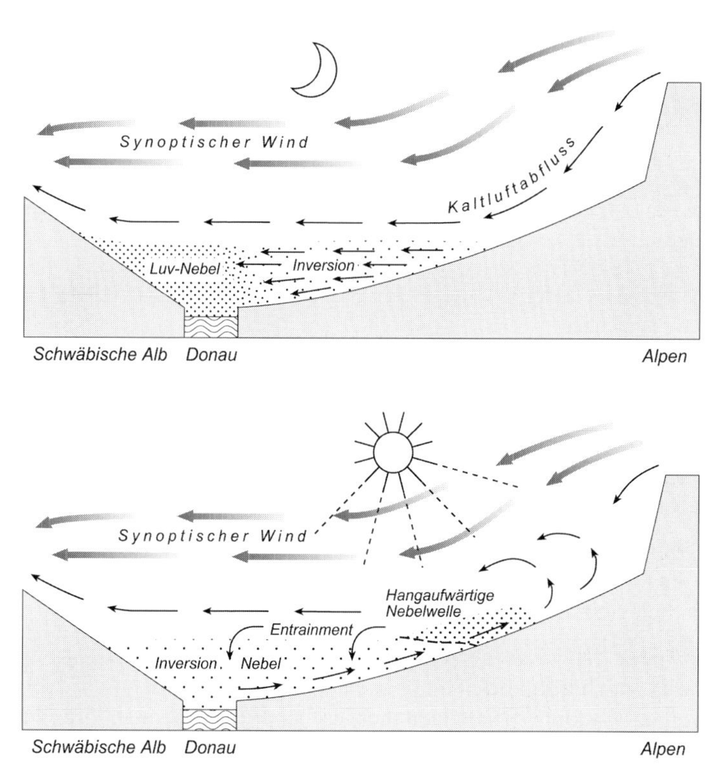

Abb. 7.14: Nebelbildung und -verlagerung im Alpenvorland (verändert nach SCHULZE-NEUHOFF 1982)

In den alpinen Vorlandsenken Bayerns wird der Kaltluftabfluss bei südlicher Höhenströmung derart verstärkt, dass er bis zur Mittelgebirgsschwelle (Schwäbische Alb) vordringen kann, ohne dass sich im gesamten Donautal bereits Nebel gebildet hat. Im Anströmungsbereich der Schwäbischen Alb ist allerdings bei ausreichender Anströmungsgeschwindigkeit **Luvnebelbildung** durch gezwungene Hebung möglich. Am Tag können sich Nebelfelder auch gegen die Schwerkraft hangaufwärts verlagern. Die nebelfreie Umgebung erwärmt sich am Tag stärker als die Nebelschicht, so dass sich ein Druckgefälle zwischen kalter Nebelluft (hoher Druck) und warmer Umgebung (tiefer Druck) aufbaut. Ab einem bestimmten Temperaturgradienten kommt es dann zu einem Ausfließen des Nebels in Form von sogenannten **Nebelwellen**. Die thermisch induzierte Verlagerung der Nebelschicht ins nebelfreie Umland kann nach UNGEWITTER (1984) wie folgt berechnet werden:

$$v_N = k_r \cdot \sqrt{-R_L \cdot \left(T_v^U - T_v^N\right) \cdot \left(\ln p_1 - \ln p_0\right)} \qquad (7.8)$$

wobei: v_N = Verlagerungsgeschwindigkeit der Nebelwelle [$m \cdot s^{-1}$], R_L = Spezifische Gaskonstante der Luft 287,05 [$J \cdot kg^{-1} \cdot K^{-1}$], $T_v{}^U$ = Vertikal gemittelte Virtuelltemperatur der Umgebungsluft [K], $T_v{}^N$ = Vertikal gemittelte Virtuelltemperatur der Nebelschicht [K], p_1 = Luftdruck an der Obergrenze der Nebelschicht [hPa], p_0 = Luftdruck an der Untergrenze der Nebelschicht [hPa], k_r = dimensionsloser Reibungskoeffizient, 0,5 für Flachland bzw. 0,4 für Hügelland

Die aus Kontinuitätsgründen notwendige Ausgleichszirkulation in der Höhe führt ihrerseits warme Umgebungsluft an das Nebelfeld heran, besonders wenn sie durch das Höhenwindfeld verstärkt wird. Durch das **Entrainment** warmer Luft an der Nebelobergrenze wird die Verdunstung der Nebeltröpfchen intensiviert und der Nebel baut sich von der Obergrenze her ab.

Obwohl die Verteilung von Bewölkung und Niederschlag in Gebirgen stark von lokalen Faktoren bzw. der geographischen Lage abhängt und daher weltweit außerordentlich vielfältig ist (s. dazu auch WINIGER 1979 und RICHTER 1996), sollen zwei Beispiele die theoretisch erörterten Prinzipien verdeutlichen helfen.

Die **Bewölkungshäufigkeit** in den tropischen Anden zeigt deutliche Abhängigkeiten von der Landoberfläche, den thermischen Windsystemen, ihrer Wechselwirkung mit dem synoptischen Windfeld und der Lage der Andenkette zur Höhenströmung (Abb. 7.15). Die größten Bewölkungshäufigkeiten zeigen sich an der Ostabdachung zwischen 2700 und 3200 Meter ü. Meer (Station Papallacta) sowie im Bereich der Küstenebene mit einem Peak im Anstiegsbereich der Küstenkordillere bei Jama und etwas landeinwärts (häufigste Lage der Seewindfront). Beide Maxima sind eine Folge der Hebung an Gebirgen. In der Küstenkordillere wird die feuchte Pazifikluft erstmals angehoben und führt im Einklang mit Seewind und thermischer Labilisierung der Landoberfläche am Tag zu dem küstennahen Maximum. An der Ostabdachung handelt es sich um großräumige Staueffekte der feuchten Passate aus dem Amazonas, die bei hoher Durchflussgeschwindigkeit und im Zusammenhang mit Konfluenzerscheinungen des Tal-/Hangauf-

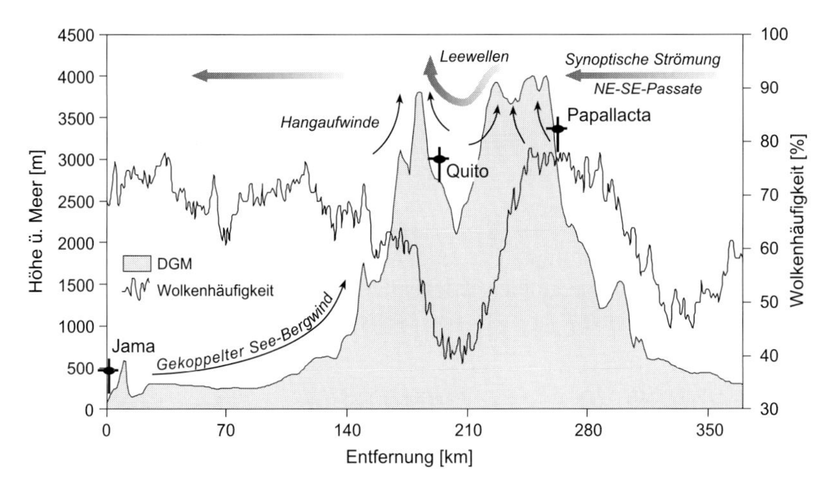

Abb. 7.15: Bewölkungshäufigkeit (Morgen-Mittag) in den tropischen Anden, äquatornahes Querprofil, abgeleitet aus 155 NOAA-AVHRR Bildern (verändert und BENDIX *et al.* 2004)

windsystems Bewölkung hervorrufen. In den innerandinen Becken führen Leeeffekte und ein reduziertes Feuchtenangebot zu einem deutlichen Rückgang der Bewölkungshäufigkeit.

Bezogen auf die Niederschlagsverteilung im Gelände wird häufig von trockenen (niederschlagsarmen) Talbereichen und niederschlagsreichen Höhen berichtet. Mehrere Faktoren können je nach Skala und Topographie für **Trockentäler** verantwortlich zeichnen:

- Die Talquerzirkulation, deren absteigender Ast am Tag Wolken- und Niederschlagsbildung unterdrückt.
- Die „kontinentale“ Lage großer zentraler Talsysteme (z.B. Alpen) im Inneren von Kettengebirgen, wo die synoptisch advehierte Luftfeuchtigkeit bereits an der luvseitigen Gebirgsabdachung auskondensiert ist und dementsprechend weniger Feuchtigkeit zur Wolkenbildung verfügbar ist.
- Die Fallstrecke der Regentropfen, die im Verhältnis zu Bergkuppen wesentlich länger ist. Dadurch können Niederschlagstropfen, die den Gipfel noch erreichen würden, bis zum Tal bereits verdunstet sein (Tab. 7.3).

Am Beispiel der Alpen zeigt sich, dass die Jahresniederschlagssumme staubedingt von den Abdachungen zu den Inneralpen abnimmt, bei gleichzeitiger Zunahme der Niederschläge mit der Höhe (Abb. 7.16). Ähnlich wie bei dem Rück-

Tab. 7.3: Verdunstungsstrecke von Wassertropfen bei 900 hPa, 5°C und einer relativen Luftfeuchte von 90% (nach LAUER & BENDIX 2004)

Tropfenradius [μm]	10	30	100	300	1000
Verdunstungsstrecke [m]	0,03	2,5	150	2900	42000

gang der Bewölkungshäufigkeit in den innerandinen Hochbecken ist die Niederschlagsarmut in den inneralpinen Trockentälern eine kombinierte Folge der oben angeführten Faktoren.

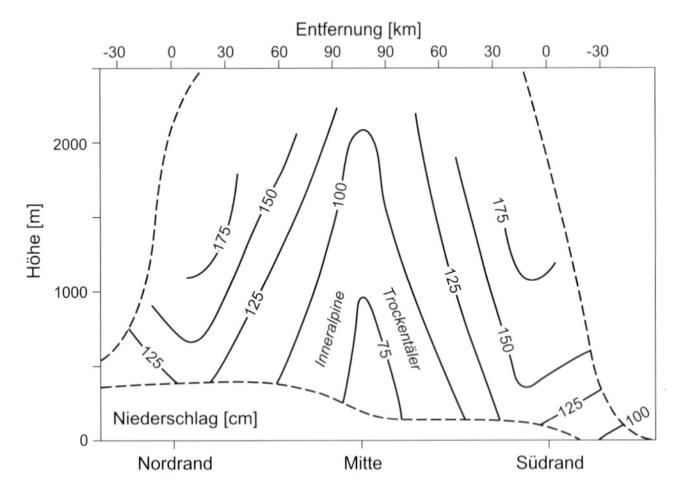

Abb. 7.16: Niederschlags-Querprofil durch die Ostalpen (Tirol), Periode 1931–1960 (verändert nach MEURER 1984)

Je nach Wasserverfügbarkeit in den verschiedenen Höhenstufen und den beschriebenen Einflussfaktoren lassen sich unabhängig von lokalen und regionalen Besonderheiten globale Prinzipien der Höhenverteilung von Niederschlägen ableiten (Abb. 7.17 a). In den Polargebieten nimmt der Niederschlag mit der Höhe ab, in den Mittelbreiten und den Subtropen grundsätzlich mit der Höhe zu. In den Tropen kommt es bis ~1,5 km Höhe zu einer Zunahme, darüber zu einer Abnahme der Niederschläge und in der Äquatorialregion erst zu einer schwachen, dann zu einer stärkeren Abnahme mit der Höhe. Bei näherem Hinsehen treten allerdings deutliche lokale bzw. regionale Abweichungen an einzelnen Gebirgen auf (7.17 b).

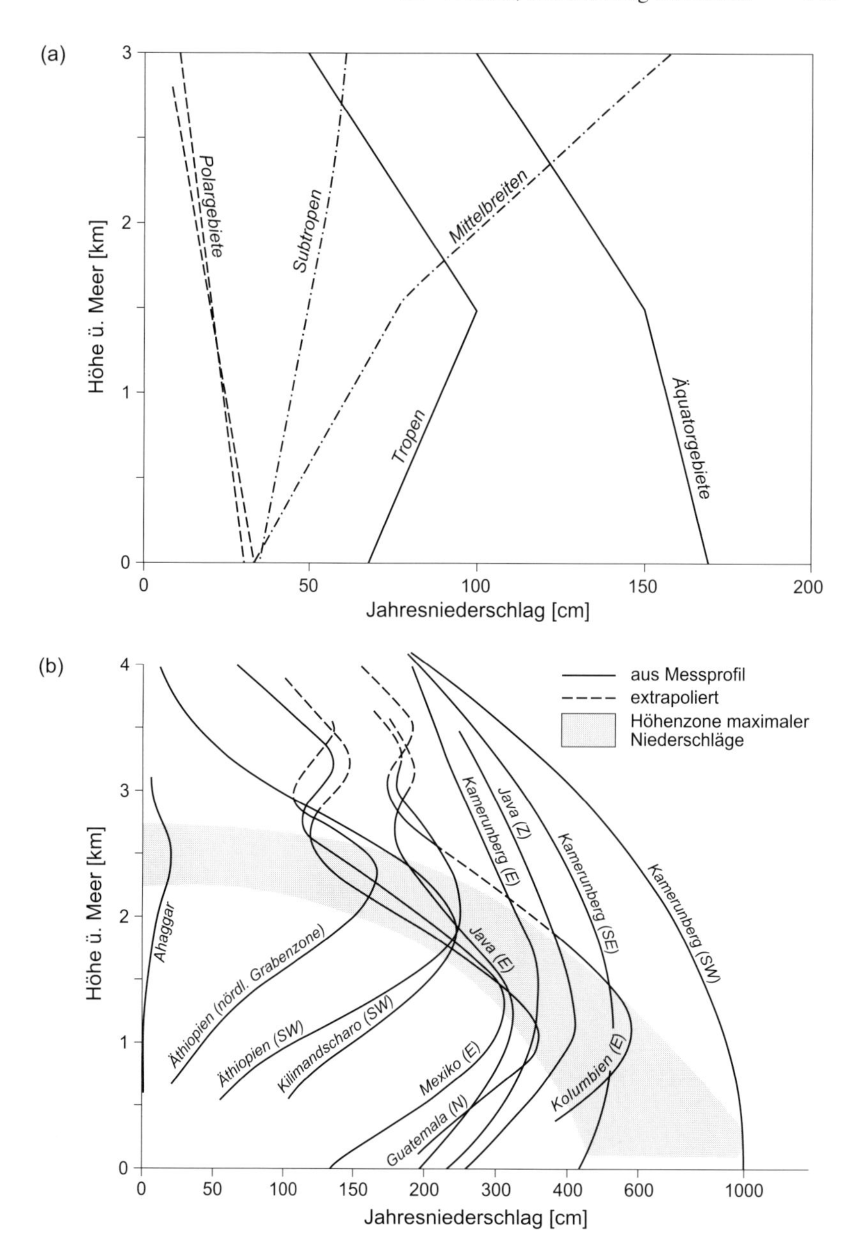

Abb. 7.17: (a) Globale Niederschlags-Höhenprofile (verändert nach Barry 2001) und (b) ausgewählte Profile für die Tropen (verändert nach Lauer 1995)

Grundsätzlich scheint die Höhenstufe maximaler Niederschläge in den Tropen mit abnehmender Feuchteversorgung aus der unteren Grenzschicht anzusteigen. Am feuchten Kamerunberg (SW Exposition) liegt sie daher in der Fußstufe, während sie im Bereich des saharischen Ahoggar-Gebirges bei insgesamt geringen Niederschlägen bis auf 2,5 km ansteigt. Allerdings zeigen sich auch Unterschiede an den einzelnen Gebirgsflanken, mit beispielsweise extrem feuchten Bedingungen an der SW-Monsunseite des Kamerunberges bzw. der passatisch geprägten Ostseite mit trockener Fußstufe und maximaler Niederschlagszone bei ~1,2 km Höhe.

8 Gelände und Wind

Die Strömungsdynamik im Gelände mit ihren Unterschieden in Zeit und Raum ist abhängig vom Wechsel der Landbedeckung und ihren thermischen Eigenschaften (differentielle Erwärmung), aber auch von der Topographie sowie den synoptischen Randbedingungen:

- Ein Wechsel der Landbedeckung und der oberflächenspezifischen Eigenschaften in Bezug zum Strahlungs- und Wärmehaushalt führt zur Ausprägung **thermischer Windsysteme**. In komplexer Topographie können sich thermische Gegensätze verstärken und zusammen mit der hinzukommenden Schwerkraftkomponente auch bei gleicher Oberflächenbeschaffenheit thermische Windphänomene auslösen.
- Die **Schichtungsstabilität** beeinflusst das niedertroposphärische Windfeld, indem auf- bzw. abwärtsgerichtete Strömungen durch Inversionen im Temperaturfeld horizontal abgelenkt und ggf. beschleunigt werden (**Low-Level Jets**).
- Der synoptische Wind kann in komplexer Topographie vielfältig beeinflusst werden (**Leitwirkung**) und im Zusammenhang mit der thermischen Schichtung spezifischen Modifikationen unterliegen (**Bergumströmung**).

Im folgenden Kapitel sollen und können nicht alle Lokal- und Regionalwinde im einzelnen besprochen werden, vielmehr geht es um die Vermittlung eines grundsätzlichen Verständnisses der Prozessdynamik in Abhängigkeit von Oberflächenbedeckung und Topographie.

8.1 Thermische Systeme

8.1.1 Grundlagen

In der Atmosphäre ist die Schichtung über verschiedenen Oberflächen aufgrund der spezifischen differentiellen Erwärmungs-/Abkühlungsraten selten homogen. Über warmen Oberflächen dehnt sich die Luft aus, während über kalten Oberflächen das Gegenteil der Fall ist. Die Volumenausdehnung muss sich zwischen verschieden temperierten Luftsäulen auch lateral auswirken und in horizontale Bewegungen von Luftmolekülen (Wind) münden. In Abbildung 8.1 ist die Ausbildung einer thermischen Windzirkulation aufgrund von lateralen Druckunterschieden schematisch dargestellt.

Zu Beginn wird eine ruhende, isotherm geschichtete Luftmasse durch unterschiedliche Oberflächeneigenschaften (z.B. Land-Meer) differentiell erwärmt. Damit stehen eine kalte (K, z.B. Meer am Tag) und eine warme (W, z.B. Land am Tag) Luftsäule direkt nebeneinander (Abb. 8.1-2). Die Luft dehnt sich in der warmen

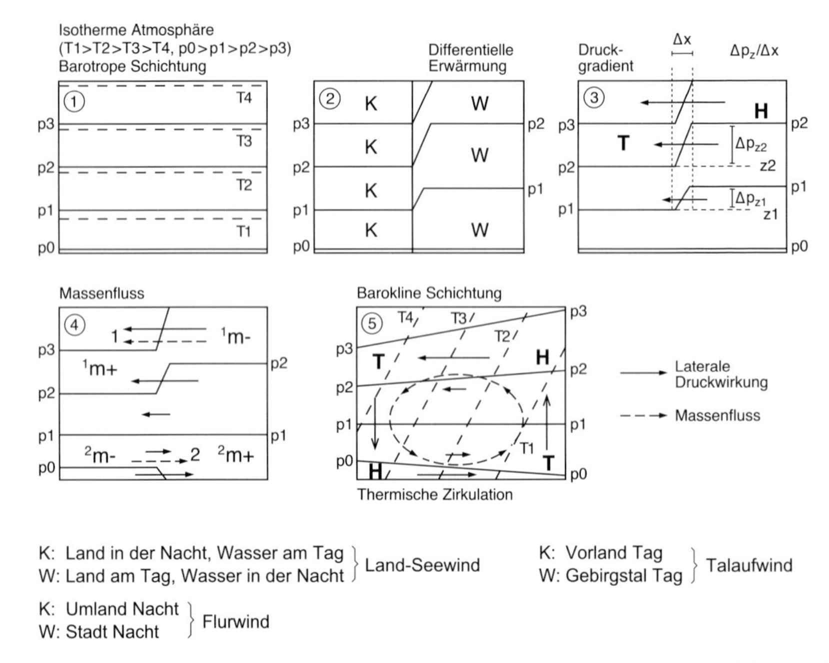

Abb. 8.1: Entstehung einer direkten thermischen Zirkulation (verändert nach LAUER & BENDIX 2004)

Säule zuerst vertikal aus, wobei der Bodendruck (p0) in beiden Luftmassen noch gleich bleibt. An der Grenzfläche beider Säulen bildet sich ein Druckgefälle zwischen Warm- (Hochdruck H) und Kaltluft (Tiefdruck T) aus, der sogenannte **Druckgradient** (Abb. 8.1-3). Er beschreibt den horizontalen Druckunterschied auf einer Höhenfläche (z.B. z1) bezogen auf eine bestimmte Strecke (Δx). Der Druckgradient wächst mit zunehmender Höhe an ($\Delta p_{z2} > \Delta p_{z1}$). Luftmoleküle werden in Richtung des Druckgradienten beschleunigt (sie können sich auf Kosten der kalten Luft ausdehnen) und es kommt zu einem horizontalen Massenfluss (Wind) von der warmen zur kalten Luftsäule in der Höhe (^{1}m), also vom hohen zum tiefen Luftdruck.

$$\frac{\Delta v}{\Delta t} = -\frac{1}{\rho} \cdot \frac{\Delta p}{\Delta x} \tag{8.1}$$

wobei: $\Delta v/\Delta t$ = Beschleunigung der Luftmoleküle [$m \cdot s^{-2}$], $\Delta p/\Delta x$ =Horizontaler Druckgradient entlang der Strecke Δx [$Pa \cdot m^{-1}$], ρ = Luftdichte [$kg \cdot m^{-3}$], v = Windgeschwindigkeit [$m \cdot s^{-1}$], t = Zeit [s]

Der Verlust an Luftmolekülen aus der warmen Säule und der gleichzeitige Gewinn in der kalten Säule führt nun dazu, dass weniger Luftmoleküle mit ihrem Gewicht auf der Basis der warmen und mehr auf der Basis der kalten Luftsäule lasten. Am Boden bildet sich daher in der kalten Luft ein hoher, in der warmen Luft ein tiefer Luftdruck aus. Die Folge ist ein zur Höhe umgekehrter Druckgradient und ein darauf folgender horizontaler Massenfluss von der Kaltluft zur Warmluft (^{2}m), vom Hoch zum Tief. Würde der horizontale Massenfluss in beiden Höhenniveaus uneingeschränkt weitergehen, wären in kurzer Zeit Massenüberschüsse auf der jeweiligen Tiefdruckseite (**Konvergenz** = Gewinn) und Massendefizite auf der jeweiligen Hochdruckseite (**Divergenz** = Verlust) die Folge. Bei fortwährender Einstrahlung auf der Warmluftseite und damit der Erhaltung des Antriebs für den Massenaustausch müssen aus Kontinuitätsgründen Defizite und Überschüsse ausgeglichen werden (**Kontinuitätsgleichung**), da in den Defizitgebieten sonst in kurzer Zeit keine Luftmoleküle mehr zur Verfügung stehen würden. Der Ausgleich erfolgt über die vertikale Verlagerung von Luftmolekülen aus den Konvergenz- (Überschuss-) gebieten (Abb. 8.1-5). Aus dem Bodentief der Warmluft werden kontinuierlich Luftmoleküle vertikal nach oben verlagert, aus dem Höhentief in der Kaltluft vertikal nach unten. Zusammen mit den horizontalen Windfeldern bildet sich eine geschlossene und direkte **thermische Zirkulationszelle**. Sie wird auch als **Euler-Wind** bezeichnet. Die Benennung des unteren Horizontalastes orientiert sich bei thermischen Windsystemen am Strömungsvektor (z.B. Seewind, Vektor vom Meer zum Land), der obere Horizontalast wird allgemein als **Anti-Höhenwind** (**Counter Flow**) bezeichnet. Der Euler-Wind gilt streng genommen nur für kleinräumige Zirkulationen ohne den Einfluss von Reibung und Coriolis-Beschleunigung und ist Basis aller thermischen Zirkulationssysteme, die im Gelände zwischen kalten und warmen Oberflächen auftreten können.

Die thermische Zirkulation ist grundsätzlich bestrebt, den Ausgleich zwischen hohem und niedrigem Luftdruck herbeizuführen. Solange der Temperaturunterschied (z.B. am Tag durch kontinuierliche Einstrahlung und differentielle Erwärmung) aufrechterhalten bleibt, wird die eingeleitete Zirkulation nicht zur Ruhe kommen. Sie strebt allerdings einen stationären Zustand an, bei dem im Bodenniveau gleich viel Luft vom kalten ins warme Gebiet wie in der Höhe vom warmen ins kalte weht und bei dem die Zirkulationsgeschwindigkeit durch die Erwärmung im rechten Teil und die dadurch aufrechterhaltene Temperaturdifferenz bestimmt wird. Erst wenn die differentielle Erwärmung beendet ist (z.B. nach Sonnenuntergang), wird der Druckgradient sich ausgleichen und die Zirkulation zum Erliegen kommen. In der Regel lassen sich im Tagesverlauf mehrere Phasen unterscheiden: (1) Aufbau eines ausreichend starken Druckgradienten nach Sonnenaufgang durch differentielle Erwärmung, (2) Einsetzen der thermischen Zirkulation gegen Mittag, (3) Zusammenbrechen der thermischen Zirkulation nach Sonnenuntergang, (4) ggf. Aufbau einer umgekehrten Zirkulation bei differentieller nächtlicher Abkühlung. Ein typisches Beispiel für ein thermisches Windsystem ist die Land-Seewindzirkulation.

8.1.2 Thermische Systeme und Oberflächenbedeckung – Land-Seewind

Die thermischen Eigenschaften von Wasser- (ausreichende Tiefe vorausgesetzt) und Landoberflächen unterscheiden sich deutlich voneinander. So erwärmen sich Landoberflächen am Tag vor allem im Bereich der Oberfläche wesentlich stärker als Wasser, da über den Wasserflächen ein Großteil der einfallenden Strahlung für die Verdunstung aufgewendet bzw. in tiefere Wasserschichten transmittiert wird und damit zur Erwärmung der Oberfläche nicht zur Verfügung steht. Gleichzeitig wird aber (als Folge der **spezifischen Wärmekapazität**) pro Kelvin Temperaturerhöhung im kg Wasser deutlich mehr Energie gespeichert als auf Festlandsflächen und im Zusammenhang mit der reduzierten Wärmeleitfähigkeit auch langsamer abgegeben (Tab. 8.1).

Tab. 8.1: Richtwerte für thermische Größen von Wasser und Landoberflächen

	spez. Wärmekapazität [$J \cdot kg^{-1} \cdot K^{-1}$]	Wärmeleitfähigkeit [$W \cdot m^{-1} \cdot K^{-1}$]
Wasser	4196	0,57
Felsgestein	710	4,20
Lehmboden, nass	1550	1,58
Sandboden, nass	2000	2,20

Insgesamt ergibt sich daraus eine stärkere Erwärmung der Landoberfläche gegenüber Wasser am Tag und eine intensivere Abkühlung in der Nacht. Nach Abbildung 8.1 muss es bei ausreichenden horizontalen Temperatur- und damit Druckgradienten zu einer thermischen Zirkulation zwischen Meer und Land kommen. Dabei ist zu erwarten, dass die thermische Zelle mit dem Richtungswechsel der Temperaturgradienten zwischen Tag und Nacht ihren Drehsinn ändert (Abb. 8.2).

Am **Tag** ergibt sich in Bodennähe eine Zirkulation vom kälteren Meer zum aufgeheizten Land (**Seewind**), die bis 50–100 km landeinwärts festgestellt werden kann. Der zum Massenausgleich notwendige Anti-Höhenwind weht folgerichtig vom Land zum Meer. Der Kopf der im Tagesverlauf landeinwärts vorrückenden Front (**Seewindfront**) geht mit der Ausprägung einer thermisch internen Grenzschicht (Abb. 5.9) bzw. einer Erhöhung der Luftfeuchte (Abb. 6.9) einher. Bil-

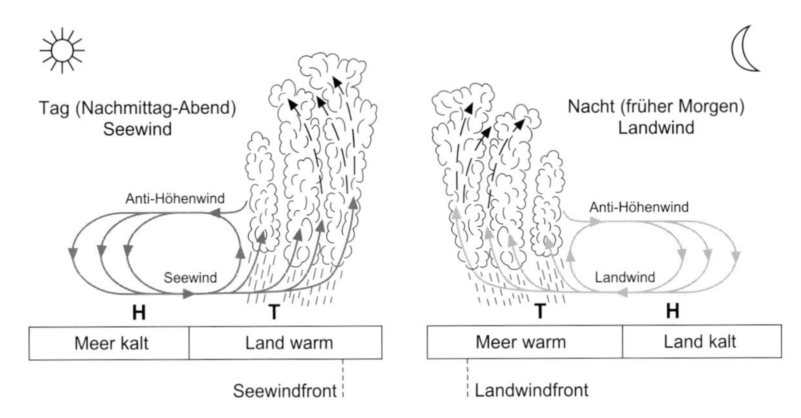

Abb. 8.2: Schema zur Land-Seewindzirkulation (Phase 5 in Abb. 8.1)

dung hochreichender, zum Teil niederschlagswirksamer Cumulusbewölkung entlang der Frontlinie wird häufig beobachtet (Abb. 7.4).

Nach TELIŠMAN PRTENJAK & GRISOGONO (2002) kann die mittlere Geschwindigkeit des Seewindes (v) und die Eindringtiefe der Seewindfront ins Küstenvorland (PD) bei Strahlungswetterlagen (keine synoptische Störung) wie folgt abgeschätzt werden:

$$v = \sqrt{\frac{1}{2} \cdot g \cdot \frac{\Delta\theta}{\theta} \cdot z_i} \quad \text{und} \quad PD = \frac{1}{2} \cdot g \cdot \frac{\Delta\theta}{\theta} \cdot \frac{z_i}{f \cdot v} \quad \text{mit } f = 2 \cdot \omega \cdot \sin(\theta) \qquad (8.2)$$

wobei: v = Mittlere Windgeschwindigkeit [$m \cdot s^{-1}$], g = Schwerebeschleunigung ~9,806 [$m \cdot s^{-2}$], θ = Potentielle Temperatur [K], Δθ = Temperaturdifferenz zum Land [K], z_i = Dicke der Grenzschicht ~ Höhenlage der ersten Inversion [m], f = Coriolisparameter [s^{-1}], ω = Winkelgeschwindigkeit der Erde ~$7{,}29 \cdot 10^{-5}$ [s^{-1}], ϕ = Geographische Breite [°]. PD = Eindringtiefe der Seewindfront [m]

In der **Nacht** kehren sich Temperatur- und Druckgradient um, es kommt im Bodenniveau zu einer Strömung vom ausgekühlten Land zum jetzt relativ gesehen wärmeren Meer (**Landwind**). Der Anti-Höhenwind der thermischen Zelle ist zum Land gerichtet und verursacht dort absteigende Luftbewegung mit Wolkenauflösung. Über den Küstengewässern bildet sich analog zur Tagsituation eine Landwindfront mit entsprechender Bewölkung heraus (Abb. 7.4).

Insgesamt ist die Intensität der thermischen Zelle am Tag deutlich höher als in der Nacht, da die Temperaturgradienten am Tag in der Regel größer sind als in der Nacht. So bildet sich beispielsweise in Djakarta am Tag ein etwa 1 km mächtiger Seewind aus, der seine maximale Windgeschwindigkeit (>7 m·s^{-1}) am Nachmittag (14:00–16:00 Uhr) erreicht (Abb. 8.3). Der überlagerte Anti-Höhenwind erstreckt sich sogar bis über 3 km Höhe. Nach Sonnenuntergang flaut der Seewind im Bodenniveau ab, kann sich aber bis Mitternacht noch in höheren Schichten halten. Erst zum Ende der Ausstrahlungsperiode hat sich gegen Sonnenaufgang ein deutlicher Landwind durchgesetzt, der allerdings mit Geschwindigkeiten zwischen 1 und 2 m·s^{-1} deutlich schwächer ist als der Seewind. Auch die vertikale Erstreckung des Landwindes und des entgegengesetzten Anti-Höhenwindes ist geringer. In den mittleren und höheren Breiten ist der Land-Seewind in der Regel ein Sommerphänomen, da nur in der warmen Jahreszeit ausreichend große Druckgradienten aufgebaut werden können.

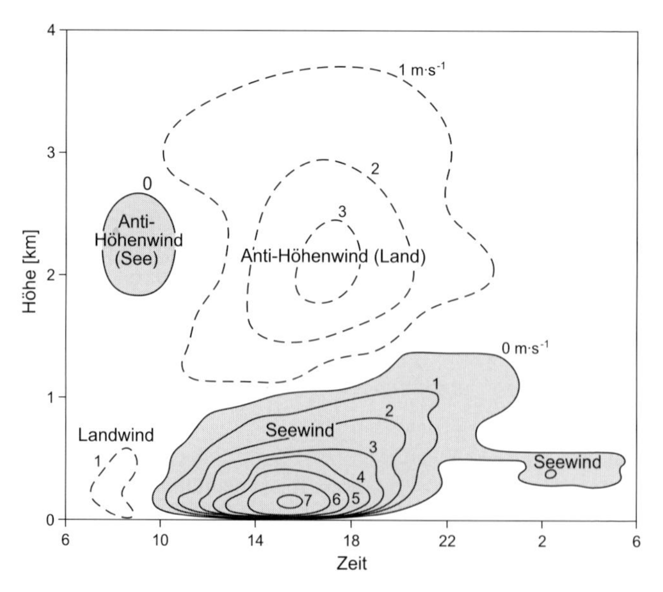

Abb. 8.3: Tagesperiodische Ausprägung der Land-Seewindzirkulation in Djakarta (verändert nach MUNN 1966)

Betrachtet man die Dynamik im Bereich der See- bzw. Landwindfront etwas genauer, so fällt ein wesentlich komplexeres Strömungsgeschehen ins Auge, das dem einer **Dichteströmung** (**gravity current**) ähnelt (Abb. 8.4).

Der Strömungskopf der **Seewindfront** (die Ausführungen gelten gleichermaßen für die **Landwindfront**) ist durch eine Längszirkulation (Seewind, Anti-Höhen-

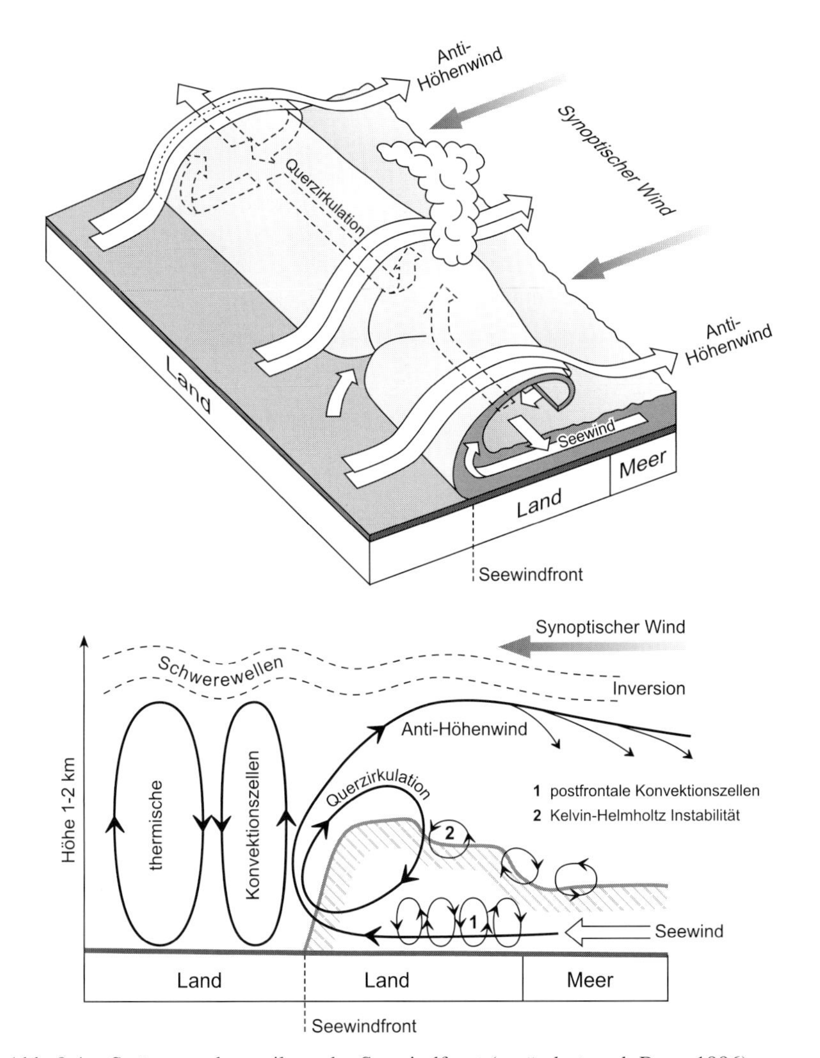

Abb. 8.4: Strömungsdynamik an der Seewindfront (verändert nach BORN 1996)

wind) und eine Querzirkulation parallel zur Front gekennzeichnet. Im Bereich des aufsteigenden Astes der Querzirkulation reihen sich entlang der Front Cumuluswolken auf, dazwischen herrscht absteigende Luftbewegung, so dass hochreichende Bewölkung unterdrückt wird. Im Bereich der Front finden sich weitere subskalige Strömungsphänomene. So bilden sich analog zu den **präfrontalen**

Konvektionszellen über dem erhitzten Land in der unteren Schicht der vorrückenden, extrem labilisierten Kaltluft der Seewindfront **postfrontale Konvektionszellen** aus. Darüber hinaus stellt die obere Grenzfläche der kalten Seewindströmung (Obergrenze der internen Grenzschicht) eine Zone mit starker Dichteänderung dar, an der sich Instabilitätswirbel mit horizontaler Wirbelachse ausbilden können (**Kelvin-Helmholtz-Instabilitäten**). Schließlich beeinflussen vor allem die präfrontalen Konvektionszellen in der Nähe der Seewindfront auch die über der thermischen Zelle meist stabil gelagerten Luftschichten, indem sich dort häufig **Schwerewellen** ausbilden.

Besonders intensiv werden die Wetterverhältnisse an der Seewindfront, wenn die synoptische Windrichtung dem Seewindvektor entgegengesetzt ist (Abb. 8.5).

Bei starker Erwärmung der Landoberfläche organisiert sich die präfrontale Konvektion häufig in schraubenwirbelartigen **Konvektionsrollen** mit horizontaler Achse parallel zur synoptischen Windrichtung. Treffen diese Wirbel auf die vorrückende Seewindfront, wird im Bereich der aufsteigenden Achse der Konvektionsrollen besonders starke Konvektion ausgelöst und die Querzirkulation der Front entsprechend ausgerichtet.

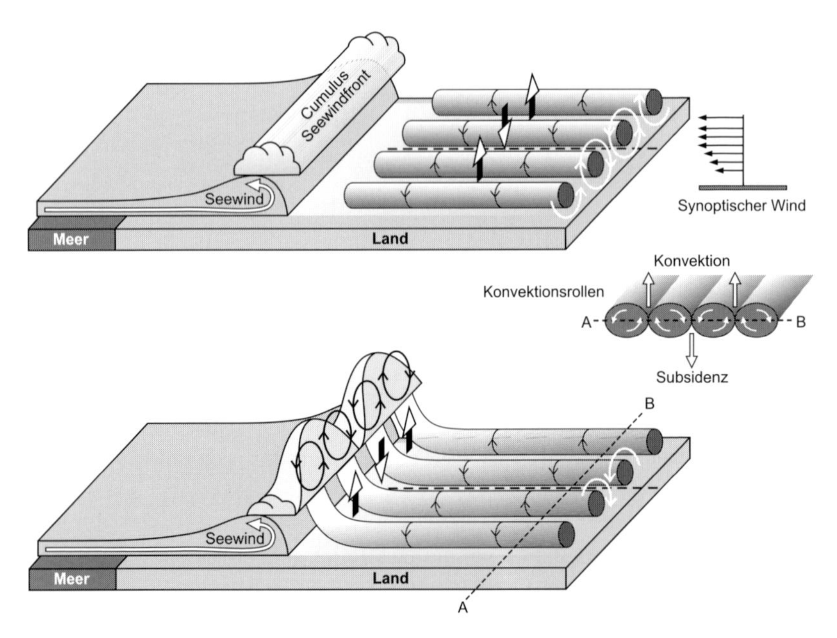

Abb. 8.5: Strömungsdynamik an der Seewindfront bei Konvergenz von Seewind und synoptischer Strömung (verändert nach DAILEY & FOVELL 1999)

Modifikationen des Land-Seewindphänomens sind in Kapitel 7 bereits angesprochen worden. So spielt die Küstenkonfiguration (Buchten, Halbinseln, s. Abb. 7.4) eine entscheidende Rolle dafür, ob Konvektion durch Konfluenz gestärkt bzw. durch Diffluenz geschwächt wird.

Die bisherigen Betrachtungen bezogen sich allerdings auf Flachküsten, an **Steilküsten** können sich die Land- bzw. Seewindzellen nicht gleichermaßen ungestört ausbilden (Abb. 8.6). Die Hauptzelle entsteht über dem Plateau, wobei die aufgrund ihrer Meernähe kühlere Oberkante der Steilküste als Hochdruckgebiet mit absteigender Luftbewegung wirkt, während das erhitzte Inland durch tieferen Luftdruck gekennzeichnet ist. Die Strömung am Boden ist folgerichtig vom Rand der Steilküste zum Landesinneren gerichtet. Am Fuß der Steilküste und über den Küstengewässern findet sich eine windschwache Zone, die allerdings durch eine unvollständige See-/Hangwindzirkulation gekennzeichnet ist. Im Zusammenhang mit der Hangerwärmung bilden sich konvektive Aufwinde, die als Kompensationsströmung kühle Seeluft anziehen. Die Anti-Höhenströmung ist nur schwach ausgebildet (<2 $m \cdot s^{-1}$) und in den erweiterten Anti-Höhenwind der Plateauzelle eingebettet.

Thermische Zirkulationszellen bilden sich nicht nur zwischen Land und Meer, sondern auch zwischen Land und größeren Seen bzw. Flüssen aus (s. z.B. Amazonas, PERAIRA DE OLIVEIRA & FITZJARRALD 1994).

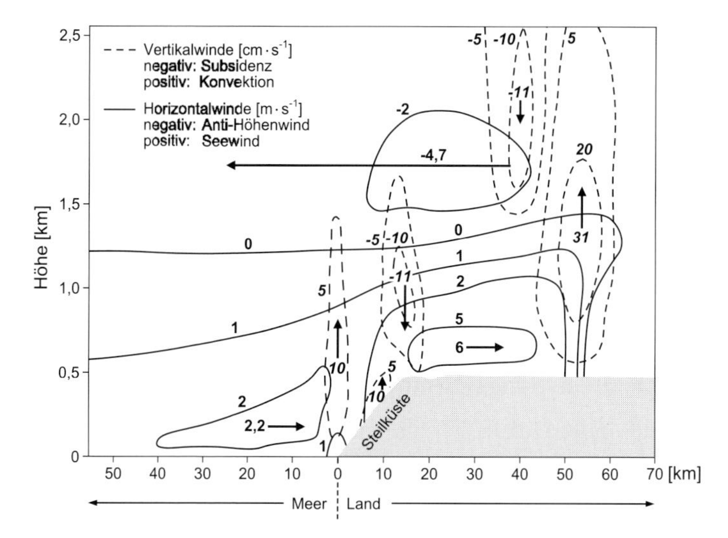

Abb. 8.6: Modellierte thermische Winde im Bereich von Steilküsten (verändert nach NEUMANN & SAVIJÄRVI 1986)

8.1.3 Thermische Systeme in komplexer Topographie – Berg-Talwind

In komplexer Topographie können sich thermische Gegensätze auch ohne Änderung der Landbedeckung ausbilden, wenn sich die Erwärmungsraten bedingt durch Hangneigung und –exposition bzw. unterschiedliche Luftvolumina (s. Abb. 5.10 bzw. 5.15) räumlich unterscheiden. Betrachtet man ein typisches Talrelief, dann ergeben sich tagesperiodisch alternierende Verhältnisse.

- Am **Tag** erwärmen sich die sonnenzugewandten Hänge stärker als eine horizontale Fläche. Daraus resultieren thermische Hangaufwinde, die auch als **anabatische** Windsysteme bezeichnet werden. Durch die stärkere Erwärmung bei kleinerem Luftvolumen im Talrelief (s. Abb. 5.10) bildet sich ein Temperaturgefälle zwischen dem gesamten Taleinzugsgebiet (relativ warm, Tiefdruck am Boden) und dem Vorland (relativ kalt, Hochdruck am Boden) aus. Die Folge ist ein thermisches Windsystem parallel zur Talachse, der sogenannte **Talwind** (= **Talaufwind**).
- In der **Nacht** kommt es grundsätzlich zu einer verstärkten Abkühlung der Hochlagen, so dass sich dort kalte Luft ausbilden kann, die sich wie kaltes Wasser schwerkraftbedingt hangabwärts bewegt (**Kaltluftabfluss**). Ein derartiges schwerkraftbedingtes Windsystem wird als **katabatisch** bezeichnet. Darüber hinaus ergibt sich eine Zirkulation entlang der Talachse, der sogenannte **Bergwind** (= **Talabwind**). Er resultiert letztlich aus der schwerkraftbedingten Akkumulation von Kaltluft in den Tälern durch die Hangabwindzirkulation und zeichnet damit für thermische Gegensätze zwischen dem gesamten Taleinzugsgebiet (relativ kalt, Hochdruck) und dem Vorland (relativ warm, Tiefdruck) verantwortlich.

Insgesamt münden die thermischen Gegensätze zwischen Tälern und dem Vorland in einem zweigeteilten Zirkulationssystem, das jeweils aus einer Strömungskomponente quer (**Talquerzirkulation**) und längs zur Talachse (**Tallängszirkulation**) besteht und seinen Drehsinn zwischen Ein- und Ausstrahlungperiode umkehrt. Die genaue Dynamik und das raum-zeitliche Ineinandergreifen der einzelnen Teilsysteme sollen in den folgenden Kapiteln näher erläutert werden.

8.1.3.1 Anabatische Hangaufwinde

Die **Hangaufwinde** sind ein thermisches Phänomen, das sich nach Sonnenaufgang im Bereich der sonnenbestrahlten Hänge ausbildet. Am Beispiel von Abbildung 8.7 ergibt sich eine solche Situation am Morgen für den nach Osten exponierten Sonnenhang. Man erkennt deutlich, dass sich am besonders sonnenbeschienenen Mittel- und Oberhang entlang einer hangparallelen Schicht ($\Delta z_W \sim$ 50 m) bereits erhebliche Beträge an turbulent-kinetischer Energie aufgebaut ha-

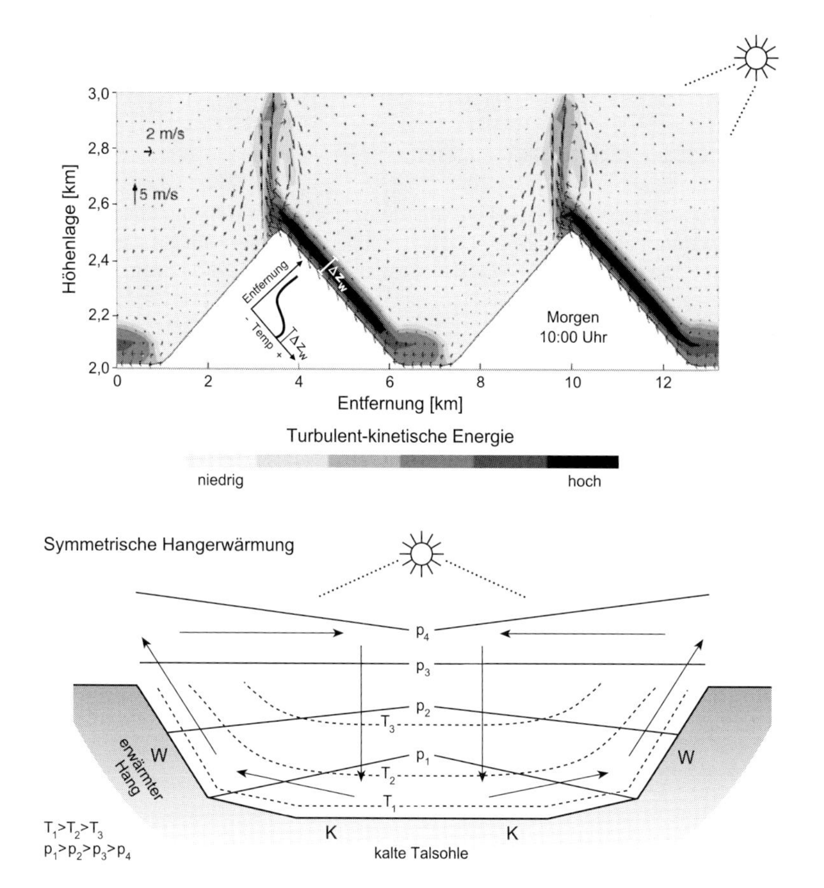

Abb. 8.7: Entstehung der thermischen Hangwindzirkulation am Morgen (oben) und Ausprägung der Zirkulationszelle bei symmetrischer Hangerwärmung gegen Mittag (unten) analog zur Phase 5 in Abb. 8.1 (verändert und ergänzt nach HENNEMUTH & SEMMLER 1982, COLETTE *et al.* 2003)

ben, die einen starken Hangaufwind repräsentieren. Der Schattenhang zeigt demgegenüber noch keine thermisch induzierte Aktivität.

Die Geschwindigkeit der Hangaufwinde in einem Tal lässt sich wie folgt abschätzen (VERGEINER & DREISEITL 1987):

$$v = \frac{L \cdot (1-d)}{\tan(\hat{\beta}) \cdot c_p \cdot \rho \cdot {}^{d\bar{\theta}}\!/\!_{dz} \cdot \Delta z_W} \qquad (8.3)$$

wobei: v = Mittlere Windgeschwindigkeit [$m \cdot s^{-1}$], c_p = spezifische Wärmekapazität trockener Luft bei konstantem Druck, 1005 [$J \cdot kg^{-1} \cdot K^{-1}$], ρ =Luftdichte [$kg \cdot m^{-3}$], Δz_W = Dicke der hangparallelen Warmluftschicht [m], $d\bar{\theta}/dz$ = Mittlerer Höhengradient der potentiellen Temperatur in der Talluft [$K \cdot m^{-1}$], L = Fühlbarer Wärmestrom auf die horizontale Fläche [$W \cdot m^{-2}$], (1-d) = relativer Wärmeverlust an die Talluft (Detrainment), $\hat{\beta}$ = Hangneigung [°]

Im Unterschied zum Flachland (Abb. 8.1, Phase 5) ist der Verlauf der Isothermen und Isobaren im Tal deutlich unterschiedlich (Abb. 8.7. unten), da sich entlang der erwärmten Hänge eine stark **barokline** Zone (Schneiden von Isobaren und Isothermen) ausbildet, die letztlich für die Ausprägung der Ausgleichsströmung zwischen Tal- und Hangluft verantwortlich zeichnet. Analog zum Land-Seewind muss sich aus Gründen der Massenbilanz (Defizit am Talgrund, Überschuss über der Talachse in der Höhe) auch im Tal eine geschlossene thermische Zirkulation ausbilden, die allerdings aus zwei getrennten Zellen besteht. Über der Talachse kommt es zum Ausgleich der Hangaufwinde zur absteigenden Luftbewegung, über dem Tal selbst entwickelt sich auf beiden Talseiten ein zur Talachse gerichteter Gegenstrom. Das beschriebene Strömungssystem entspricht dem Tagmodus der Talquerzirkulation.

8.1.3.2 Katabatische Hangabwinde bzw. Kaltluftabflüsse

Die flächenspezifische **Kaltluftproduktion** ist Grundlage für **Kaltluftabflüsse** in komplexer Topographie. Dabei spielen sowohl die thermischen Eigenschaften als auch das Relief eine wichtige Rolle (Tab. 8.2). Im Bereich von ebenen Flächen (z.B. Randhöhen von Talsystemen) sind vor allem naturbelassene Freiflächen wichtigste Kaltluftproduzenten. Es wir aber auch deutlich, dass mit zunehmender Hangneigung die Kaltluftproduktion insgesamt ansteigt, da die Kaltluft kontinuierlich abgeführt wird und sich in den Tieflagen (Talsohle) akkumuliert.

Bei einer vordergründigen Betrachtung ist es oft verwunderlich, dass sich in Tieflagen Kaltluft ansammeln kann, da sich die am Hang abfließenden Luftpakete doch eigentlich (trocken) adiabatisch (+0,98 $K \cdot 100\ m^{-1}$) erwärmen müssten. Die Netto-Temperaturänderung eines am Hang abfließenden Luftpakets ergibt sich allerdings aus dem Verhältnis von drei verschiedenen Einflussfaktoren (HAUF & WITTE 1985, Abb. 8.8):

Tab. 8.2: Typische Werte für die Kaltluftproduktion über verschiedenen Oberflächen

	Kaltluftproduktionsrate $[m^3 \cdot m^{-2} \cdot s^{-1}]$ *Werte für*: Ebene Fläche – stark geneigte Fläche
Freiflächen (Acker, Wiese etc.)	10 – 20
Wald	4 – 40
Bebautes Gebiet	0 – 2
Wasser	0

$$\frac{\Delta T}{\Delta t} = \frac{\left(\frac{dp}{dt} - \frac{dL}{dxy} - \frac{dQ*}{dxy}\right)}{\rho \cdot c_p} \tag{8.4}$$

wobei: $\Delta T/\Delta t$ = Abkühlung eines Kaltluftpaktes während des Fließvorgangs $[K \cdot s^{-1}]$, dxy = Länge der Fließstrecke in horizontaler (x,y) Richtung [m], L =Turbulent-fühlbarer Wärmestrom $[W \cdot m^{-2}]$, Q_* = Strahlungsbilanz $[W \cdot m^{-2}]$, t = Zeit [s], p = Luftdruck [Pa], [°], c_p = spezifische Wärmekapazität trockener Luft bei konstantem Druck, 1005 $[J \cdot kg^{-1} \cdot K^{-1}]$, ρ =Luftdichte $[kg \cdot m^{-3}]$

Dabei repräsentiert der erste Term (dp/dt) die adiabatische Komponente der Temperaturzunahme durch Änderungen im Luftdruck mit abnehmender Geländehöhe (bzw. zunehmender Zeit des Fließvorgangs), die beiden folgenden Größen verweisen auf die Energieverluste durch den turbulenten fühlbaren Wärmestrom bzw. eine negative Strahlungsbilanz während des Fließvorgangs. Da sich die Bodenoberfläche aufgrund ihrer gegenüber der Luft sehr hohen Emissivität besonders stark abkühlt, kommt es in den abfließenden Luftpaketen zu hohen thermischen Verlusten durch den zum Boden gerichteten Fluss fühlbarer Wärme. Der deutlich schwächere Wärmefluss von der relativ gesehen wärmeren Umgebungsluft zum Luftpaket (Entrainment) sowie die adiabatische Temperaturzunahme können den Wärmeverlust aus dem bodengerichteten Wärmestrom in der Regel nicht kompensieren, so dass das Luftpaket bis zur Talsohle tatsächlich einem Netto-Wärmeverlust unterliegt. Die Mächtigkeit der hangparallelen Kaltluftschicht steigt mit zunehmender Fließstrecke an. Eine einfache empirische Gleichung beschreibt den Zusammenhang von Fließstrecke und Mächtigkeit (FRANKE & TETZLAFF 1987):

$$\Delta z_K = 0{,}0375 \cdot \sin \hat{\beta}^{2/3} \cdot x \tag{8.5}$$

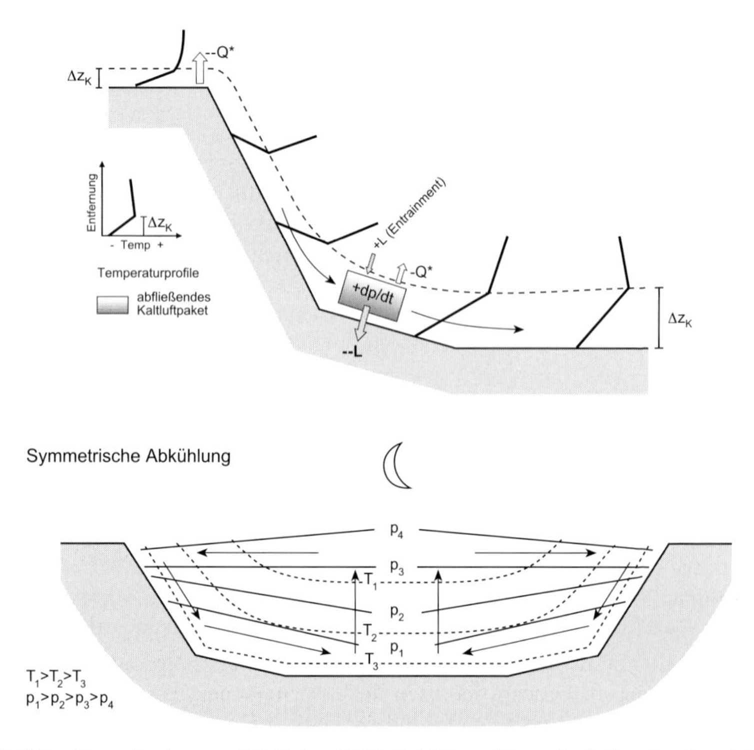

Abb. 8.8: Energieschema nächtlicher Kaltluftabflüsse (Hangabwinde, oben) und Ausprägung der Zirkulationszelle gegen Morgen analog zur Phase 5 in Abb. 8.1 (unten, verändert nach HAUF & WITTE 1985)

wobei: Δz_K = Mächtigkeit der Kaltluftschicht am Punkt x [m], x = Länge der Fließstrecke [m], β = Hangneigung [°]

Die **Abflussgeschwindigkeit** der **Kaltluft** hängt neben der Temperaturdifferenz zur Umgebungsluft und ihrer Mächtigkeit vor allem auch von der Geländerauhigkeit ab. Nach FOKEN (2003) ergibt sich die Geschwindigkeit der Kaltluft aus:

$$v = \sqrt{\frac{g \cdot (T - T_K)}{T} \cdot \frac{\Delta z_K}{C_D} \cdot \sin(\hat{\beta})} \qquad (8.6)$$

wobei: v = Kaltluft-Abflussgeschwindigkeit [$m \cdot s^{-1}$], Δz_K = Mächtigkeit der Kaltluftschicht [m], T = Temperatur der Umgebungsluft [K], T_K = Temperatur der Kaltluft [K],

C_D = Bodenreibungskoeffizient (s. Anhang 0), g = Schwerebeschleunigung ~9,806 [$m \cdot s^{-2}$], β = Hangneigung [°]

Der fortlaufende Abfluss von Luft ins Tal führt zu einem Massendefizit auf den Talschultern bzw. den Hängen und einem Massenüberschuss im Bereich der Talsohle. Analog zur Talquerzirkulation am Tag muss die Massenbilanz im idealen Fall über eine symmetrische Zirkulationszelle ausgeglichen werden, die durch aufsteigende Luftbewegung im Bereich der Talachse und zu den Oberhängen gerichtete Strömungsäste gekennzeichnet ist. Die Kaltluftabflüsse ins Tal sind also der Motor für die nächtliche Talquerzirkulation, die einen gegenüber der Einstrahlungsperiode umgekehrten Drehsinn aufweist.

8.1.3.3 Der Berg- Talwindzyklus

Die unterschiedlichen Erwärmungs-/bzw. Abkühlungsraten im Taleinzugsgebiet und dem Gebirgsvorland führen zur Ausbildung von tagesperiodisch wechselnden Differenzen im Luftdruck. Für das untere Inntal ergibt sich zwischen Thalreit (Vorland) und Radfeld (mittleres Tal) auf einer Strecke von ~44 km an Strahlungstagen eine maximale Luftdruckdifferenz von ~1 hPa (Abb. 8.9).

Das Tagesmaximum wird ca. 1 Stunde nach Mittag erreicht. Der Luftdruck im Vorland ist höher als im Tal, so dass ein Talaufwind die Folge ist. In der Nacht treten die stärksten Druckdifferenzen um den Sonnenaufgang (6:00 Uhr) ein. Hier ist der Luftdruck im Tal aufgrund der starken Kaltluftakkumulation höher, so dass der Bergwind (Talabwind) folgt.

Betrachtet man den reibungsfreien Fall und wendet Gleichung (8.1) auf eine konstante Druckdifferenz von 1 hPa an, so müsste schon nach einer Stunde ein Wind

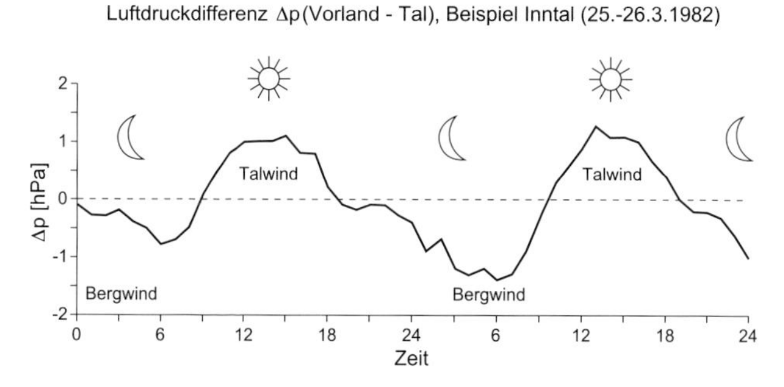

Abb. 8.9: Tagesperiodischer Wechsel der Luftdruckdifferenz zwischen Inntal und Alpenvorland (verändert nach MÜLLER *et al.* 1984)

mit einer Geschwindigkeit von etwa 8 m·s^{-1} erreicht werden. Es ist davon auszugehen, dass die reale Beschleunigung in Bodennähe aufgrund der Reibung deutlich niedriger ist. In mittleren Höhen über der Talachse wurden allerdings zum Ende der Ausstrahlungsperiode im Zusammenhang mit der Ausbildung von **Grenzschicht-Strahlströmen** (LLJ) schon Spitzengeschwindigkeiten von bis zu 16 m·s^{-1} gemessen (PAMPERIN & STILKE 1985). Eine empirische Gleichung zur Berechnung des Bergwindes für den reibungsfreien Fall auf der Basis von Einzugsgebietsgröße, Talquerschnitt und Gefälle liefert KING (1973):

$$v \sim \frac{400 \cdot \sqrt{E} \cdot \sin(\hat{\beta}) \cdot \sin(\hat{\beta}_T)}{F} \tag{8.7}$$

wobei: v = Geschwindigkeit des Bergwindes [m·s^{-1}], E = Einzugsgebietsfläche des Tals [m^2], F = Querschnittfläche des Tals [m^2], β = mittlere Hangneigung im Tal [°], β_T = mittleres Gefälle der Talsohle [°]

Die Talquer- und Tallängszirkulation sind nicht unabhängig voneinander zu sehen, sondern bildet ein sich ergänzendes System, das von DEFANT (1949) in idealisierter Form schematisch zusammengefasst wurde (**Berg-/Talwindphänomen** Abb. 8.10).

DEFANT unterscheidet **acht Phasen**. Nach Sonnenaufgang (A) haben sich die Hänge bereits erwärmt, so dass sich die Hangaufwindzirkulation ausbilden kann. In diesem Stadium sind die Bergwinde aus dem gesamten Taleinzugsgebiet noch wirksam. Bei zunehmender Erwärmung des gesamten Einzugsgebiets kommt der Bergwind zum Erliegen (B). Im Tal herrscht nur die geschlossene Querzirkulation mit Hangaufwinden und absteigender Luftbewegung im Bereich der Talachse.

Hat sich der Druckgradient zwischen Vorland und Taleinzugsgebiet auf den Tagmodus umgestellt, beginnt der Talwind (C). Bis nachmittags hat er an Stärke zugenommen und füllt das gesamte Tal aus (D). Da der Talwind in der Reifephase wesentlich höhere Geschwindigkeiten erreicht, wird die Querzirkulation überprägt und tritt im mittleren Windfeld nicht mehr in Erscheinung. Kurz vor Sonnenuntergang, wenn die Strahlungsbilanz negativ wird, beginnen sich an den Hängen Kaltluftabflüsse zu bilden (E). Der Talwind bleibt vorerst noch erhalten. Erst wenn die Druckdifferenz zwischen Tal und Vorland ausgeglichen ist, kommt der Talwind zum Erliegen und es bildet sich eine geschlossene, durch die katabatischen Kaltluftabflüsse initiierte Querzirkulation aus. Bei zunehmender Akkumulation von Kaltluft im Bereich der Talsohle entwickelt sich der Bergwind (G), der kurz vor Sonnenaufgang das gesamte Tal ausfüllt und wie am Tag die Querzirkulation überprägt.

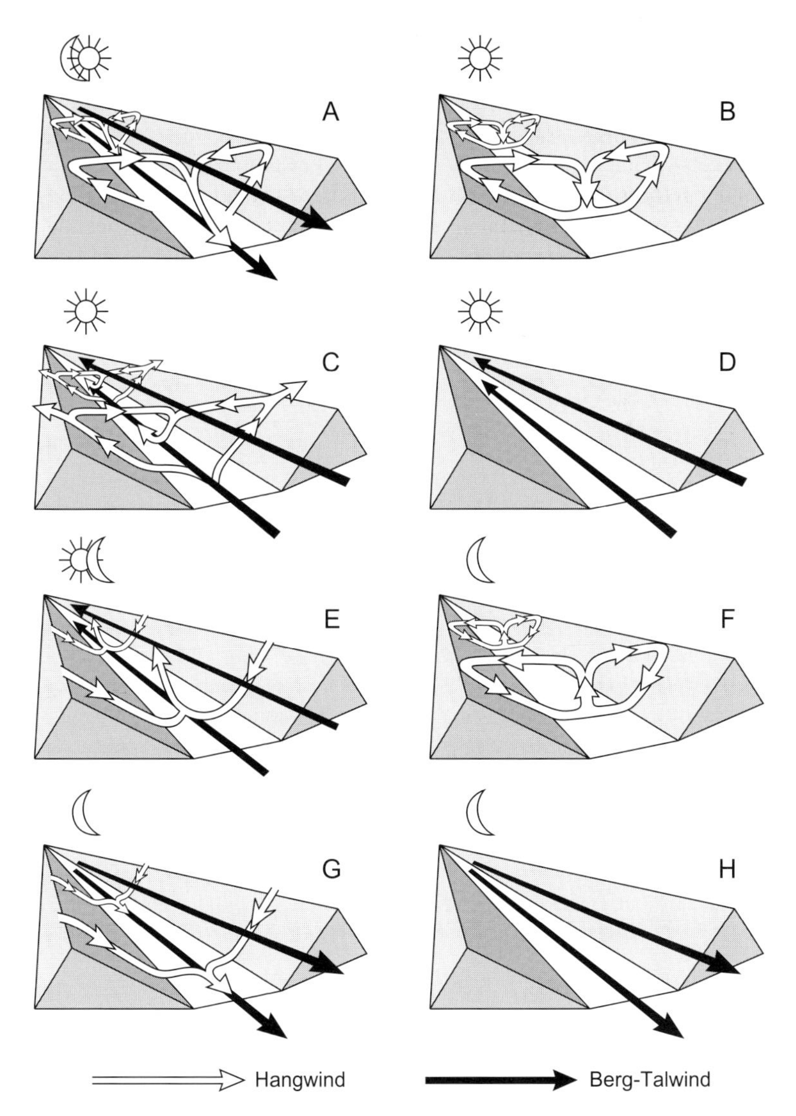

Abb. 8.10: Das idealisierte Berg-/Talwindsystem bei symmetrischer Hangerwärmung und -abkühlung (nach DEFANT 1949)

Mit zunehmender geographischer Breite ändert sich das jahreszeitliche Verhältnis der Länge von Ein- und Ausstrahlungsperiode. Das muss Auswirkungen auf die Andauer der einzelnen in Abbildung 8.10 dargestellten Phasen des Berg-/Talwindsystems haben. Für die mittleren Breiten bedeutet dies eine Abnahme der Talwindaktivität zum Winter, wenn die Tage kurz sind und die Einstrahlungsintensität insgesamt gering ist (Abb. 8.11). Im Kernwinter kann sich der Talwind nicht mehr ausbilden, bei optimalem Strahlungswetter sind höchstens noch schwache Hangaufwinde zu verzeichnen. In den hohen Breiten wird während der Polarnacht ganztägig der Bergwind vorherrschen. Nur in den inneren Tropen ist bei Strahlungswetter mit einem jahreszeitlich unabhängigen, tagesperiodisch regelmäßigem Wechsel zwischen Tal- und Bergwind zu rechnen.

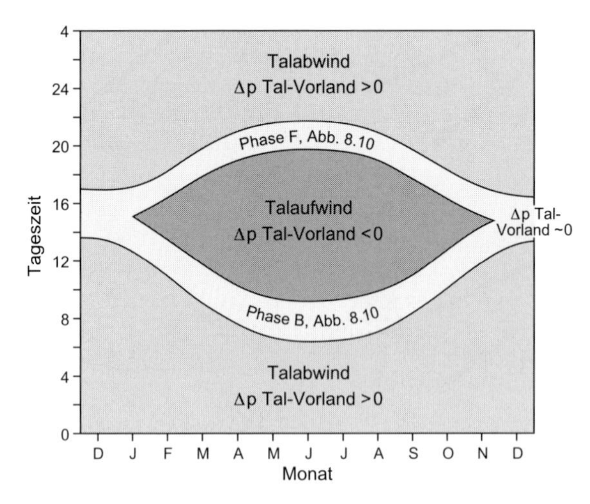

Abb. 8.11: Jahres- und tageszeitliche Verteilung des Berg-/Talwindsystems in den Mittelbreiten, Beispiel Alpen (verändert und ergänzt nach WHITEMAN 2000a)

Allerdings ist die Bestrahlung in Tälern durch den täglichen Gang der Sonne im Zusammenhang mit der Hangexposition nicht so symmetrisch, wie es im Schema von DEFANT (Abb. 8.10) vorausgesetzt wird. Vielmehr sind am Morgen die ostexponierten Hänge begünstigt, während am Abend die westexponierten Hänge mehr Strahlung erhalten (s. Abb. 5.15). Das führt zu einer deutlichen **Modifikation** der Phasen A–D. Nach Untersuchungen in Alpentälern können für die Einstrahlungsperiode **sieben Phasen** unterschieden werden (Abb. 8.12).

Ausgehend von einem nächtlichen Bergwind (a) wird nach Sonnenaufgang zuerst der ostexponierte Oberhang beleuchtet (b). Während am westexponierten und

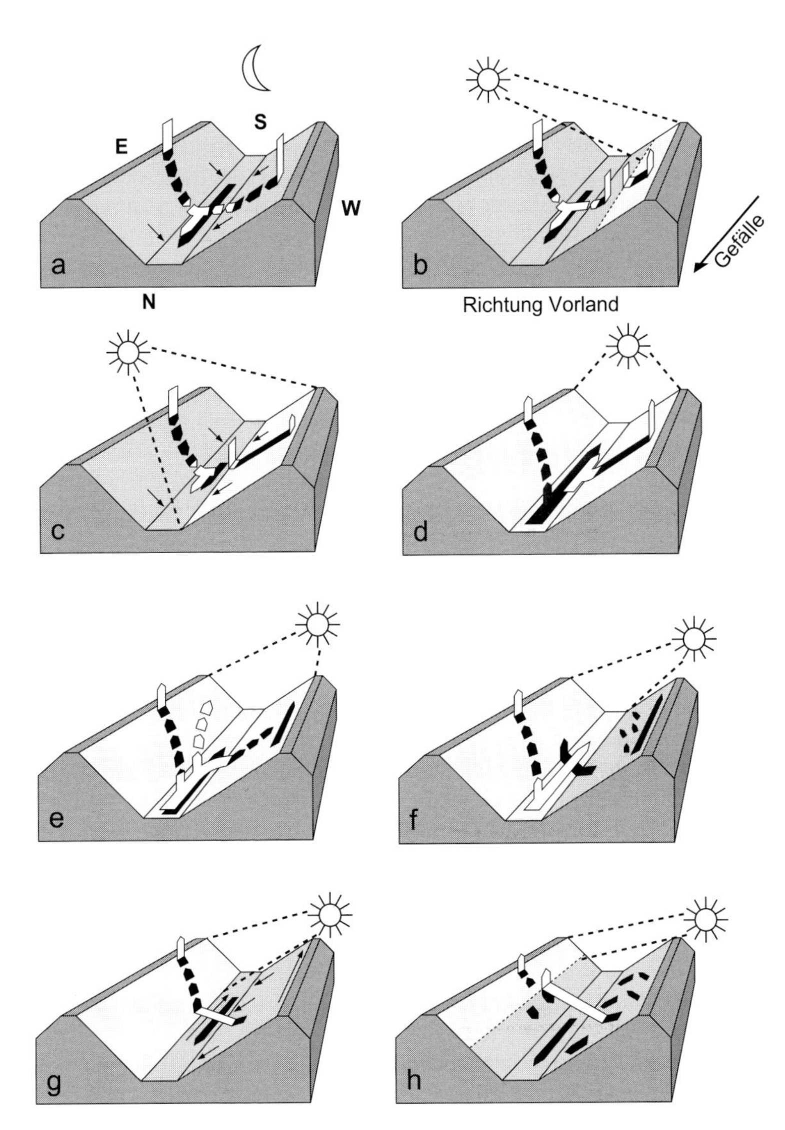

Abb. 8.12: Entwicklung des Talwindsystems bei asymmetrischer Hangerwärmung, Beispiel Dischmatal (ergänzt nach URFER-HENNEBERGER 1970)

am unteren ostexponierten Hang noch Kaltluftabflüsse vorherrschen, entwickelt sich am sonnenbeschienenen Oberhang bereits eine Hangaufwindzelle, die mit steigendem Sonnenstand den gesamten ostexponierten Hang erfasst (c). Der Bergwind ist zu dieser Phase noch aktiv. Erst gegen Sonnenhöchststand, wenn beide Talseiten gleichermaßen erwärmt werden, bildet sich der Tagesmodus mit Tal- und Hangaufwinden analog zur Phase (C) im DEFANTschen Schema aus (d). Gegen Nachmittag erhalten die ostexponierten Hänge immer weniger Solarstrahlung, während die westexponierten Hänge zunehmend thermisch begünstigt sind (e). Die Hangaufwinde am ostexponierten Hang kommen zum Erliegen, vom Schatthang werden bereits Luftpakete in den Hangaufwind des westexponierten Hangs mit einbezogen (f). Wird am späten Nachmittag nur noch der westexponierte Hang beschienen, setzen am gegenüberliegenden Schatthang bereits Kaltluftabflüsse ein, die den Bergwind in Gang setzen. Je nach Talbreite kann aber im Bereich der Talsohle unterhalb des besonnten Hangs noch kurzfristig der Talwind parallel zum Bergwind bestehen bleiben (g). Erst kurz vor Sonnenuntergang, wenn nur noch der westexponierte Oberhang beschienen wird, setzt sich der Bergwind im Bereich der Talsohle endgültig durch (h). Allerdings findet sich am besonnten Oberhang noch eine retardierende thermische Zelle mit Hangaufwinden, die im mittleren Talniveau, also über dem Bergwind, eine Kompensationsströmung vom Schattenhang quer zur Talachse hervorruft.

Betrachtet man nun den **Luftmassenhaushalt** eines **Talsystems**, so reicht das oben angeführten Berg-/Talwindsystem nicht aus, eine ausgeglichene Massenbilanz herbeizuführen. Vielmehr kommt es am Tag durch die kontinuierlich wehenden Talwinde zu einer Akkumulation von Luftmassen am Talende und einem Massendefizit im Vorland, während in der Nacht bei kontinuierlich wehendem Bergwind das Gegenteil der Fall ist (Abb. 8.13).

Aus Massenbilanzgründen muss daher über dem Talsystem ein **Anti-Höhenwind** wehen, der dem jeweiligen Windsystem entlang der Talachse entgegengesetzt ist. Am Tag ergibt sich so ein zum Vorland gerichteter Anti-Höhenwind, in der Nacht kehrt er seine Richtung um. Die vertikalen Kompensationsströme der Zirkulationszellen sind allerdings nicht allein auf das Talende bzw. das Vorland begrenzt, sondern werden in der Regel früher wirksam. So finden sich nur im mittleren Drittel der Täler keine vertikalen Kompensationsströmungen. Am Tag werden die im oberen Drittel des Tals akkumulierten Talwinde zum Aufsteigen gezwungen, vor allem auch deshalb, da der Querschnitt und damit das verfügbare Luftvolumen der Täler zum Ende meist deutlich abnimmt. Die mit dem Anti-Höhenwind in Richtung Vorland abgeführten Luftpakete steigen aber nicht nur über dem Vorland ab, sondern über dem gesamten ersten Drittel des Tals findet sich Subsidenz, die wiederum den Talwind speist. In der Nacht kehren sich die Verhältnisse um.

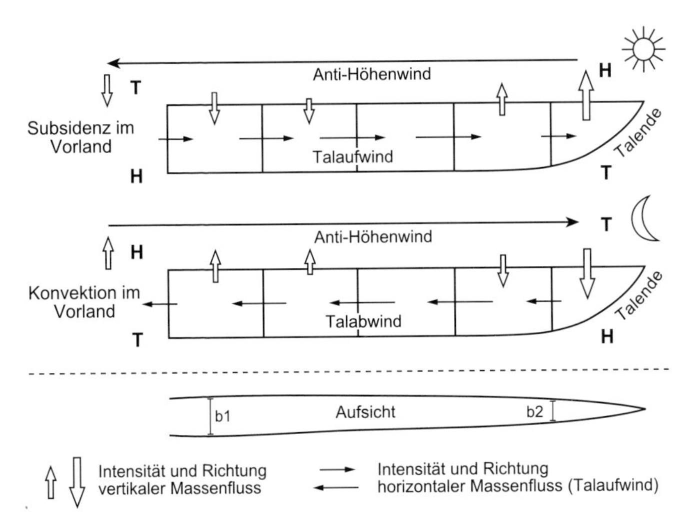

Abb. 8.13: Massenbilanz und Ausgleichsströmungen des Berg-/Talwind-Phänomens (ergänzt und verändert nach FREYTAG 1987)

In der Realität sind Talsysteme wesentlich komplexer aufgebaut als im vorherigen Schema angenommen wurde. In der Regel findet sich ein verzweigtes System von Haupt- und Nebentälern, das wesentlich komplexere Strömungsverhältnisse vermuten lässt. Schon bei der Berücksichtigung nur eines Nebentals verändern sich die Massenflüsse bereits erheblich (Abb. 8.14).

Der Talaufwind im Seitental muss nämlich aus dem Haupttal gespeist werden. Das führt zu einem Massendefizit an der Verzweigungsstelle des Haupttals zum Seitental. Obwohl sich der Anti-Höhenwind des Seitentals letztlich in einen zum Vorland gerichteten, übergeordneten Gesamtstrom (Anti-Höhenwind) eingliedert, tritt im Bereich der Verzweigungsstelle aus Kompensationsgründen eine lokale **Subsidenz** auf, auch wenn der Bereich ansonsten im subsidenzfreien mittleren Talabschnitt liegen würde.

Kaltluftbildung und **Kaltluftabfluss** treten im Gelände auf verschiedenen Maßstabsebenen gleichzeitig auf. Dabei können sich mehrere Systeme ergänzen bzw. überlagern. Aus Gleichung 8.7 folgt, dass die Geschwindigkeit des Kaltluftabflusses mit zunehmender Einzugsgebietsgröße und ansteigenden Gefälleverhältnissen zunimmt. Je größer allerdings ein Talsystem ist, desto mehr Zeit wird benötigt, bis der Kaltluftabfluss die Talmündung in messbarer Stärke erreicht. Treten im Tal Schwellen oder Engstellen auf, so kann der Kaltluftstrom perio-

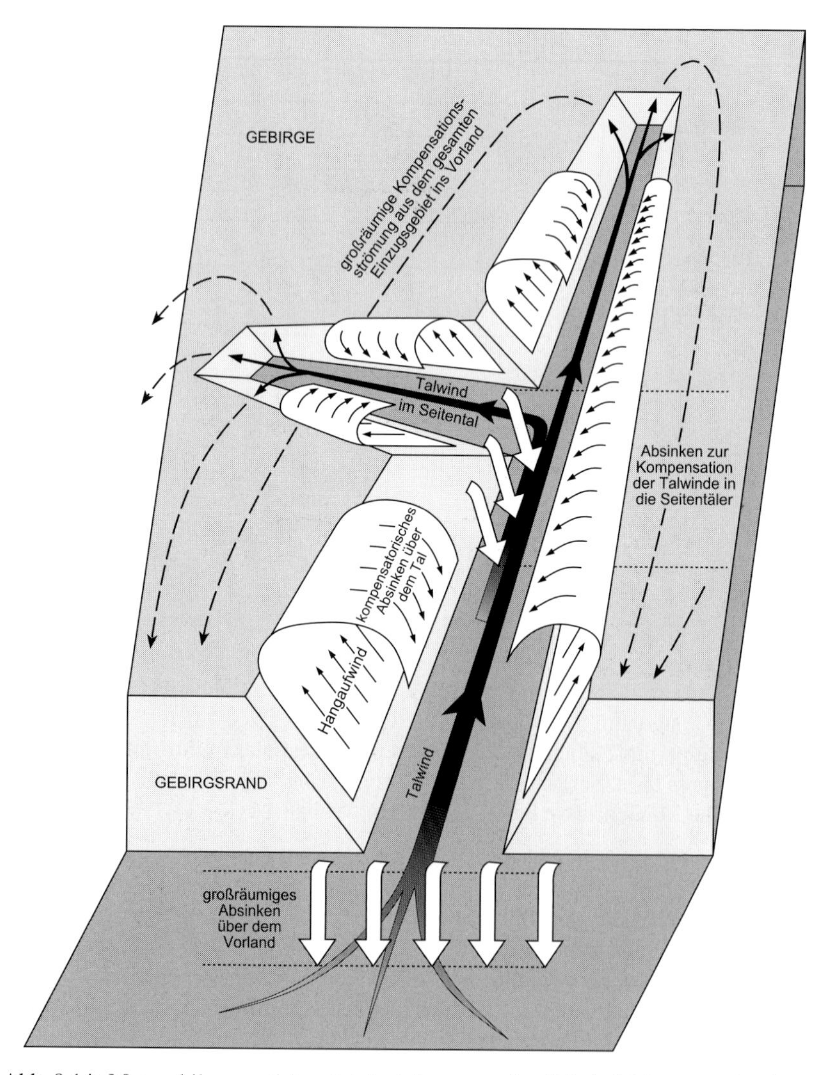

Abb. 8.14: Massenbilanz und Ausgleichsströmungen des Talwindphänomens in einem komplexen Talsystem mit Seitentälern, Phase C im DEFANTschen Schema (verändert nach WIPPERMANN 1988)

disch unterbrochen sein, es kommt zu **Kaltluftpulsationen**. Die Interaktion von autochthonem und allochthonem Kaltluftabfluss soll am Beispiel von Abbildungen 8.15 und 8.16 (Bonn, Meßdorfer Feld) erläutert werden (s.a. KRAAS *et al.* 1997).

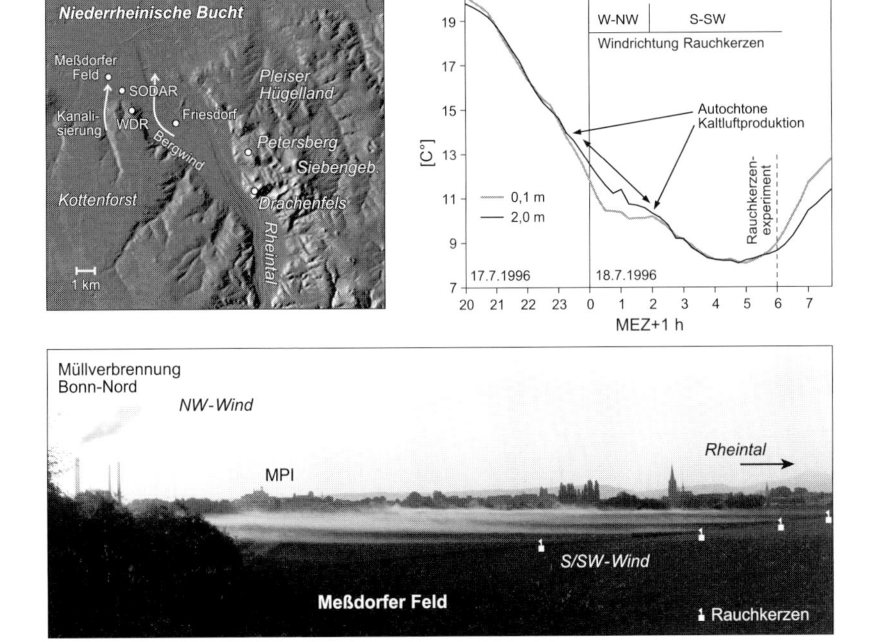

Abb. 8.15: Kaltluftdynamik in einer synoptisch ruhigen, sommerlichen Strahlungsnacht (Bonn, Meßdorfer Feld)

Die Messung der bodennahen Lufttemperatur auf zwei Niveaus zeigt, dass sich auf dem freien Feld bei ungehinderter nächtlicher Ausstrahlung gegen 23:00 Uhr eine lokale Bodeninversion ausgebildet hat. Rauchkerzenexperimente ergeben, dass sich etwa ab 0:00 Uhr, dem Gefälle des Felds folgend, ein schwacher autochthoner (lokaler) Kaltluftabfluss (ca. 0,1 $m \cdot s^{-1}$ aus W-NW) ausbildet. Etwa um 1:00 Uhr erreicht die Stärke der Bodeninversion ihr Maximum. Gegen 2:00 Uhr frischt der Kaltluftabfluss bei gleichzeitiger Änderung der Windrichtung nach S-SW, die bis zum Sonnenuntergang anhält (s. Rauchkerzenexperiment Abb. 8.15 unten), deutlich auf. Bei weiter rückläufigen Temperaturen wird allerdings die aus den lokalen Kaltluftabflüssen gebildete Bodeninversion durch die zunehmende Turbulenz abgebaut. Die Inversionshöhe aus den SODAR-Messungen (Abb. 8.16) zeigt, dass zu diesem Zeitpunkt die Talabwinde (akkumulierte Kaltluftabflüsse) im Rheintal eine Mächtigkeit erreichen, die das Rheintal und das Meßdorfer Feld trennende Randhöhe (Venusberg, Kottenforstplateau) überragen. Damit können die Kaltluftabflüsse des Rheintals nach dem Überströmen der Randhöhen auch im Meßdorfer Feld wirksam werden und dort den schwach ausgeprägten lokalen Kaltluftabfluss vollständig überprägen.

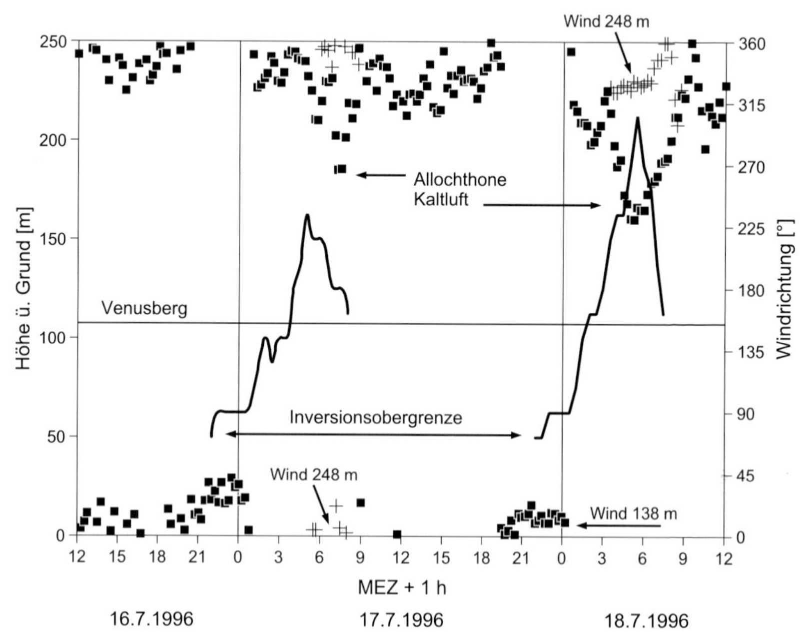

Abb. 8.16: Inversionshöhe (SODAR) und Windrichtung (WDR-Sendemast, 193 und 303 m ü. Meer), 16.–18.7.1996, Standorte s. Abb. 8.15

Die Windmessungen am WDR-Sendemast (Abb. 8.16) zeigen weiterhin, dass der Talabwind (SW-Vektor) gegen 6:00 Uhr (18.7.1996) bis auf 138 m über Talsohle angewachsen ist. Auf dem höchsten Messniveau drehen die Winde zu diesem Zeitpunkt allerdings bereits auf die dem Kaltluftabfluss entgegengesetzte Fließrichtung (NW-N) ein. Hier findet sich die Übergangszone zum Anti-Höhenwind, der auch in der Abluftfahne der Müllverbrennungsanlage (Abb. 8.15, unten) gut sichtbar wird.

8.2 Dynamisch induzierte Systeme

8.2.1 Interaktion von Berg-/Talwind und synoptischer Strömung

Bei stärker synoptisch beeinflussten Wetterlagen kann sich ein ungestörtes Berg-/Talwindsystem nicht immer vollständig ausbilden. Je nach Geländegeometrie, Windgeschwindigkeit der synoptischen Strömung und Schichtungsstabilität wird das Windgeschehen im Tal signifikant modifiziert. Für den nächtlichen Kaltluftpool, der am Ende der Ausstrahlungsperiode bei strömungsschwachen Wetterlagen in der Regel das gesamte Tal ausfüllt (H_0), bedeutet dies eine windgesteuerte Erosion von oben (Abb. 8.17). Als Folge bildet sich über der abfließenden Kaltluft (Mächtigkeit H) eine schwach stabil geschichtete Übergangszone, in der sich Windrichtung und Windgeschwindigkeit zunehmend den synoptischen Verhältnissen anpassen.

Ob und zu welchem Grad eine **Erosion** der **Talkaltluft** stattfindet, hängt bei generell stabiler Schichtung davon ab, wie der synoptische Wind durch die To-

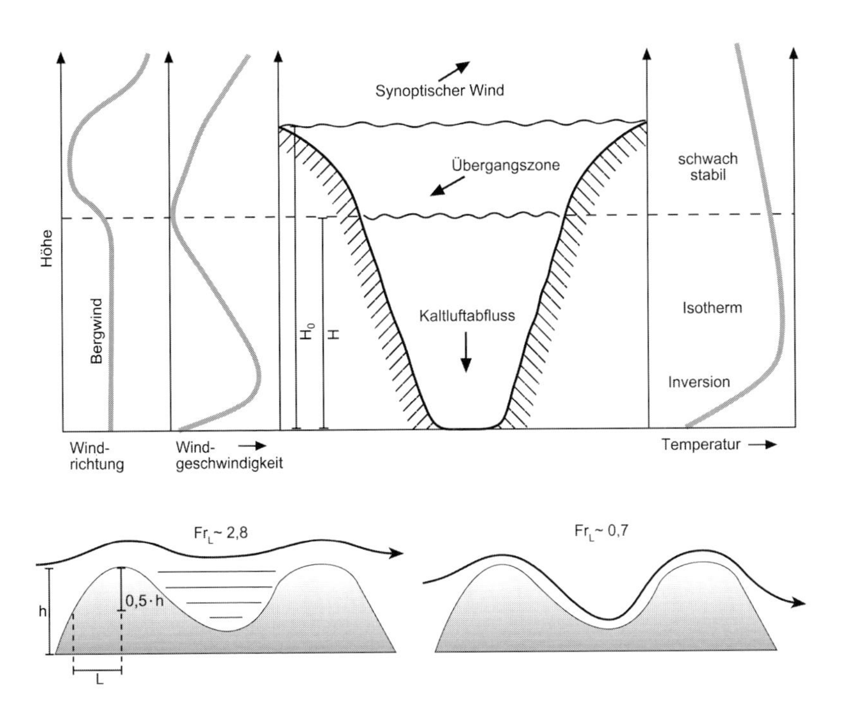

Abb. 8.17: Einfluss des synoptischen Windes auf das nächtliche Windfeld in Tälern (verändert nach Barr & Orgill 1989)

pographie vertikal ausgelenkt wird oder das Hindernis (in diesem Fall die Randhöhen mit dem eingeschlossenen Tal) überströmt. Das Verhalten der synoptischen Strömung bei stabiler Schichtung kann durch die **Froude-Zahl** beschrieben werden (Barr & Orgill (1989):

$$Fr = \frac{v}{N \cdot L} \quad \text{mit} \quad N = \sqrt{\frac{g}{\theta} \cdot \frac{d\theta}{dz}} \qquad (8.8)$$

wobei: Fr = dimensionslose Froude-Zahl , L = Charakteristische Länge = Halbweite der Randhöhen [m], θ_v = potentielle Temperatur [K], $d\theta/dz$ = potentieller Temperaturgradient [$K \cdot m^{-1}$], N = Brunt-Väisälä-Frequenz [s^{-1}]

Die **Brunt-Väisälä-Frequenz** stellt dabei die natürliche Frequenz vertikaler Oszillationen in der Windströmung dar, die Froude-Zahl wird unter Berücksichtigung der **Halbweite** der Randhöhen als **Längen-Froude-Zahl** (Fr_L) verwendet. Die Halbweite eines Hindernisses entspricht der Horizontalentfernung vom Hang bis zur halben Vertikalerstreckung der Randhöhe (0,5·h), ausgehend vom Gipfelpunkt (Abb. 8.17 unten bzw. Castro & Apsley 1997). Grundsätzlich beschreibt Fr das Verhältnis von Trägheits- und Auftriebskraft in Strömungen mit Dichtesprüngen (d.h. unter dem Einfluss von Inversionen) bei der Überströmung von Hindernissen (David & Kottmeier 1986). Bei Fr >1 dominiert die Trägheitskraft (= **überkritische Strömung**) und Wellen können sich nicht mehr vertikal gegen die horizontale Strömung ausbreiten. Bei Fr <1 (= **unterkritische Strömung**) überwiegt die Auftriebskraft, vertikale Wellenausbreitung ist möglich. Bezogen auf Täler bedeutet eine Froude-Zahl von ~0,7 vollständige synoptische Durchmischung bzw. Fr ~2,8 synoptisches Überströmen und damit eine vollständige **Abkopplung** der Talzirkulation von der Höhenströmung.

Barr & Orgill (1989) verweisen auf den Zusammenhang der Wellenlänge in der synoptischen Strömung, der mittleren Windgeschwindigkeit und der Wellenfrequenz.

$$\lambda = \frac{2 \cdot \pi \cdot v}{N} \qquad (8.9)$$

wobei: λ = Wellenlänge [m], N = Brunt-Väisälä-Frequenz [s^{-1}], v = mittlere Windgeschwindigkeit der synoptischen Strömung über dem Tal [$m \cdot s^{-1}$]

Für ein moderates Talrelief mit mittleren Hangneigungen tendiert die synoptische Strömung im Bereich von $2 \cdot L < \lambda < 5 \cdot L$ dazu, der Topographie zu folgen und das Berg-/Talwindsystem zu beeinflussen. Für die Erosion der nächtlichen Kaltluft im Tal führen Barr & Orgill (1989) eine empirische Gleichung der folgenden Form ein:

$$H = (1 - 0.068 \cdot v) \cdot H_0 \qquad (8.10)$$

wobei: H_0 = Höhe des Tals, Abb. 8.17 oben [m], H = tatsächliche Mächtigkeit der synoptisch ungestörten Talatmosphäre [m], v = mittlere Windgeschwindigkeit der synoptischen Strömung über dem Tal [$m \cdot s^{-1}$]

Je mehr demnach die synoptische Windgeschwindigkeit anwächst, desto größer wird der Anteil der durchmischten Talatmosphäre bzw. die Mächtigkeit der Übergangszone.

Betrachtet man allerdings das Windfeld in breiteren Tälern mit moderater Randüberhöhung (wie z.B. das Rheintal), dann fällt auf, dass die **talparallele Komponente** überproportional häufig auftritt (Abb. 8.18). Bei labiler Schichtung ist die Windrichtung unter Berücksichtigung der mittleren Ablenkung durch die Bodenreibung zwar noch deutlich der synoptischen Richtung angepasst, hin zu neutralen bzw. stabilen Schichtungsverhältnissen scheint das Windsystem im Tal aber sehr stark vom Höhenwindfeld abgekoppelt zu sein. Es fällt auf, dass im Rheintal ganzjährig (Sommer und Winter) und besonders bei stabiler Schichtung die talparallele Komponente (Talwind, Bergwind) überwiegt.

Allerdings treten auch im Fall von labiler Schichtung, bei der das Berg-/Talwindsystem in der Regel synoptisch überprägt ist, noch deutliche talparallele Komponenten zutage. Im Vergleich zur synoptischen Windrichtung kommt es sogar zu gegenläufigen Strömungsphänomenen (**Countercurrent**). So ist es beispielsweise unter labilen Verhältnissen durchaus möglich, dass bei einer südöstlichen Höhenwindrichtung im Tal Winde mit Nordkomponente auftreten. WIPPERMANN (1987) bzw. GROSS & WIPPERMANN (1987) haben bereits für das Rheintal bei Mannheim ausgeführt, dass solche Verhältnisse nicht nur auf das anabatisch-katabatische Berg-/Talwindsystem zurückzuführen sind, sondern das Überwiegen der talparallelen Komponente auch durch Leitwirkungen breiter Täler zu erklären ist, die sogar bis über die Randhöhen hinaus wirksam werden können.

Die **Leitwirkung** breiter Täler ergibt sich durch die Veränderung im Kräftegleichgewicht bezogen auf den großräumigen Druckgradienten und die Corioliskraft (Abb. 8.19). Die Stromlinien der synoptischen Strömung können sich beim Passieren breiter Täler vertikal ausdehnen, da sich die Luftpakete auf eine größere Querschnittsfläche verteilen. Die Folge ist eine Abnahme der Windgeschwindigkeit. Das bedeutet gleichzeitig eine Reduktion der Corioliskraft. Da sich der großräumige Druckgradient nicht ändert, resultiert eine ageostrophische Komponente in Richtung der Gradientkraft, also bei Westanströmung nach Norden. Bei östlicher Anströmung des Tals kehren sich die Verhältnisse um, da die Gradientkraft nun von Nord nach Süd wirkt. Aus der Abnahme von Windgeschwindigkeit und Corioliskraft resultiert eine ageostrophische Komponente der Strömung nach Süden.

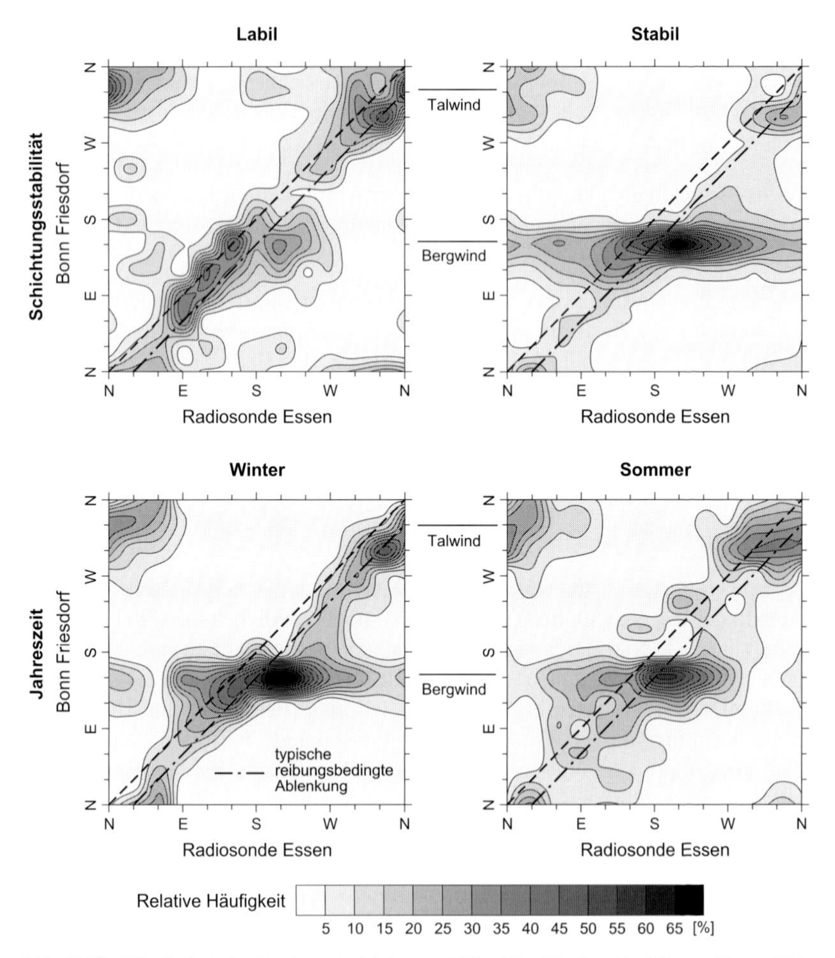

Abb. 8.18: Häufigkeit der Bodenwindrichtung (10 m) im Rheintal bei Bonn (Bonn-Friesdorf, Lage s. Abb. 8.15) im Vergleich zum synoptischen Wind (850 hPa, ~1500 m) an der Radiosonde Essen, Aufstiegstermine 0:00 und 12:00, Periode 1994–1996 (Bearbeitung: J. Bendix & H. Meier)

Die indirekte Kanalisierung zu einem Nordwind im Tal gilt letztlich für alle Anströmungsrichtungen aus dem Westsektor, die Kanalisierung zu einem Südwind im Tal für alle Anströmungsrichtungen aus dem östlichen Sektor (Abb. 8.20). Bei einer talparallelen Anströmung kommt es zu einer direkten Kanalisierung entlang der Talachse.

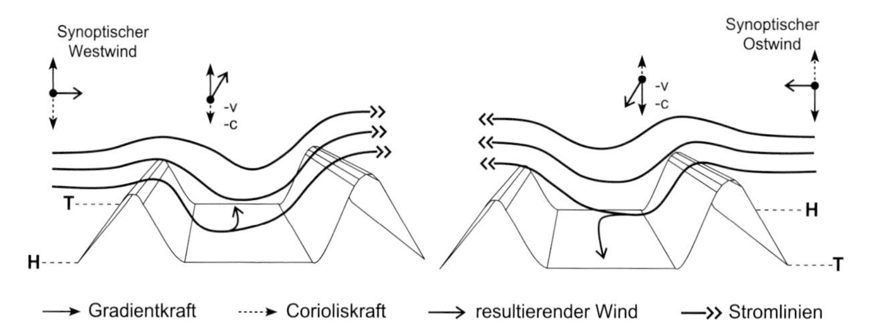

Abb. 8.19: Schema zur Kanalisierung der synoptischen Strömung in Tälern bei westlicher und östlicher Anströmung (Nordhalbkugel)

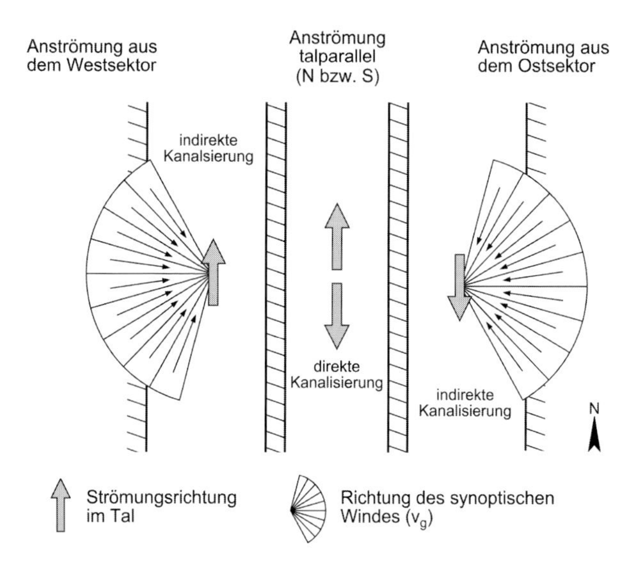

Abb. 8.20: Kanalisierung bei verschiedenen Anströmungsrichtungen auf der Nordhalbkugel (verändert nach WAGNER 1994)

8.2.2 Bergum- bzw. Bergüberströmung, Rotorbildung, Leewellen

Im Lee von Geländehindernissen (Kettengebirge, einzelstehende Gebirgskuppen, Hügel, Randhöhen von Tälern) kommt es je nach Anströmungsgeschwindigkeit und Schichtungsstabilität zu unterschiedlichen Strömungsverhältnissen.

Ersetzt man in Gleichung 8.8 die charakteristische Länge L durch die Inversionshöhe z_i, so ergibt sich die **interne Froude-Zahl** (Fr_i). Sie ist ein Maß für die Strömungssituation im Lee eines Hindernisses bei stabiler Schichtung:

$$Fr_i = \frac{v}{N \cdot z_i} \tag{8.11}$$

wobei: Fr_i = interne Froudezahl, z_i = Inversionshöhe über dem Gebirge [m], v = Geschwindigkeitsmittel innerhalb der Inversionsschicht [$m \cdot s^{-1}$], N = Brunt-Väisälä-Frequenz [s^{-1}]

Ist Fr_i sehr klein (~0,1), kann ein Hindernis nicht überströmt werden. Im Fall einer Gebirgskette kommt es zu Stauerscheinungen (**Blocking**) im Luv, während bei einzelstehenden Hindernissen ein Umströmen unterhalb der Inversion stattfindet (Abb. 8.21). Wächst die interne Froudezahl an (Fr_i ~ 0,4), ist die Ausprägung von Leewellen die Folge. Die Wellenlänge kann in Abhängigkeit der mittleren Windgeschwindigkeit vereinfacht wie folgt approximiert werden:

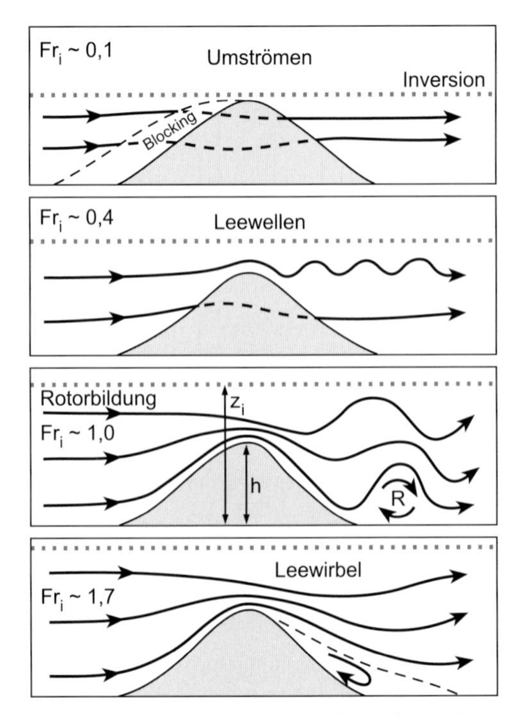

Abb. 8.21: Strömungsverhältnisse im Lee von Gebirgen (verändert nach BARRY 2001)

$$\lambda = 0{,}5 \cdot v \tag{8.12}$$

wobei: λ = Wellenlänge der Leewellen [km], v = mittlere Windgeschwindigkeit der synoptischen Strömung [$m \cdot s^{-1}$]

Wird die Strömung überkritisch ($Fr_i \sim 1{,}0$), werden keine regelmäßigen Leewellen mehr ausgebildet. Allerdings kann es im Lee des Hindernisses zur Rotorbildung kommen. Die Möglichkeit der Ausbildung von Rotorströmungen wird auch über den **Rotorparameter** R beschrieben:

$$R = \frac{h}{z_i} \cdot \frac{1}{Fr_i} \tag{8.13}$$

wobei: R = Rotorparameter, Fr_i = interne Froudezahl, z_i = Inversionshöhe über dem Gebirge [m], h = Gebirgshöhe [m]

Rotorbildung setzt ein, wenn R >1 wird. Bei deutlich überkritischer Strömung ($Fr_i \sim 1{,}7$) ist die vertikale Auslenkung der Strömung nicht mehr möglich. Allerdings kann sich das Strömungsgeschehen am leewärtigen Berghang unter Ausbildung feststehender Leewirbel von der synoptischen Strömung abkoppeln.

8.2.3 Niedertroposphärische Maxima der Windgeschwindigkeit

In der atmosphärischen Grenzschicht treten vornehmlich bei Inversionswetterlagen **niedertroposphärische Windmaxima** auf, die das Geländeklima nachhaltig beeinflussen können (z.B. weitreichender Schadstofftransport in der Residualschicht, Luftfahrt). Sie werden auch als **Grenzschichtstrahlstrom** (GS) bzw. **Low Level Jet** (LLJ) bezeichnet und sind dadurch gekennzeichnet, dass die Windgeschwindigkeit innerhalb der Grenzschicht ein scharf nach oben abgegrenztes Maximum erreicht und darüber deutlich zurückgeht (Abb. 8.22).

Eine einheitliche Definition für den Sammelbegriff des Grenzschichtstrahlstroms besteht nicht (s. dazu z.B. FREYTAG 1981), allerdings lassen sich verschiedene spezifische Eigenheiten dieses Phänomens festhalten:

- Hohe Strömungsgeschwindigkeiten nahe der Erdoberfläche. Die Angaben schwanken je nach Autor zwischen 5–16 $m \cdot s^{-1}$; Windspitzen >30 $m \cdot s^{-1}$ wurden beobachtet.
- Höhenlage des Strömungsmaximums zwischen 500 m und 1,5 km über Grund.
- Starke vertikale Windscherung. Besonders nach oben (bis zum Minimum bei etwa 700 hPa bzw. 3 km Höhe) nimmt die Windgeschwindigkeit auf mindestens 75–50% des Maximalbetrags im Jet-Kern ab.
- Auch lateral ist eine klare Windscherung auszumachen. Die horizontale Ausdehnung eines Jets beträgt typischerweise 200–300 km.

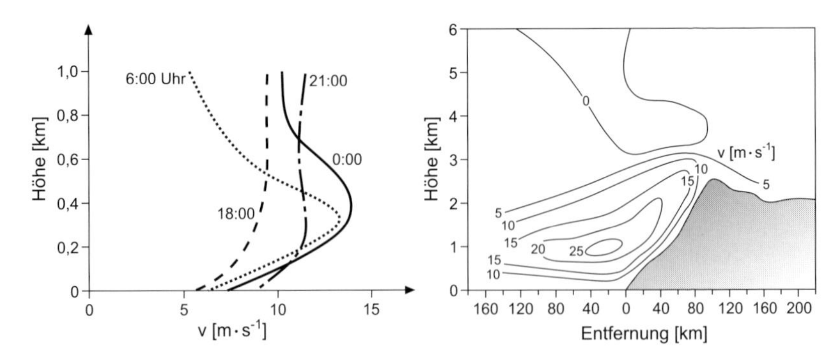

Abb. 8.22: Niedertroposphärische Windmaxima im Tagesverlauf bzw. in Abhängigkeit des Reliefs (ergänzt und verändert nach WHITEMAN 2000a)

Obwohl Genese und Dynamik im einzelnen noch nicht geklärt sind, fällt auf, dass starke LLJ's besonders nachts im Bereich von Inversionen auftreten und im Frühjahr und Sommer der Mittelbreiten am häufigsten vorkommen. Bezogen auf die Bildungsdynamik lassen sich zwei Haupttypen ausmachen: (a) Räumlich enger begrenzte und niedrig liegendere Jets, die auch im Flachland in der Regel nachts auftreten und am Tag verschwinden (Abb. 8.22, links), sowie (b) ausgedehntere und höher liegende Jets, die bevorzugt an Gebirgsabdachungen zu finden sind (Abb. 8.22, rechts). Genetisch lassen sich mindestens drei Typen unterscheiden (Abb. 8.23).

Als erster Typ ist der **Nächtliche LLJ** (**Nocturnal Jet**) anzuführen, der einem typischen Tagesgang folgt und erst gegen Sonnenaufgang vollständig ausgebildet ist (Abb. 8.22, links, 8.23). Am Tag sind thermische Gradienten im Gelände zwar meist gut entwickelt und ggf. größer als in der freien Atmosphäre, durch Reibung und Konvektion wird aber ein erheblicher Teil der verfügbaren Energie in Wärme bzw. Turbulenz, also ungeordnete Vertikalbewegungen umgesetzt. Als Folge nimmt die Windgeschwindigkeit mit der Höhe zu und die geostrophischen Winde (700 hPa) weisen eine höhere Geschwindigkeit auf. Mit der nächtlichen Ausbildung abgehobener Temperaturinversionen ändern sich diese Verhältnisse. In der Schicht unterhalb der IUG unterliegt die durch thermische Gradienten angetriebene Strömung noch turbulenten Reibungsverlusten. Die eigentliche Inversion ist allerdings nahezu turbulenzfrei, so dass die Strömung über der Inversion von der reibungsgebremsten Bodenströmung vollkommen abgekoppelt ist. In Folge können die in Bodennähe noch recht großen thermischen Gradienten nahezu reibungsfrei in kinetische Energie umgesetzt werden und es kommt zu einer übergeostrophischen Beschleunigung der Strömung, dem LLJ. Mit einset-

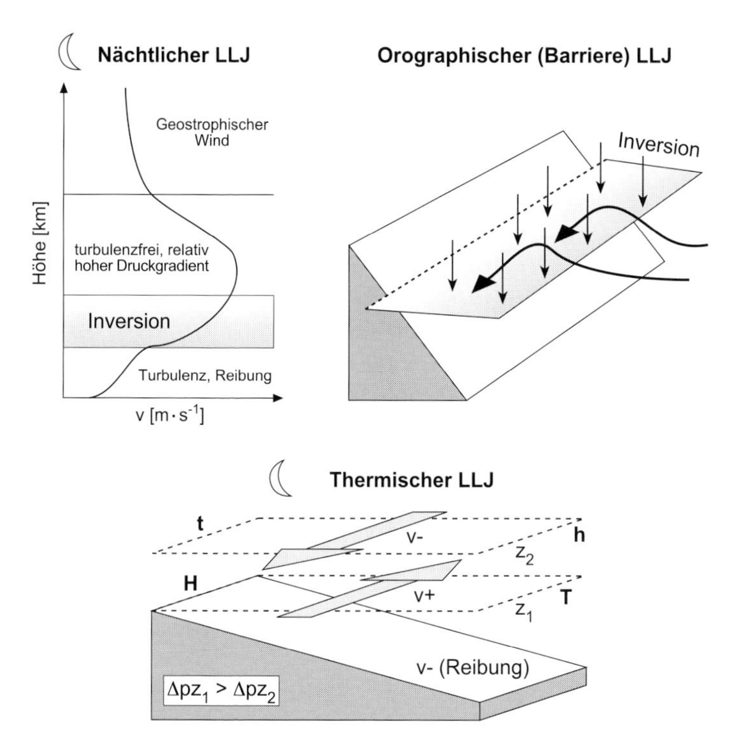

Abb. 8.23: Genetische Einteilung von Grenzschichtstrahlströmen

zender Einstrahlung und Auflösung der Inversion bricht der Jet turbulenz- und reibungsbedingt wieder zusammen. Zu erkennen ist der Nocturnal Jet an der Winddrehung im Lauf der Nacht. Unter Reibungseinfluss ist der Wind gegenüber der geostrophischen Richtung abgelenkt. Mit nachlassender Reibung kann sich der Jet in seiner Richtung den geostrophischen Verhältnissen anpassen bzw. aufgrund der höheren Windgeschwindigkeit sogar überschießen.

An Gebirgsabdachungen lassen sich zwei Typen von LLJs feststellen (Abb. 8.23). Der orographische **Barriere Jet** (**orographischer Jet**) tritt dann auf, wenn eine Gebirgsabdachung bei stabiler Schichtung und niedrigliegender Inversion nicht überströmt werden kann (Blocking, Abb. 8.21), aber die Strömung innerhalb der Inversionsschicht kontinuierlich gegen das Gebirge gerichtet ist. Im Staubereich kommt es zu einem Zusammenpressen der Stromlinien und damit einer Beschleunigung der parallel zum Gebirgszug umgelenkten Strömung. Da im direkten Kontaktbereich mit der Gebirgsabdachung die Reibungsverluste zunehmen, liegt die Jetachse der maximalen Geschwindigkeiten in einiger Entfernung vor dem Gebirgszug (Abb. 8.22, rechts).

Thermische Jets finden sich ebenfalls häufig entlang von Kettengebirgen und sind ein Resultat gesteigerter Baroklinität an Gebirgshängen (Abb. 8.23). In der Nacht kühlt sich der Gebirgshang stärker aus als die gleiche Luftschicht (z_1) in der freien Atmosphäre in einiger Entfernung vom Gebirge. Es entsteht ein horizontaler Druckgradient und ein thermischer Wind parallel zum Gebirgshang (parallel zu den Isobaren). In der Schicht über der Inversion sind die Gradienten umgekehrt (und damit auch der Vektor des thermischen Windes) und gleichzeitig schwächer ausgeprägt. Darüber hinaus nimmt unterhalb von z_1 der Reibungseinfluss zu, so dass sich auf der Höhenfläche z_1 ein Geschwindigkeitsmaximum ausbilden kann. Prinzipiell sind thermische Jets mit zur Nacht umgekehrten Vektoren auch am Tag vorstellbar, allerdings verhindert die konvektive Mischung häufig eine klare Ausprägung.

Es sei abschließend angemerkt, dass auch im Bereich von Kaltfronten niedertroposphärische Windmaxima auftreten können.

9 Methoden der Geländeklimatologie

In der modernen Geländeklimatologie werden verschiedene Messsysteme bzw. numerische Modellansätze eingesetzt, um anstehende Fragestellungen meist mit einer geeigneten Kombination von Methoden bearbeiten zu können. Grundsätzlich kann man die folgenden Kategorien unterscheiden:

- **Direkte, bodengebundene Messverfahren**. Hier werden an Punkten in bestimmten Messhöhen die einzelnen Klimaelemente erfasst. Die Sensoren haben dabei direkten Kontakt (*in-situ*) zum zu vermessenden Medium (z.B. das Thermometer wird von der Luft umströmt, deren Temperatur es messen soll).
- **Indirekte, bodengebundene Messverfahren**. Auch bei dieser Art von Messungen liegen die Sensoren im Bereich des zu beprobenden Luftvolumens, allerdings werden die Klimaelemente ohne direkten Kontakt zum Sensor (**berührungsfreie Messung**) erfasst. Die Messung findet in der Regel mit Hilfe von elektromagnetischer Strahlung verschiedener Wellenlängen bzw. Schallwellen statt. Der Nachteil gegenüber direkten Messsystemen ist, dass ein indirektes Signal ausgewertet werden muss, d.h. in der Regel die Wechselwirkung zwischen Strahlung/Schall und dem Zustand des Mediums (z.B. Beziehung zwischen Lichtschwächung und horizontaler Sichtweite) bekannt sein muss, damit die gewünschte Messgröße (Sichtweite) korrekt erfasst werden kann.
- **Indirekte, bodengebundene Profilmessungen**. Bei diesem Methodenkomplex werden die einzelnen Klimaelemente an bestimmten Punkten in spezifischen Messhöhen erfasst, ohne dass das Messgerät in direkter Nähe des zu vermessenden Mediums aufgebaut werden muss. Die Erfassung des Atmosphärenzustands findet in der Regel mit Hilfe von elektromagnetischer Strahlung verschiedener Wellenlängen oder Schallwellen statt. Der Vorteil dieser Systeme liegt darin, dass man auch sehr einfach Zeit-Höhenprofile z.B. des Windes über die gesamte planetare Grenzschicht aufnehmen kann, ohne direkte Messgeräte mit aufwendigen Ballonsystemen permanent auf- und absteigen zu lassen. Derartige Verfahren werden auch unter dem Begriff der **bodengebundenen Fernerkundung** subsummiert.
- **Indirekte, Flugkörper gestützte** Messverfahren (Flugzeug- bzw. Satelliten-Fernerkundung). Der Vorteil einer derartigen Messdatenerfassung ist die vollständige Flächenabdeckung des Messsignals mit einer vom Sensor abhängigen geometrischen Auflösung, die bei Punktmessungen nur durch aufwendige, meist nicht ausreichend genaue räumliche Interpolationsverfahren (Geostatistik) erreicht werden kann. Informationsträger ist auch hier in der Regel die elektromagnetische Strahlung. Für die Erfassung des Atmosphärenzustandes gelten die gleichen Probleme, wie bei der indirekten bodengebundenen

Fernerkundung. Störgrößen können allerdings problematischer sein, da das Messgerät in deutlich größerer Entfernung zum Objekt installiert ist. Darüber hinaus ist bei den meisten Systemen (außer bei geostationären Wettersatelliten) keine zeitlich hochaufgelöste Messwerterfassung möglich.

- Da Messungen sehr kostenintensiv sind und meist das Problem der Flächenabdeckung besteht, aber auch um z.B. im Rahmen von Planungsverfahren mögliche Klimaszenarien bei verschiedenen Planungsalternativen überprüfen zu können, werden vermehrt numerische bzw. statistische **Klimamodelle** eingesetzt. Der Typ des Modells, seine raum-zeitliche Auflösung sowie die damit prognostizierbaren Klimaelemente hängen stark von den Zielvorgaben der Untersuchung ab. Vorteile sind eine theoretisch unbegrenzte raum-zeitliche Abdeckung sowie uneingeschränkte retrospektive bzw. prognostische Simulationsmöglichkeiten. In der Realität sind allerdings viele Prozesse skalenabhängig und je nach Auflösung des Modells nicht immer physikalisch explizit abbildbar, sondern durch Parametrisierungsschemata angenähert. Zur Initialisierung der Modelle sind darüber hinaus verschiedene (Atmosphäre, Landbedeckung, Topographie etc.) Messdaten notwendig. Die erreichbare Genauigkeit der Modelle hängt sehr stark von Quantität und Güte der Initialisierungsdaten sowie dem Komplexitätsgrad der Modellarchitektur ab.

9.1 Direkte bodengebundene Messsysteme

9.1.1 Die automatische Klimastation

Das Geländeklima wird heute in der Regel mit **automatischen Klimastationen** erfasst (Abb. 9.1). Analoge Messgeräte, die noch vielfältig im Einsatz sind, sollen an dieser Stelle nicht erläutert werden, sind aber in anderen Werken ausreichend beschrieben (z.B. HÄCKEL 1990).

Eine automatische Klimastation arbeitet mit elektronischen Sensoren zur Messung der wichtigsten Klimaelemente, die an einem 10 m Mast und entsprechenden Querauslegern montiert werden. Zur Standardausstattung zählen Messgeber für Windgeschwindigkeit und –richtung, die nach internationaler Vereinbarung in 10 m über Grund angebracht werden, Sensoren für Lufttemperatur und –feuchte, die, versehen mit einem Strahlungsschutzgehäuse, in 2 m über Grund am Mast installiert sind und ein Niederschlagssensor, der in einer Höhe von 1 m über Grund in Loggerreichweite aufgestellt wird. Im Gehäuse des Dataloggers ist in der Regel ein Sensor zur Messung des Luftdrucks eingebaut. Je nach Ziel der Messwerterfassung kann die Station noch mit weiteren Sensoren (z.B. zur Messung von Strahlungsbilanz-Komponenten) bestückt werden. Neben atmosphärischen Messfühlern sind für bestimmte Fragestellungen auch Messwertgeber für das Bodenklima (v.a. Bodentemperatur, -feuchte, -wärmestrom) erforderlich.

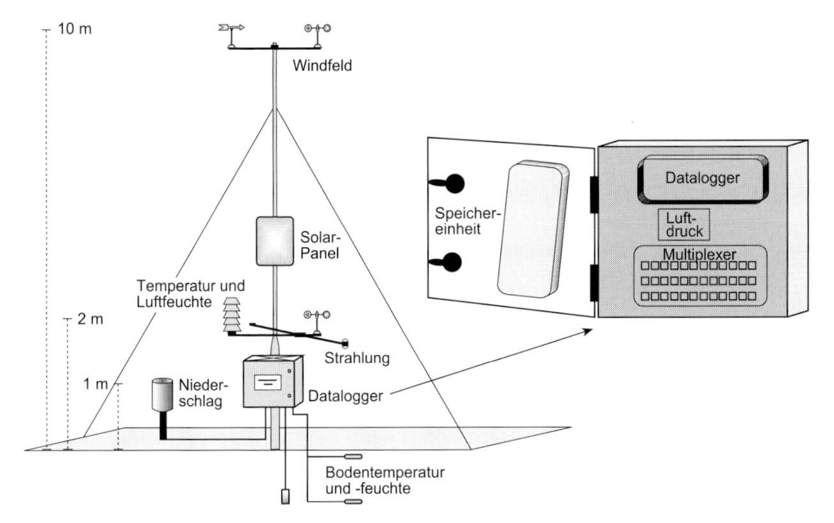

Abb. 9.1: Typische Ausstattung einer automatischen Klimastation (verändert nach BENDIX 1998)

Kernstück einer automatischen Klimastation ist ein netzunabhängiger und programmierbarer Spezial-Computer (**Datalogger**), der die zyklische Abfrage der Sensoren, die Umwandlung des elektrischen Signals (**Analog/Digital Wandler**) in digitale Klimawerte (z.B. Temperaturen in K) sowie die Speicherung und einfache statistische Bearbeitung der Daten bewerkstelligt. Neben den eigentlichen Klimadaten werden Datum und Tageszeit der Messung sowie systemspezifische Kenngrößen (z.B. Ladezustand der Batterien) abgelegt. Ein Datalogger ist in der Regel mit einer typspezifischen Anzahl von Eingangskanälen ausgestattet, die entweder Spannungs- bzw. elektrische Widerstandsänderungen (z.B. Temperatur, Windrichtung) messen können oder als **Impulszähler** (z.B. für Windgeschwindigkeit bzw. Niederschlagswippen) ausgelegt sind. Übersteigt die Anzahl der Sensoren die Kapazität der verfügbaren Einzelkanäle, kann ein Verteiler (ein sogenannter **Multiplexer**) vorgeschaltet werden, mit dessen Hilfe pro Loggerkanal mehrere Sensoren betrieben werden. Zur Kommunikation steht in der Regel eine PC-kompatible RS232-Schnittstelle zur Verfügung, mit deren Hilfe der Logger über ein **Interface** programmiert werden kann bzw. die aufgezeichneten Daten vom begrenzten **internen Speicher** des Loggers auf ein **externes Speichermedium** (Speichermodul, Kartenleser, Laptop etc.) übertragen werden. Ist eine regelmäßige Wartung in entlegenen Gebieten (z.B. Hochgebirge) nicht möglich, kann das System bei ausreichender Spannungsversorgung auch mit Sendeeinheiten betrieben werden, mit deren Hilfe Daten abgefragt werden können bzw. in gewissem Rahmen auch eine Fernwartung (z.B. Umprogrammierung) möglich ist. Für den weltweiten Zugriff werden Richtfunksysteme, der Anschluss an das Mobiltelefonnetz sowie Sendeeinheiten zur Kommunikation über das globale Wettersatellitensystem (**Data Collection System** DCS) eingesetzt.

Wenn kein Netzanschluss zur Verfügung steht, muss die Stromversorgung über autochthone Quellen sichergestellt werden. In der Regel dient dazu ein **Solar-Panel** mit einem im Loggergehäuse eingebauten Batterie-Paket. Über den Tag versorgen Solarzellen das System mit Strom und laden gleichzeitig die Batterien auf, die dann in der Nacht die Energieversorgung übernehmen. Mit zunehmender Anzahl v.a. an energieintensiven Sensoren (z.B. beheizbare Niederschlagswippen, ventilierte Psychrometer), hohen Ausleseintervallen sowie stromverbrauchender Peripherie (z.B. Sendeeinheiten) nimmt der Energiebedarf zu und kann vor allem bei niedrigem Sonnenstand (Winter, Polargebiete) die Kapazität von Solarzellen und internen Batterien schnell übersteigen. Ein an den energetischen Möglichkeiten orientiertes Design der Messeinrichtungen ist in der Planungsphase von Klimamessungen daher besonders wichtig.

Die erzielbare Genauigkeit der Messungen hängt von der spezifischen Auflösung des Messwertgebers und den Möglichkeiten des A/D-Wandlers (Analog/Digital) im Datalogger ab. Lässt z.B. der **A/D Wandler** nur eine Wandlungsrate von 8-Bit zu (= 2^8 = 256 Stufen), kann die Lufttemperatur bei einem gewünschten Messintervall von z.B. 180 bis 350 K (Spannweite 170 K) nur in einer Auflösung von 170/256~0,66 K Intervallen abgespeichert werden, auch wenn der Sensor eine höhere Auflösung (z.B. 0,1 K) liefert. Zur Erhöhung der Auflösung muss der Eingangskanal entweder eine höhere Wandlungsrate (z.B. 10-Bit = 2^{10} = 1024 Stufen) zulassen oder das Temperaturintervall eingeschränkt werden. Die designspezifische Genauigkeit der Sensoren hängt letztlich davon ab, welche Änderung der atmosphärischen Umweltbedingungen (z.B. Temperatur) noch ein über dem internen Rauschen des Sensors (Rausch-/Signalverhältnis) liegenden Messpegel liefert. Die Angaben zur Auflösung der Sensoren können den technischen Handbüchern des Herstellers entnommen werden. Darüber hinaus ist eine regelmäßige Kalibrierung der Sensoren (z.B. Klimakammer, Windkanal) notwendig, da sich die vom Hersteller gelieferten nominalen **Transferfunktionen** z.B. zwischen Spannungsänderung und Lufttemperatur je nach Sensortyp im Laufe der Betriebsdauer verändern können (**Sensor-Degradation**) bzw. physische Veränderungen am Messwertgeber (z.B. leichtes Verbiegen einer Anemometerachse) bei der Umwandlung des Signals berücksichtigt werden müssen.

In welchem Zeitintervall die Sensoren ausgelesen bzw. die Daten abgespeichert werden, hängt von der Fragestellung und der verfügbaren Speicherkapazität sowie vom Energieverbrauch und dem möglichen Wartungsintervall ab. Normalerweise werden 10-Minuten, Stunden- und Tagsmittelwerte bzw. Tagessummen gebildet und abgelegt. Ist man an einer hohen Zeitauflösung interessiert (z.B. zur Erfassung der Niederschlagsintensität), kann auch jedes Messsignal (bei Niederschlagswippen jeder Wippenschlag) hochaufgelöst aufgezeichnet werden.

Bei der Aufstellung einer Klimastation nach internationalen Normen müssen bestimmte Voraussetzungen eingehalten werden. So sollte eine ebene Fläche mit weitläufig homogenem Untergrund gewählt werden, wobei standardmäßig eine kurzgeschnittene Rasenfläche vorgesehen ist. Die Umgebung sollte so gestaltet sein, dass sich keine oberflächenspezifischen internen Grenzschichten ausbilden können (s. Kap. 2), die bei einer gewissen Windrichtung das Messsignal verfälschen würden. Darüber hinaus ist eine horizontfreie Aufstellung der Station zu gewährleisten. Sollten sich Hindernisse (Bäume, Bauwerke etc.) in der Nähe des geplanten Messstandorts befinden, so sind Mindestabstände einzuhalten (DIN-VDI 1999).

Schmale Hindernisse ($H > B$)	$A = 0{,}5 \cdot H + 10 \cdot B$, maximaler Abstand $15 \cdot B$	(9.1)
Hindernisse mit H~B	$A = 5 \cdot (H + B)$	
Flache Hindernisse ($H < B$)	$A = 0{,}5 \cdot B + 10 \cdot H$, maximaler Abstand $15 \cdot H$	
Ringförmig umgeb. Hind.	$A = \pi \cdot r + 10 \cdot H$, maximaler Abstand $15 \cdot H$	

wobei: A = Abstand vom Hindernis [m], B = Hindernisbreite [m], H = Hindernishöhe [m], r = Radius der ringförmig umgebenden Hindernisse [m]

Kann der Mindestabstand nicht eingehalten werden, muss die Messhöhe für das Windfeld um den Betrag h' nach oben versetzt werden:

$$h' = \frac{H}{A} \cdot (A - D) \qquad (9.2)$$

wobei: h' = Erhöhungsbetrag [m], A = Abstand vom Hindernis nach 9.1 [m], D = Abstand zwischen Hindernis und tatsächlichem Messplatz [m], H = Hindernishöhe nach 9.1 [m]

Je nach Ziel der Messungen (Sondermessung) zur Erfassung der geländeklimatologischen Raumdifferenzierung bzw. aus geländespezifischen Gründen (z.B. mangelnde Verfügbarkeit ebener Grasflächen im Hochgebirge) kann natürlich jederzeit von den angeführten internationalen Standards abgewichen werden. Es muss allerdings garantiert sein, dass die genauen Messumstände bei der Verbreitung der Ergebnisse klar geschildert werden.

9.1.2 Temperaturmessung

Die Messung der Lufttemperatur zählt zu den Standardaufgaben der Geländeklimatologie. Gemessen wird grundsätzlich die turbulente Wärmeübertragung von der Luft zum Thermometer. Aus diesem Grund ist eine gute Ventilation des Thermometers notwendig. Störgrößen wie kurz- und langwellige Strahlungsflüsse zum Thermometer bzw. der Einfluss der molekularen Wärmeleitung von der Unterlage sind bei der Messung durch Strahlungsschutzmaßnahmen und eine geeignete Aufstellungshöhe (2 m ü. Grund) auszuschließen. Gegenüber den konventionellen Flüssigkeitsthermometern werden an automatischen Klimastationen vor allem **Widerstandsthermometer** betrieben (Abb. 9.2). In der Regel handelt es sich um **Platin-Widerstandsthermometer** (Pt100) oder Widerstandsthermometer nach dem **Thermistorprinzip**.

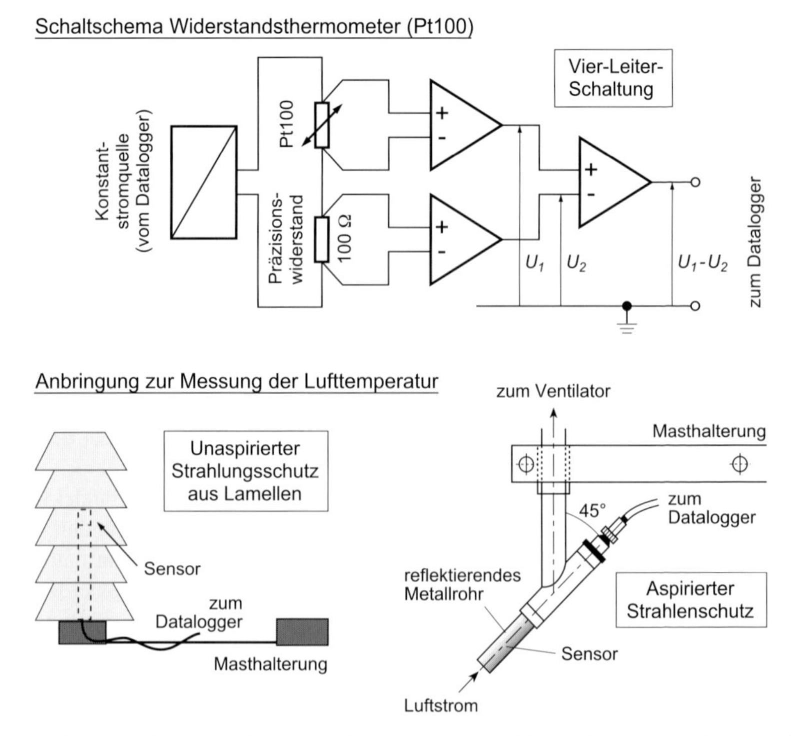

Abb. 9.2: Prinzip eines Widerstandsthermometers (Pt100) sowie Messanordnungen für die Lufttemperaturmessung (verändert und ergänzt nach DIN-VDI 1999a)

Das **Pt100** stellt einen dünnen Platindraht dar, dessen elektrischer Widerstand sich mit der Temperatur ändert. Bei 0°C beträgt der Widerstand genau 100 Ω (DIN43760). Mit zunehmender Erwärmung steigt der Widerstand linear an. Die sogenannte Vier-Leiter-Schaltung garantiert höchste Messgenauigkeit. Bei konstanter Stromversorgung vom Datalogger wird die temperaturabhängige Widerstandsänderung aufgenommen und gegen einen Präzisionswiderstand (100 Ω) abgeglichen.

Die am Logger aufgezeichneten Spannungen bzw. die Spannungsdifferenz (U_1,U_2) ist proportional zur Widerstands- bzw. Temperaturänderung. Der Vorteil der Vier-Leiter-Schaltung gegenüber Zwei- bzw. Drei-Leiter-Schaltungen ist, dass die temperaturabhängige Änderung im Widerstand der Zuleitung nicht berücksichtigt werden muss, d.h. kein Leitungsabgleich notwendig ist. Neben den Metallwiderstandsthermometern werden auch Halbleiter-Widerstandsthermometer (sog. **Thermistoren**) eingesetzt. Das Messprinzip ähnelt dem der Metallwiderstandsthermometer, allerdings dient hier ein temperaturabhängiger Halbleiter als Messsonde. Grundsätzlich reagiert der Halbleiter bei einer Temperaturzunahme mit einer Abnahme des elektrischen Widerstands. Vorteil der Thermistoren gegenüber einer Pt100-Messung ist eine schnellere Anpassung auf Temperaturänderung (geringere Trägheit = kleinere **Zeitkonstante**) sowie eine stärkere Änderung des Widerstands pro K Temperaturänderung (= höherer **Temperaturbeiwert**), die prinzipiell eine hochaufgelöstere Messung erlaubt. Nachteilig gegenüber einem Pt100 ist allerdings die nichtlineare Veränderung im Widerstand, die die Empfindlichkeit des Sensors (bzw. die Auflösung der Temperaturmessung) in thermischen Grenzbereichen (in Abb. 9.3, -30 und 50°C) deutlich reduziert.

Beide Sensortypen können entweder in unbelüfteter oder belüfteter Messanordnung betrieben werden (Abb. 9.2). Der **Strahlungsschutz** bei einer nicht aspirierten Temperaturmessung besteht in der Regel aus einem runden, nach oben geschlossenen Behältnis, das aus hoch-reflektierenden weißen Kunststoff- bzw. Metalllamellen besteht. Bei sehr geringer Windgeschwindigkeit kann es zu einer mangelhaften Durchlüftung und damit einer von der Außenluft abweichenden Innentemperatur im Strahlungsschutzgehäuse kommen. Für sehr genaue Messungen wird daher eine aspirierte Messanordnung eingesetzt. Der Strahlungsschutz eines belüfteten Thermometers besteht normalerweise aus einer Metallhülse aus rostfreiem, verchromten Edelstahl mit den Maßen 120 mm (Länge), 20 mm (Durchmesser) und einer Wandstärke von 1 mm. Der Sensor wird schräg (45° Neigung) nach unten gerichtet angebracht, um direkte Strahlungsflüsse zum Thermosensor zu vermeiden. Die kontinuierliche Durchlüftung wird durch einen Ventilator gewährleistet, der eine Einströmgeschwindigkeit zwischen 1 und 3 $m \cdot s^{-1}$ garantieren sollte. Nachteil ist der zusätzliche Strombedarf zum Betreiben des Ventilators. Eine derartige Messanordnung ist in der Regel mit der Luft-

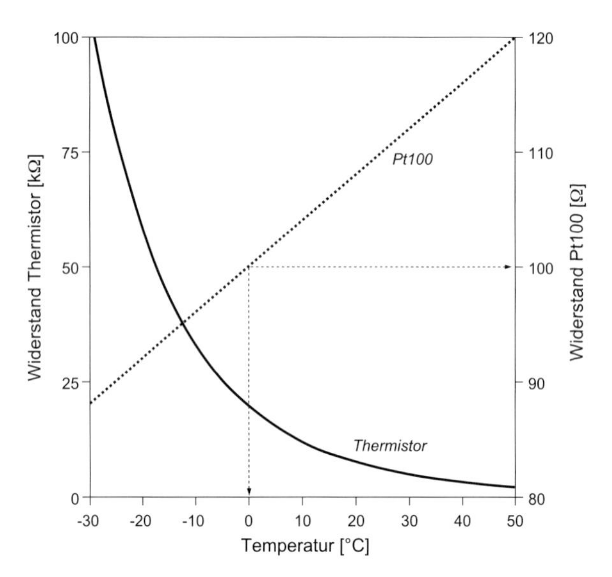

Abb. 9.3: Typische Kalibrierungskurven für Widerstandsthermometer (verändert und ergänzt nach KOTTMEIER 2002)

feuchtemessung nach dem Prinzip des Aspirations-Psychrometers (s. Kap. 9.1.3) gekoppelt.

Auch die Messung der **Bodentemperatur** erfolgt in der Regel mit Hilfe von Widerstandsthermometern. Dabei ist darauf zu achten, dass die Sensoren im festen, ungestörten Boden ausgelegt werden. Es hat sich als günstig erwiesen, einen ausreichend tiefen Schacht mit senkrechter Wand auszuheben und den Messkopf des Temperaturfühlers in der gewünschten Messtiefe mindestens 5 cm tief horizontal in den ungestörten Boden einzusetzen. Danach werden die Kabel verlegt und der Schacht mit dem originären Bodenmaterial verfüllt. Typische Messtiefen an agrarmeteorologischen Forschungsstationen des DWD sind 5 und 50 cm unterhalb der festen, gewachsenen Bodenoberfläche.

Für die Erfassung hochfrequenter Temperaturoszillationen (z.B. im Zusammenhang mit der Ableitung des **fühlbaren Wärmestroms**) werden **Thermoelemente** (sog. **Thermocouple**) eingesetzt, die bei der Verwendung sehr dünner Drähte eine hohe Ansprechgeschwindigkeit (sehr kleine Zeitkonstante) aufweisen (Abb. 9.4). Vom Prinzip werden Drähte aus verschiedenen Metallen (z.B. Kupfer und Eisen) in einer Leiterschleife verlötet, woraus ein temperaturabhängiges Kontaktpotential resultiert. Setzt man beide Lötstellen unterschiedlichen Temperatu-

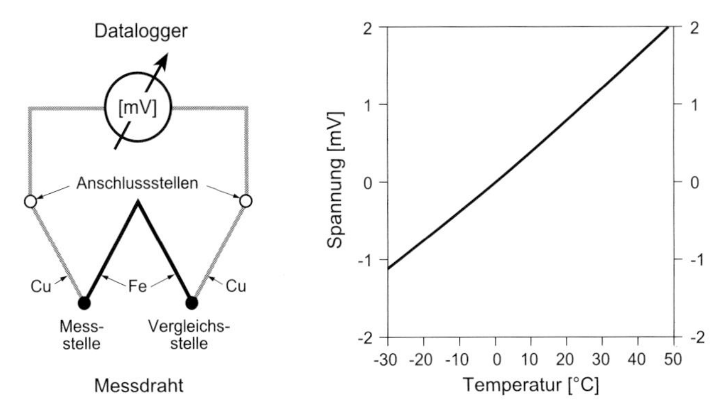

Abb. 9.4: Typischer Aufbau und exemplarische Kalibrierungskurve für eine Thermocouple (verändert und ergänzt nach KOTTMEIER 2002)

ren aus, entsteht eine messbare **Thermospannung**. In der Regel wird eine Lötstelle (=Vergleichsstelle) auf einer konstanten Temperatur gehalten und die andere Lötstelle der Lufttemperatur ausgesetzt. Eine Temperaturzunahme geht im meteorologischen Messbereich mit einer fast linearen Zunahme der Thermospannung einher.

9.1.3 Messung der Luftfeuchte

Zur Messung der **Luftfeuchte** wird an automatischen Klimastationen vor allem das psychrometrische oder das kapazitive Messprinzip eingesetzt (Abb. 9.5). Die Messung ist bei beiden Sensortypen in der Regel mit der Temperaturmessung durch ein Widerstandsthermometer (Kap. 9.1.2) verbunden (Kombisensoren).

Das **Aspirations-Psychrometer** als internationales Standardmessgerät für Lufttemperatur und –feuchte wird in verschiedenen Bauarten an Dataloggern betrieben. Bei der Variante nach **FRANKENBERGER** (Abb. 9.5) sitzt dem Sensorpaar ein Ventilatorgehäuse auf, das für eine ausreichende Zwangsbelüftung sorgt. Mit dem Ventilator verbunden sind zwei Strahlungsschutzrohre analog zu Abb. 9.2, in denen jeweils ein Widerstandsthermometer (meist Pt100) installiert ist. Im Gegensatz zum Thermometer, das zur Messung der Lufttemperatur (**trockenes Thermometer**) dient, befindet sich im zweiten Metallrohr ein Widerstandsthermometer, das mit einem Gaze-Strumpf überzogen ist. Dieser Gaze-Strumpf steht in Verbindung mit einem unterliegenden Wassertank, so dass der Sensor durch die Kapillarwirkung des Strumpfs immer feucht gehalten wird (**feuchtes Thermometer**). Um eine Verkalkung des Gaze-Strumpfs und damit Fehlfunktionen zu verhindern, muss destilliertes Wasser verwendet werden. Die Zwangsventilation des befeuchteten Thermometers führt nun zu einer kontinuierlichen Verdunstung bis zum Auffüllen des Sättigungsdefizits. Da für die Verdunstung fühlbare Wärme aufgewendet wird (Verdunstungskälte), kühlt sich das feuchte Thermometer im Vergleich zum trockenen proportional zur verdunsteten Wassermenge ab. Je größer die Temperaturdifferenz zwischen Trocken- und Feuchtthermometer ist, desto größer ist das Sättigungsdefizit, umso mehr Wasser wird verdunstet und desto kleiner ist die relative Luftfeuchte. Zeigen beide Thermometer die gleiche Temperatur an, ist der Taupunkt (100% relative Luftfeuchte) erreicht. Aus der Differenz zwischen den abgelesenen Werten der beiden Thermometer (**psychrometrische Differenz**) kann mit Hilfe von Psychrometertafeln bzw. der **Sprungschen Formel** (s. Anhang B) die relative Luftfeuchte bzw. der Dampfdruck bestimmt werden.

Der Vorteil von Psychrometersensoren ist ihre hohe Messgenauigkeit. Allerdings muss von Zeit zu Zeit das Wasserreservoir manuell aufgefüllt werden, so dass sich ein erhöhter Wartungsaufwand ergibt. Darüber hinaus belastet die Zwangsventilation das verfügbare Strombudget des Gesamtsystems.

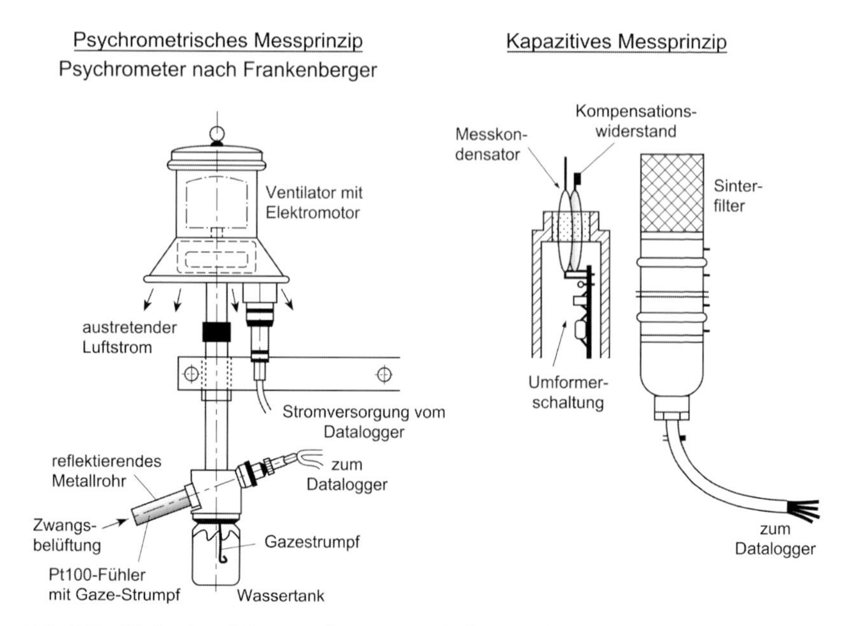

Abb. 9.5: Verbreitete Messanordnungen zur Erfassung der Luftfeuchte (verändert nach DIN-VDI 1999a,b)

In jüngerer Zeit werden vermehrt **kapazitive** Messfühler zur Bestimmung der Luftfeuchte eingesetzt, ebenfalls in der Regel als Kombisensor mit einem Widerstandsthermometer zur Bestimmung der Lufttemperatur. Das kapazitive Messprinzip basiert auf der elektrischen Kapazitätsänderung von Mess-Kondensatoren bei Feuchteänderung. Unter elektrischer Kapazität versteht man die Aufnahmefähigkeit eines Kondensators für die Elektrizitätsmenge von 1 Coulomb bei einer Spannungsänderung von 1 Volt. Die Kapazität hängt von dem Material zwischen den Kondensatorplatten ab. Hier wird ein wasseraufnehmender Polymer-Kunststoff verwendet. Je höher die Luftfeuchte ist, desto mehr Wasserdampf nimmt der Kunststoff auf (und umgekehrt) und die Kapazität des Kondensators steigt.

Die Kapazitätsänderung wird mit Hilfe einer Umformer-Schaltung in ein für den Datalogger verwertbares Signal umgesetzt, das proportional zur Luftfeuchte ist. Der Messgeber wird in einem Strahlungsschutzgehäuse untergebracht und zusätzlich durch eine wasserdampfdurchlässige Sinterkappe geschützt. Der Vorteil kapazitiver Messfühler liegt in ihrer relativen Wartungsfreiheit, dem geringeren Stromverbrauch und niedrigeren Kosten. Insgesamt sind kapazitive Feuchtefühler gegenüber der Psychrometermessung etwas ungenauer, vor allem bei niedriger Luftfeuchte unter 30% und nahe der Sättigungsmarke (>95%).

9.1.4 Erfassung des Windfelds

Für die konventionelle Windmessung an automatischen Klimastationen werden zwei unterschiedliche Sensoren benötigt: das **Anemometer** zur Erfassung der Windgeschwindigkeit (z.B. in der Bauart des **Schalensternanemometers**) sowie die **Windfahne** zur Messung der Windrichtung (Abb. 9.6).

Die **Windgeschwindigkeit** wird nach dem Impulszählverfahren bestimmt. Der Schalenstern des Anemometers ist mit einer rotierenden Achse verbunden, die wiederum mit einem magnetischen Sektor versehen ist. Bei jeder Drehung der Achse um 360° passiert dieser Punkt einen **Magnetschalter** (**Reed Relais**), der ausgelöst wird und einen Impuls zum Datalogger sendet.

Anstelle von Reed-Relais können auch Lichtschranken-Systeme eingesetzt werden. Aufgenommen wird grundsätzlich die Anzahl der Impulse pro Zeiteinheit. Bei hoher Windgeschwindigkeit wird der Schalter häufig ausgelöst, bei geringer Windgeschwindigkeit folgerichtig seltener. Da die Strecke bekannt ist, die der Magnet im Sensor zurücklegen muss (Windweg einer 360° Umdrehung in m) und die Zeit (in Sekunden) von zwei aufeinanderfolgenden Impulsen aufgezeichnet wird, kann daraus die Windgeschwindigkeit ($m \cdot s^{-1}$) abgeleitet werden. Zu berücksichtigen sind aber die Lagerungseigenschaften (Reibungsverluste) und die Trägheit des Sensors. Anemometer sind aufgrund ihrer Bauweise (Reibung

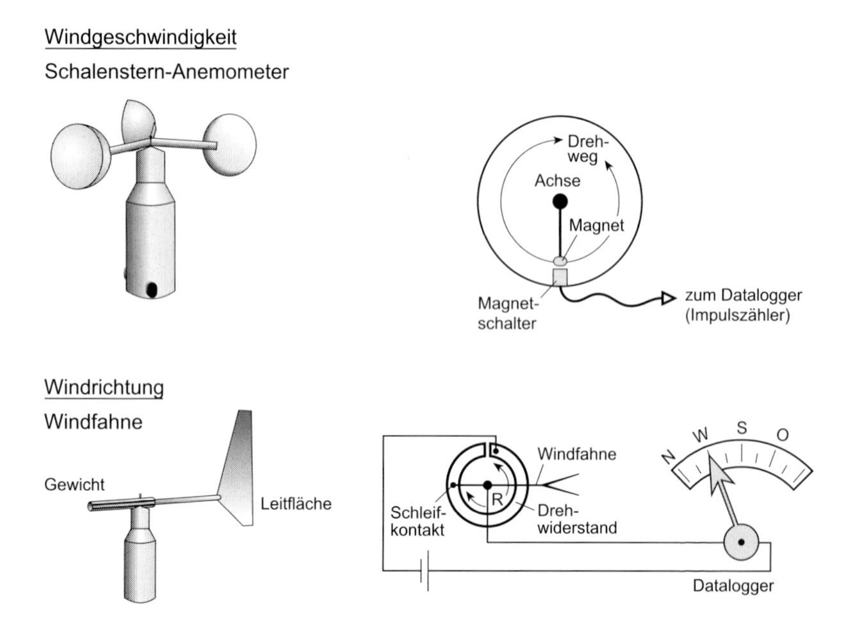

Abb. 9.6: Messprinzipien zur Erfassung des Windfelds (verändert nach DIN-VDI 1999a und HÄCKEL 1990)

der Achse, zu beschleunigende Masse) durch eine minimale **Ansprechgeschwindigkeit** gekennzeichnet. Ist die Windgeschwindigkeit kleiner, kann der Sensor die Luftbewegung nicht mehr erfassen. Für handelsübliche Geräte liegt die Ansprechgeschwindigkeit bei 0,1 $m \cdot s^{-1}$. Lokale Kaltluftabflüsse sind häufig schwächer, so dass Anemometer nur bedingt zu ihrer Erfassung geeignet sind und **Tracer**-Methoden (z.B. Rauchpatronen, s. Abb. 8.15) zur Kartierung von Kaltluftabflussbahnen ergänzend eingesetzt werden. Auch ist der trägheitsbedingte Nachlauf des Anemometers bei nachlassender Windgeschwindigkeit zu bedenken. Im Fall von zeitlich fluktuierendem Wind kommt es daher insgesamt zu einer leichten Überschätzung der mittleren Windgeschwindigkeit.

Die **Windrichtung** wird in Grad (0–360°, Nord = 0°, Ost = 90°, Süd = 180°, West = 270°) angegeben und entspricht der Himmelsrichtung, aus der der Wind weht. Die Messung erfolgt mit einer **Windfahne**, bei der ein Gewicht und eine Leitfläche auf einer drehbaren Achse installiert sind (Abb. 9.6). Die Achse ist nach dem **Potentiometer**prinzip (wie z.B. Lautstärkeregler am Radio) mit einem drehbaren Widerstand (Schleifkontakt) verbunden, wobei der elektronisch erfasst Widerstand jeweils einer bestimmten Windrichtung zugeordnet ist. Bei der Installation muss der Messgeber daher auf Nord ausgerichtet werden. Dazu ist die Nordmarkierung auf dem Gehäuse der Windfahne zu beachten.

Neben dem Schalensternanemometer und der Windfahne sind weitere Bauarten von Sensoren verbreitet. Kombisensoren verbinden Anemometer und Windfahne in einem Messgerät. Zur Geschwindigkeitsmessung werden auch **Propelleranemometer** eingesetzt. Werden die Propeller in x, y und z Richtung starr angebracht (**Orthogonal-Propelleranemometer**), so kann der vollständige Windvektor gemessen werden. Messgrößen sind nicht Windgeschwindigkeit und Windrichtung, sondern die u- (W-E Geschwindigkeit), v- (N-S Geschwindigkeit) und w-Komponente (Vertikalgeschwindigkeit) des Geschwindigkeitsfeldes. Die Beziehung zwischen den Horizontalkomponenten (u,v) und Windrichtung/ Windgeschwindigkeit sind in Anhang 8 näher erläutert.

9.1.5 Messung von Niederschlag

Die loggergestützte **Niederschlagsmessung** erfolgt standardmäßig nach dem Wippenprinzip (Abb. 9.7). Das Gehäuse einer handelsüblichen **Niederschlagswippe** ist dem **HELLMANN-Regenmesser** nachempfunden und verfügt über eine genormte Auffangfläche von 200 cm^2. Das Regenwasser wird von der Auffangfläche des Trichters auf eine Kippwaage geleitet, die zwei Reservoirs von üblicherweise 0,1 mm aufweist und an der Kippachse mit einem magnetischen Punkt versehen ist. Ist ein Reservoir vollgelaufen, schlägt die Kippwaage um und löst dabei einen Magnetschalter aus. Das Reed-Relais ist mit dem Impulszähler des Dataloggers verbunden und zeichnet die Anzahl der Impulse und indirekt die Zeit zwischen zwei Wippenschlägen auf. Zur Bildung der Summe wird die Anzahl der Wippenschläge multipliziert mit der Reservoirgröße (0,1 mm) aufsummiert. Die **Regenintensität** kann durch den Bezug von Wippenschlägen pro Zeiteinheit abgeleitet werden. Da Niederschlag zeitlich diskontinuierlich auftritt, empfiehlt sich eine dynamische Programmierung des Loggers. Erst bei Einsetzen des Niederschlags (erster Wippenschlag) setzt die Aufzeichnung ein, allerdings wird unabhängig von dem sonst gewählten minimalen Ausleseintervall (z.B. 10 min) jeder Wippenschlag und die dazugehörige Zeit abgespeichert. Die dynamische Programmierung ist vor allem zur Erfassung der Intensität konvektiver Niederschläge unerlässlich.

Um eine ungestörte Messung des Niederschlags zu erhalten, sollte die Wippe nach einer WMO-Empfehlung mindestens in einer Entfernung von potentiellen Hindernissen aufgestellt werden, die der vierfachen Hindernishöhe entspricht. Bei Hecken, Erdwällen, Messcontainern etc. ist als minimaler Abstand die einfache Hindernishöhe einzuhalten.

Besonders bei kleinen Tropfen und hohen Windgeschwindigkeiten kann es zu signifikanten Messfehlern in einer mittleren Größenordnung zwischen 5 und 40%

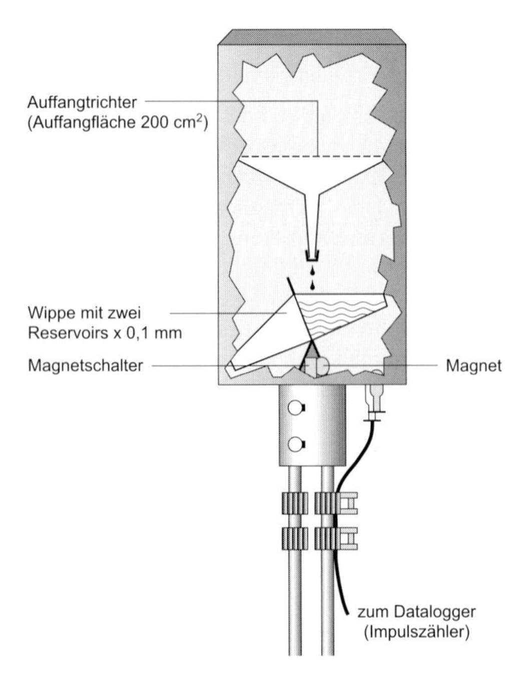

Abb. 9.7: Messprinzip einer Niederschlagswippe (verändert nach HÄCKEL 1990)

kommen. Insgesamt treten bei mit einer Regenwippe gemessenen Regenmengen folgende Probleme auf, die prinzipiell korrigiert werden müssten (z.B. GROISMAN & LEGATES 1994):

$$R = k \cdot (R_M + \Delta R_B + \Delta R_M) \qquad (9.3)$$

wobei: R = tatsächlich gefallener Niederschlag [mm], R_M = gemessener Niederschlag [mm], ΔR_B = Verdunstung von der Auffangfläche durch Benetzung [mm], ΔR_M = Verluste durch mechanische Fehler [mm], k = aerodynamischer Korrekturfaktor (Wind-Deformationskoeffizient)

Bei hohen Windgeschwindigkeiten besteht die Gefahr, dass der Niederschlag durch laterale Verdriftung (horizontaler Niederschlag) nicht mehr in gleichem Maße das Auffanggefäß erreicht, wie bei windschwachen Situationen, bei denen die Tropfen nahezu senkrecht in das Auffanggefäß fallen. Auch nehmen die turbulenten Evaporationsverluste mit ansteigender Windgeschwindigkeit zu. Zur Korrektur des Windeffekts wird der **Wind-Deformationskoeffizient** k eingeführt, der prinzipiell eine Funktion von Wasserphase, Windgeschwindigkeit und

Typ des Auffanggefäßes darstellt. Weltweit werden verschiedene Verfahren zur Ableitung von k verwendet. Für Deutschland schlägt RICHTER (1995) eine monatliche Windkorrektur (tabellierte Korrekturwerte) in Abhängigkeit von geographischer Lage und Exposition der Messstation vor. Die Verdunstungsverluste durch den Benetzungswiderstand des Auffangtrichters sind insgesamt unbedeutender. Sie sind eine Funktion von Niederschlagsintensität und verwendetem Auffanggefäß. Bei kleintropfigen Niederschlägen sind sie größer als bei großtropfigen. Bei festen Niederschlägen mit längeren Expositionszeiten steigen sie an. Pro Niederschlagsereignis werden für die USA Richtwerte von 0,03 mm (Regen) bzw. 0,15 mm (Schnee) angenommen. Einen guten Überblick über den aktuellen Stand der Niederschlagskorrektur geben GOODISON *et al.* (1998).

Verluste durch mechanische Fehler treten besonders bei Verschmutzung des Regensammlers ein. Niederschlagswippen sind v.a. dann wartungsintensiv, wenn Verunreinigungen durch Blätter o.ä. zu erwarten sind, die den Einlasskanal verstopfen bzw. die Kippfunktion der Wippe beeinträchtigen können. Eine regelmäßige Säuberung der Wippe ist unerlässlich, um die mechanisch induzierten Verluste möglichst gering zu halten.

Zur Messung des Flüssigwasser-Äquivalents fester Niederschläge muss der Regenmesser beheizt werden. Mit Hilfe eines Thermostats ist die Heizung ab einer Lufttemperatur von 2°C einzuschalten. Bei begrenzten Stromressourcen ist allerdings eine Beheizung häufig nicht zu gewährleisten, so dass die Wippenmessungen bei festem Niederschlag nur sehr eingeschränkt verwendbar sind. Bei Beheizung des Geräts ist darüber hinaus mit einem Anstieg der Verdunstungsverluste zu rechnen.

9.1.6 Strahlungssensoren

An automatischen Klimastationen werden verschiedene Sensoren zur Messung der Einzelkomponenten der Strahlungsbilanz verwendet. Die **Globalstrahlung** (Summe aus Direkt- und Diffusstrahlung) aus dem oberen Halbraum wird mit sogenannten **Pyranometern** gemessen. Dreht man ein solches Instrument um 180° in Richtung Erdoberfläche, wird die Reflexstrahlung aus dem unteren Halbraum aufgezeichnet. Ein solchermaßen aufgestelltes Pyranometer wird auch als **Albedometer** bezeichnet. Um den diffusen und direkten Anteil der Globalstrahlung zu ermitteln, ist ein drittes Pyranometer erforderlich, bei dem mit Hilfe eines **Schattenrings** die Direktstrahlung abgeschattet wird. Gemessen wird der diffuse Anteil, die Direktstrahlung ergibt sich rechnerisch aus der Differenz von Global- und Diffusstrahlung. Der Schattenring muss allerdings regelmäßig dem jeweiligen Sonnenstand angepasst werden. Bei manuellen Systemen erfordert dies einen erhöhten Betreuungsaufwand. Allerdings existieren mittlerweile auch rechnergestützte Systeme, die den Schattenring auf der Basis von Uhrzeit und geographischen Koordinaten mit Hilfe eines Elektromotors periodisch positionieren und in den Zwischenzeiten auch die Globalstrahlung aufnehmen.

Grundsätzlich werden an automatischen Klimastationen zwei Bauarten von Pyranometern verwendet (Abb. 9.8): **Thermoelektrische Messwertgeber** sowie **Silizium-Photoelemente**.

Thermoelektrische Sensoren sind genauer und kostenintensiver. Sie messen die Breitbandstrahlung auf einer ebenen Fläche im Spektralbereich zwischen 0,3 und 3 µm. Das Messprinzip basiert grundsätzlich auf einer Reihenschaltung von Thermoelementen (s. Kap. 9.1.2), auch als **Thermosäule** bzw. **Thermobatterie** bezeichnet. Die sogenannten „heißen" Kontaktstellen sind mit einem schwarzen

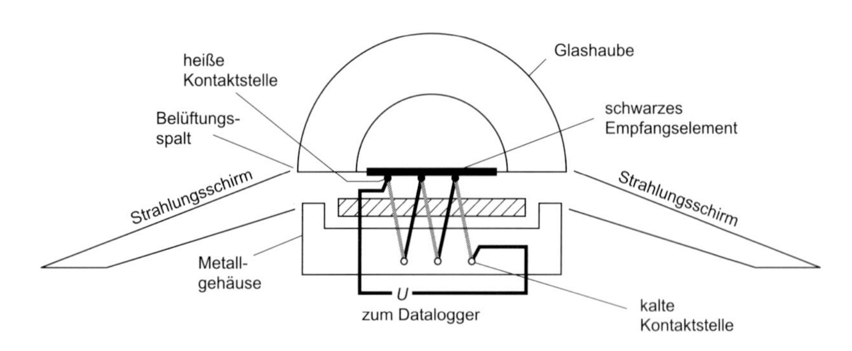

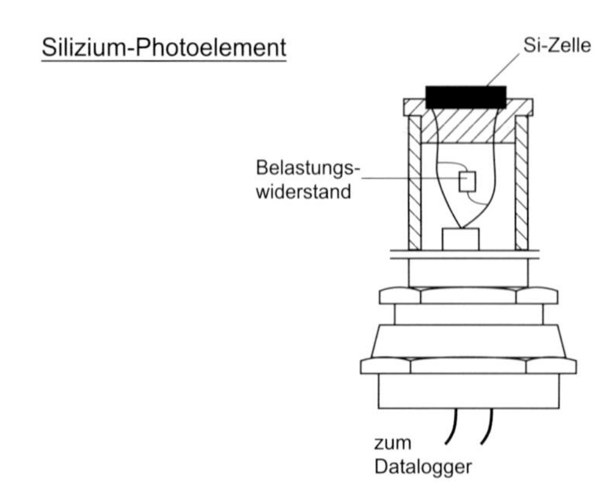

Abb. 9.8: Messprinzipien eines Pyranometers (verändert nach DIN-VDI 1999b)

Empfangselement verbunden, das sich durch die Solarstrahlung erwärmt. Es wird somit die Strahlungstemperatur dieses Elements gemessen. Die „kalten“ Kontaktstellen sind je nach Bauart mit geweißten Elementen innerhalb des Schwarzkörpers (sog. Typ III) bzw. dem geweißten Gehäusekörper (Typen I und II) verbunden. Die Übertemperatur des Schwarzkörpers gegenüber den weißen Körpern liefert eine Thermospannung, die proportional zur Einstrahlung verläuft. Das schwarze Messelement ist mit einer Glashaube vor Umwelteinflüssen geschützt. Da die Glashaube gegenüber thermischer Strahlung nahezu undurchlässig ist, kann im Zusammenhang mit der Auslegung des Schwarzkörpers garantiert werden, dass nur kurzwellige Solarstrahlung aufgenommen wird. Die Glashaube kann durch Einfärbung als spektraler Filter wirken, durch den nur Strahlung eines bestimmten Wellenlängenbereichs durchgelassen wird. Gebräuchlich sind sogenannte **PAR** (*P*hotosynthetically *A*ctive *R*adiation) Sensoren, die nur den für die Photosynthese wichtigen Spektralanteil (λ <0,7 μm) der Globalstrahlung messen.

Silizium-Photoelemente sind in der Regel weniger genau, aber auch deutlich kostengünstiger. Das Photoelement stellt einen aktiven Dipol dar, der die einfallende Strahlungsenergie in elektrische Energie umsetzt. Wird der Stromkreis kurzgeschlossen, entsteht je nach Dimensionierung des Belastungswiderstands eine lineare Funktion zwischen Stromfluss und Bestrahlungsstärke. Nachteile der Si-Photoelemente sind die schlechtere spektrale Auflösung (~ 0,35–1 μm) sowie bauartbedingte Ungenauigkeiten bei niedrigen Sonnenhöhen.

Die **Strahlungsbilanz** wird ebenfalls nach dem thermoelektrischen Messprinzip aufgenommen. Dabei ist von Bedeutung, dass vom Sensor der gesamte solare und terrestrische (TIR) Spektralbereich zwischen 0,3 und 100 μm erfasst wird. Der **Strahlungsbilanzmesser** besteht grundsätzlich aus je einem nach oben (oberer Halbraum, eingehender Strahlungsfluss) und unten (unterer Halbraum, ausgehender Strahlungsfluss) gerichteten Sensorelement. Wie beim Pyranometer wird ein schwarzer Körper durch die Summe der absorbierten Solar- und Thermalstrahlung erwärmt. Die beiden Elemente werden von einer Haube aus Spezialkunststoff (Lupolen), die auch für Infraortstrahlung durchlässig ist, gegen Umwelteinflüsse geschützt. Beide Sensorelemente sind mit einer Thermobatterie verbunden. Die Temperaturdifferenz zwischen dem oberen und dem unteren Element erzeugt wiederum eine Thermospannung, die proportional zur Strahlungsbilanz ist. Nachteil der Bilanzmesser sind die empfindlichen Kunststoffhauben, die einerseits schnell zerstört werden (Vögel), sich andererseits mit der Zeit eintrüben und dementsprechend häufiger ausgetauscht werden müssen.

Die Aufstellung von Pyranometern und Strahlungsbilanz-Messgebern erlaubt nach internationalen Standards keine Horizonteinschränkung. Der Sensor muss darüber hinaus mit einer Wasserwaage bzw. einer eingebauten Libelle exakt horizontal ausgerichtet werden.

9.1.7 Erfassung des Bodenwärmestroms

Für verschiedene Anwendungen v.a. in der Agrarmeteorologie bzw. der Klimaökologie ist es erforderlich, den Bodenwärmestrom direkt zu messen (z.B. BENDIX & RAFIQPOOR 2001). Dazu werden sogenannte **Wärmeflussplatten** (**Heat Flux Plate**) verwendet (Abb. 9.9). Auch für diesen Sensor werden Thermobatterien eingesetzt, die häufig aus einer Kombination von Kupfer- und Konstantandrähten (Legierung aus 54% Cu, 45% Ni, 1% Mn) bestehen und in einen dünnen, kreisförmigen Kunststoffkörper eingebettet sind.

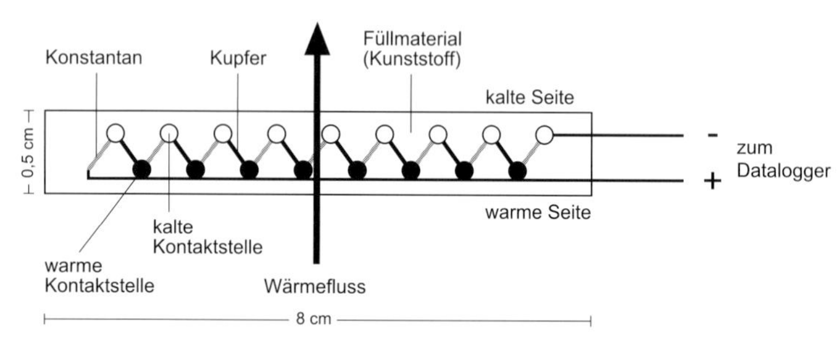

Abb. 9.9: Messprinzip einer Wärmeflussplatte

Die Temperaturdifferenz an beiden Seiten führt zu einer Thermospannung, die proportional zum Wärmefluss ist. Für agrarklimatologische Standardmessungen werden in der Regel zwei Sensoren an verschiedenen Standorten in einer Tiefe von 5 cm unter der gewachsenen Bodenoberfläche ausgelegt. Wie bei der Bodentemperaturmessung sollten die Platten ausgehend von einem gegrabenen Schacht horizontal in den ungestörten Boden eingebracht werden.

9.1.8 Luftdruckmessung

Für die Luftdruckmessung an automatischen Klimastationen werden **Festköper-Barometer** eingesetzt, die eine hohe Genauigkeit aufweisen und nahezu wartungsfrei sind (s. DIN-VDI 1999b). Verschiedene Hersteller liefern unterschiedliche Bauarten. Bei **kapazitiven Druckmessgeräten** werden zwei Kondensatorscheiben so gelagert, dass sie dem Aussendruck ausgesetzt sind, der Zwischenraum zwischen den Scheiben aber evakuiert ist. Steigt oder fällt der Luftdruck, ändert sich die Entfernung der beiden Kondensatorplatten und damit die Kapazität. Die Kapazitätsänderung verläuft proportional zur Druckänderung. Das Prinzip digitaler **Quarz-Druckaufnehmer** basiert darauf, dass sich die Schwingungsfrequenz eines Quarzkristall-Resonators proportional zur Veränderung des Luftdrucks entwickelt.

9.2 Indirekte bodengebundene Messsysteme

9.2.1 Messung der Bodenfeuchte mit TDR

Die Messung der Bodenfeuchte wird an Loggerstationen zunehmend mit der **TDR**-Technik (**Time Domain Reflectometry**) durchgeführt. Mit dieser Methode kann der volumetrische Wassergehalt (Vol%) bestimmt werden. Grundlage des Verfahrens ist die Tatsache, dass die Dielektrizitätskonstante (ε_r) in Böden mit zunehmendem Wassergehalt ansteigt (Abb. 9.10). ε_r ist eine dimensionslose Zahl, die angibt, auf das Wievielfache sich die Kapazität eines Kondensators erhöht, wenn man zwischen die Platten Stoffe mit verschiedenen dielektrischen Eigenschaften bringt. Für Wasser liegt sie bei 80,18, in trockenem Mineralboden werden Werte von ~5 erreicht.

Die Dielektrizitätskonstante hat wiederum Einfluss auf die Ausbreitungsgeschwindigkeit elektromagnetischer Wellen: Die Ausbreitungsgeschwindigkeit nimmt mit zunehmender ε_r ab. Diesen Zusammenhang macht man sich bei der TDR-Messung zunutze (Abb. 9.11).

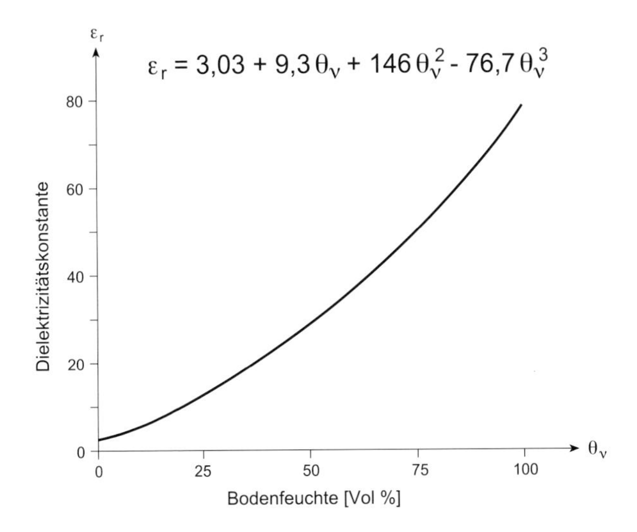

Abb. 9.10: Zusammenhang zwischen Bodenfeuchte und Dielektrizitätskonstante (verändert nach Topp *et al.* 1980)

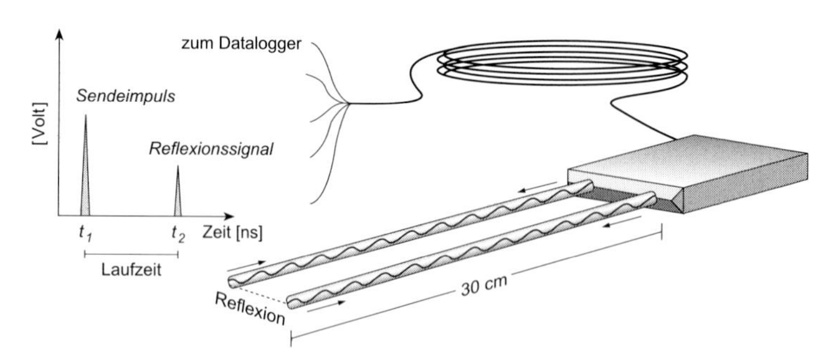

Abb. 9.11: Prinzip einer TDR-Messung

Über einen Sensor mit zwei bzw. drei parallelen Sensorstäben werden periodisch Spannungsimpulse mit sehr kurzen Anstiegszeiten im ps-Bereich ausgesendet (Zeitpunkt t1). Die Ausbreitungsgeschwindigkeit der elektromagnetischen Wellen in den Sensorstäben ist nun eine Funktion der Dielektrizitätskonstante des umgebenden Mediums. Schnelle Ausbreitung findet bei trockenen Böden statt (niedrige ε_r), eine reduzierte Geschwindigkeit kennzeichnet feuchte Böden (hohes ε_r). Am Ende der Stäbe werden die elektromagnetischen Wellen reflektiert, die Impulsenergie wandert zum Datalogger zurück und wird dort als Spitze zum Zeitpunkt t2 aufgezeichnet. Aus der Zeitdifferenzmessung (t2-t1) kann nach einer Laufzeitkorrektur für das Anschlusskabel die Dielektrizitätskonstante wie folgt bestimmt werden:

$$\varepsilon_r = \left(15 \cdot \Delta t / l\right)^2 \tag{9.4}$$

wobei: ε_r = Dielektrizitätskonstante, Δt = Laufzeit, t2-t1 in Abb. 9.11 [ns], l = Länge der Sensorstäbe [cm]

ε_r steht über eine entsprechende Transferfunktion (s. Abb. 9.10) mit der volumetrischen Bodenfeuchte in direkter Beziehung. Unkalibrierte TDR-Messungen sind vor allem bei hohem Skelettanteil bzw. niedrigen Bodenfeuchten vorsichtig zu interpretieren. Es empfiehlt sich eine Kontrolle und ggf. Eichung der aufgezeichneten Daten mit Hilfe konventioneller Feuchtemessungen (z.B. mit Stechzylinder).

9.2.2 Indirekte Luftfeuchtemessung mit Absorptionshygrometern

Zur Messung von kurzfristigen, turbulenten Veränderung der Luftfeuchte (z.B. im Rahmen der Messung des **latenten Wärmeflusses**) sind die in Kapitel 9.1.3 vorgestellten Messgeräte zu träge. Hier bedarf es einer Messanordnung mit extrem kurzen Reaktionszeiten, die mit Hilfe der indirekten Methode des **Absorptionshygrometers** garantiert werden kann. Vom Prinzip her handelt es sich um ein **optisches Impulsmessverfahren**, bei dem die selektive Absorption von Wasserdampf ausgenutzt wird. Die Messung ist an schmale Wasserdampfabsorptionsbanden bzw. -linien gebunden, in denen nur Wasserdampf selektiv absorbiert bzw. die Absorption anderer Gase vernachlässigbar klein ist. Verschiedene Bauarten nutzen elektromagnetische Wellen im UV ($\lambda = 0{,}12156$ µm bei **Lyman-α Hygrometer**, $\lambda = 0{,}12358$ µm beim KH20-**Krypton-Hygrometer**) bzw. im Infrarot.

Bei der Messung wird von einer Strahlungsquelle (Sender) elektromagnetische Strahlung abgegeben und der transmittierte Anteil von einem in der Entfernung x vom Sender angebrachten Empfänger aufgezeichnet. In Abhängigkeit des Wasserdampfgehalts im Luftvolumen entlang der Strecke x wird die elektromagnetische Strahlung geschwächt und nur ein Teil erreicht den Empfänger. Je größer

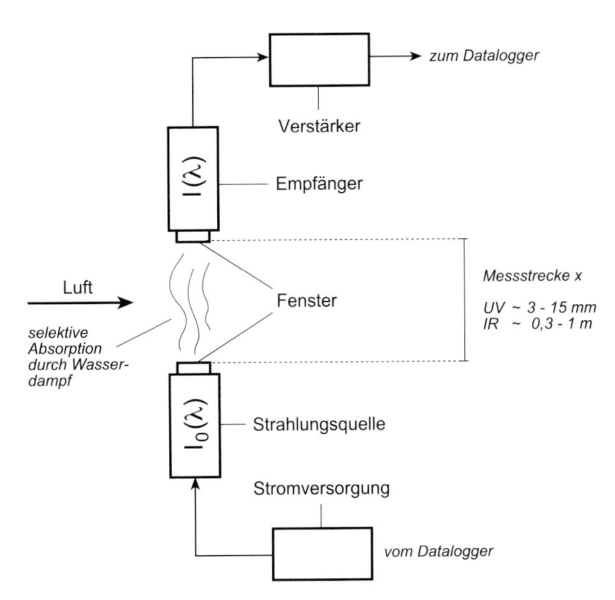

Abb. 9.12: Prinzip eines Absorptionshygrometers (verändert nach FOKEN 2003)

die Wasserdampfkonzentration im Messvolumen ist, desto stärker fällt die Schwächung aus und umso weniger Energie erreicht den Empfänger.

Das am Sender anliegende Signal ist nach dem **Beer-Bougner-Lambertschen Gesetz** proportional zur Wasserdampfdichte im Messvolumen und kann im Datalogger somit zur absoluten Feuchte ($g \cdot m^{-3}$) umgerechnet werden:

$$pw = \frac{1}{k(\lambda) \cdot x} \cdot \ln\left(\frac{I_0(\lambda)}{I(\lambda)}\right) \tag{9.5}$$

wobei: pw = Wasserdampfdichte [$m^3 \cdot m^{-3}$], $k(\lambda)$ = spektraler Absorptionskoeffizient von Wasserdampf [m^{-1}], x = Messstrecke bzw. Länge des Absorbergases [m], $I_0(\lambda)$ = Ausgesandte spektrale Strahldichte des Senders [$W \cdot m^{-2}$], $I(\lambda)$ = Anliegende spektrale Strahldichte am Empfänger [$W \cdot m^{-2}$]

Geräte im UV Bereich eignen sich besonders für Messungen bei geringerer Luftfeuchte und haben den Vorteil, dass nur eine sehr kurze Messstrecke (im mm Bereich) benötigt wird. Bei hohen Feuchten (Dampfdruck >10 hPa) sind IR-basierte Bauarten messgenauer, haben aber den Nachteil wegen der geringeren Empfindlichkeit deutlich größere Messstrecken (bis 1 m) zu benötigen. Wartungs- und Kalibrierungsaufwand sind besonders bei UV-Geräten extrem hoch und die Lebensdauer begrenzt (< 1000 Std.).

9.2.3 Indirekte Windmessung und Turbulenz – das Ultraschallanemometer

Messungen von Windfeld und Turbulenzparametern mit Ultraschall sind mittlerweile in der angewandten Geländeklimatologie (v.a. turbulente Ausbreitung von Luftschadstoffen) zum Standard geworden. Darüber hinaus lässt sich mit diesem Verfahren als abgeleiteter Parameter auch der fühlbare Wärmestrom bestimmen. Die theoretischen Grundlagen sind relativ komplex, so dass hier nur eine grundlegende Einführung möglich ist. Für interessierte Leser sei auf die umfassende Darstellung in DIN-VDI (1999a) verwiesen.

Ultraschallanemometer (**Sonic-Anemometer**) verwenden zur Messung pulsmodulierte Schallsignale. Sie gehören daher zur Gruppe der **akustischen Impulsmessverfahren** und operieren im kurzwelligen Ultraschallbereich mit einer Frequenz zwischen 30 und 100 kHz (λ ~3–11 mm). Zur Ableitung des dreidimensionalen Windvektors werden mindestens drei Messstrecken mit 6 Schallwandlern benötigt (Abb. 9.13).

Die Schallwandler sind **monostatisch** ausgelegt, d.h. sie können einen Schallimpuls aussenden (Lautsprecher-Funktion) und danach auf Empfang umgeschaltet werden (Mikrophon-Funktion). Die Sensorköpfe und damit die Messstrecken

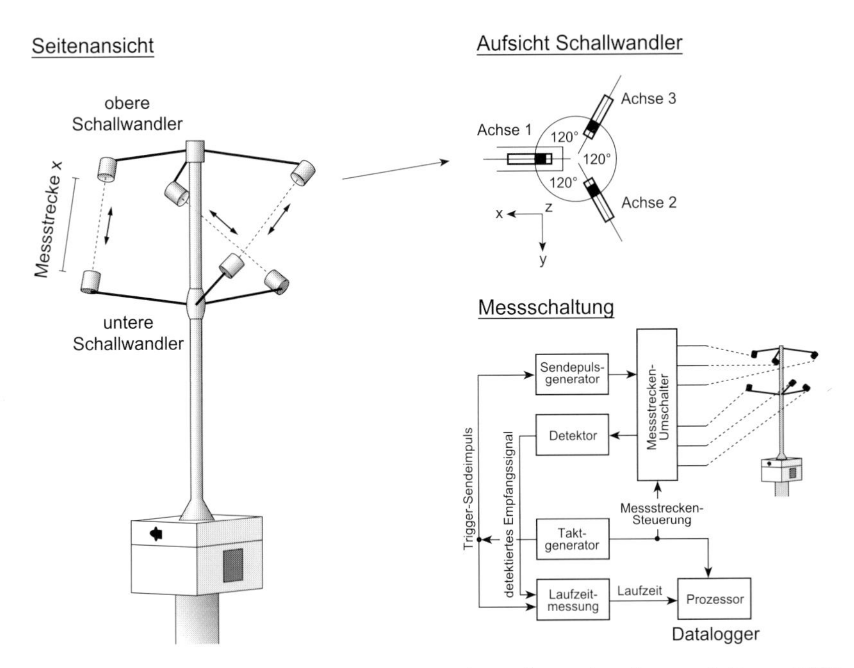

Abb. 9.13: Prinzip eines Sonic-Anemometers (verändert und ergänzt nach FOKEN 2003 und DIN-VDI 1999a)

sind in der Regel geneigt (z.B. 45°), um das Absetzen von Wassertropfen und daraus resultierende Messstörungen zu vermeiden.

Mit einem Sendeimpulsgenerator wird auf jeder Strecke wechselweise von jedem Sensorkopf (Messstreckensteuerung) ein Ultraschallsignal ausgesendet und nach einer gewissen Laufzeit vom entgegengesetzten Sensorkopf aufgezeichnet. Primär wird mit dem Sonic die Laufzeit des Schalls entlang der Messstrecken erfasst, mit dessen Hilfe dann das Windfeld und weitere abgeleitete Größen bestimmt werden können (Prozessor). Legt man vollständige Windruhe zugrunde, ist die Schallgeschwindigkeit vor allem eine Funktion der Luftdichte und damit der Temperatur:

$$C = 20,067 \cdot \left[T \cdot \left(1 + 0,3192 \cdot {}^{e}\!/_{p} \right) \right]^{0,5} \qquad (9.5)$$

wobei: C = Schallgeschwindigkeit [m·s^{-1}], T = Lufttemperatur [K], e = Dampfdruck [hPa], p = Luftdruck [hPa]

Nimmt die Luftdichte ab (bzw. die Temperatur zu), steigt die Schallgeschwindigkeit an. In wesentlich geringerem Maße wird die Schallgeschwindigkeit auch noch durch den Wasserdampfgehalt der Luft (e in Gleichung 9.5) modifiziert. Allerdings wird die Schallausbreitung durch das horizontale und vertikale Windfeld beeinflusst, wodurch sich die Weglänge, die die Schallwellenfront zwischen zwei Schallwandlern zurücklegen muss, und damit auch die Laufzeiten des Impuls entsprechend ändern (s. Abb. 9.14).

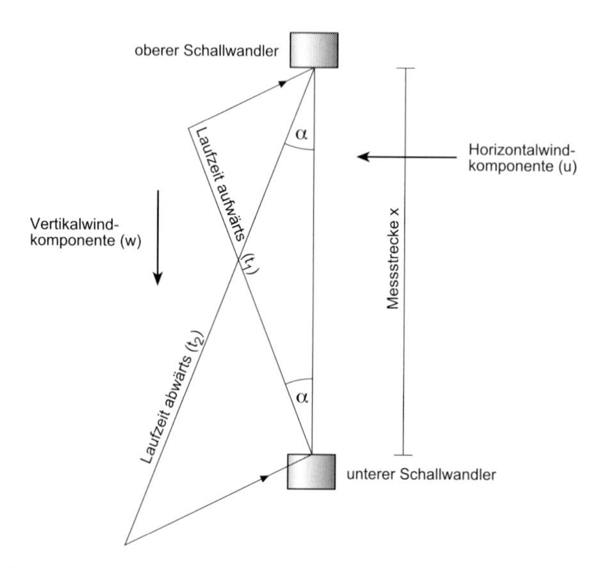

Abb. 9.14: Vektorielle Darstellung des Schallwegs bei Windbewegung (verändert nach Coppin & Taylor 1983)

Bei der vereinfachten Betrachtung nur eines Sensorpaars ergibt sich die veränderte Laufzeit aus:

$$\text{aufwärts} \quad t1 = \frac{x}{C \cdot \cos(\alpha) + w} \quad \text{bzw. abwärts} \quad t2 = \frac{x}{C \cdot \cos(\alpha) - w} \qquad (9.6)$$

wobei: t1,t2 = Laufzeiten [s], C = Schallgeschwindigkeit [$m \cdot s^{-1}$], w = vertikale Windkomponente [$m \cdot s^{-1}$], x = Messstrecke [m], α = Winkel zwischen Messstrecke und der durch die horizontale Windkomponente lateral versetzten Wellenachse [°]

Es folgen für die Ableitung der Temperatur,

$$T = k \cdot \left(\frac{t1 + t2}{t1 \cdot t2} \right)^2 \quad \text{mit} \quad k = \frac{x^2}{20{,}067^2 \cdot (1 + 0{,}3192 \cdot e/p) \cdot 4} \tag{9.7}$$

wobei: T = Temperatur [K], t1,t2 = Laufzeiten aus Abb. 9.14 [s], x = Messstrecke [m], e = Dampfdruck [hPa], p = Luftdruck [hPa]

und die horizontale (u) bzw. vertikale (w) Komponente des Windfelds:

$$u = \frac{x}{2} \cdot \frac{t2 - t1}{t1 \cdot t2} \quad \text{mit} \quad w = \frac{x}{2} \cdot \left(\frac{1}{t2} - \frac{1}{t1} \right) \tag{9.8}$$

wobei: u, w = horizontale und vertikale Windkomponente [$m \cdot s^{-1}$], x = Messstrecke [m], t1,t2 = Laufzeiten aus Gleichung 9.6 [s]

Mit Hilfe eines dreiachsigen Ultraschallanemometers ist es letztlich möglich, den dreidimensionalen Windvektor (u, v, w) vollständig abzuleiten (s. dazu DIN-VDI 1999a). Aus den kurzfristigen Fluktuationen der gemessenen Temperatur kann der fühlbare Wärmestrom bestimmt werden und aus der Varianz der gemessenen Windkomponenten sind verschiedene Turbulenzparameter wie z.B. die Schubspannungsgeschwindigkeit, der Bodenreibungskoeffizient und die Monin-Obukhov-Länge ableitbar (s. Anhang 0, DIN-VDI 1999a).

Für die Aufstellung eines Sonic-Anemometers ist ein schlanker Mast zu verwenden. Die Installationshöhe sollte möglichst 10 Meter über dem Störniveau (i.A. Bodenoberfläche) betragen. Das Gerät muss wie ein konventioneller Windmesser eingenordet werden (tolerierbarer Fehler $< \pm 1°$) und horizontal ausgerichtet sein (tolerierbare Abweichung $< \pm 0{,}5°$). Es ist nahezu wartungsfrei, allerdings ist eine periodische Reinigung der Sensorköpfe zur Minimierung von Messfehlern durch Verschmutzung empfehlenswert. Zur Vermeidung von Vereisungen und damit dem Ausfall der Messung sollten die Sensorköpfe im Winter beheizt werden.

9.2.4 Messtechnische Erfassung der horizontalen Sichtweite

Zur Bestimmung der horizontalen Sichtweite (s. Gleichung 7.1, Kap. 7.1.2) werden zwei verschiedene Messgeräte eingesetzt: Das **Transmissometer** und der **Streulichtmesser** (**Scatterometer**) (Abb. 9.15). Wie beim Absorptionshygrometer handelt es sich bei der Sichtweitemessung um ein **bistatisches** (= eigenständige Sende- und Empfangseinheit) optisches Impulsmessverfahren. Beim Transmissometer stehen sich Sende- und Empfangseinheit in einem bestimmten

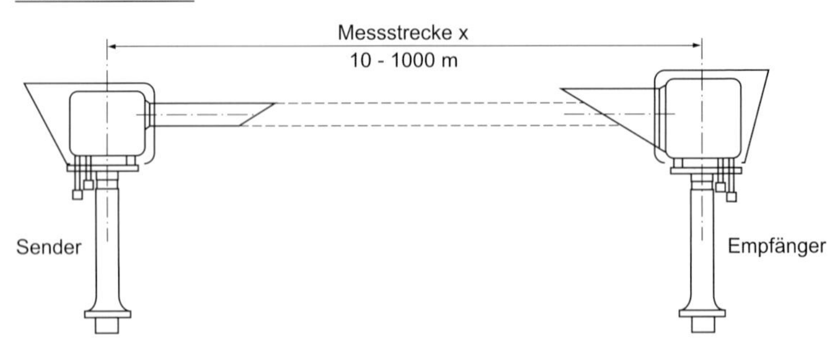

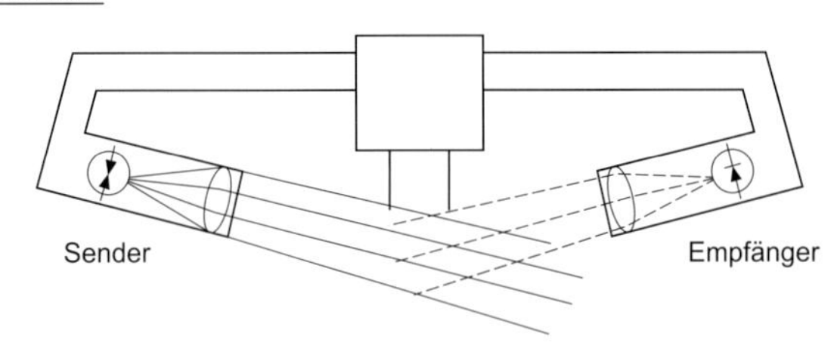

Abb. 9.15: Prinzipien zur Messung der horizontalen Sichtweite (verändert nach DIN-VDI 1999b)

Abstand (Messstrecke x) gegenüber. Der Sender besteht in der Regel aus einer Xenon Blitzlichtlampe, die regelmäßige Lichtimpulse (Pulswiederholrate ~60 s) im kurzwelligen Bereich (~0,55 µm, vernachlässigbare Absorption) aussendet (I_0). Je nach Anzahl und Größenverteilung von lufttrübenden Elementen entlang der Messstrecke (Aerosole, Nebeltröpfchen) wird die ausgesendete Strahlung geschwächt, so dass nur der transmittierte Anteil des Signals (I) den Empfänger (Photodiode) erreicht.

Die Lichtschwächung im Bezug zur Länge der Messstrecke ergibt den **Extinktionskoeffizienten**, der nach dem **Koschmieder**schen Gesetz (Gleichung 7.1) in die horizontale Sichtweite konvertiert werden kann.

$$\beta_{ext} = -\frac{1}{x} \cdot \ln\left(\frac{I}{I_0}\right) \qquad (9.9)$$

wobei: β_{ext} = Extinktionskoeffizient [m^{-1}], x = Messstrecke [m], I_0 = ausgesandte Strahldichte des Senders [$W \cdot m^{-2}$], I = am Empfänger anliegende Strahldichte [$W \cdot m^{-2}$]

Beim Scatterometer sind Sender und Empfänger nicht in einer Sichtlinie angebracht. Hier wird der vom Sender ausgehende und nach vorne gestreute Lichtanteil (Vorwärts-Streulichtmesser) am Empfänger gemessen. Scatterometer haben gegenüber den Transmissometern den Vorteil der kompakten Bauweise mit kurzer Messstrecke. Für die Messung von Lufttrübungen durch stark absorbierende Partikel (z.B. Ruß) sind sie weniger geeignet. Zur Messung von Tropfengrößen in Grundschichtwolken wird bei einer anderen Bauart (Rückwärts-Streulichtmesser) auch die Rückwärtsstreuung (backscatter) ausgenutzt.

9.3 Indirekte Profilmessungen

Über die bodengebundenen Klimamessungen hinaus besteht v.a. in der angewandten Geländeklimatologie (Lufthygiene, Ausbreitung von Luftschadstoffen) ein großer Bedarf, den Zustand der planetaren Grenzschicht zeit-höhenkontinuierlich erfassen zu können. Die traditionelle Methode ist die Sondierung der unteren Atmosphäre mit Hilfe von Fesselballons, an denen konventionelle Messgeräte für Temperatur, Luftfeuchte und Wind angebracht sind. Allerdings ist damit eine zeit-höhenkontinuierliche Messung der grundlegenden Klimaelemente nicht möglich, da der Ballon nicht permanent auf- und abbewegt werden kann. Turmmessungen sind eine Lösung für die untere Grenzschicht, allerdings ist der Aufwand sehr hoch, wenn nicht bereits Turmbauwerke zur Verfügung stehen, an denen automatische Klimastationen und die entsprechenden Sensoren angebracht werden können (z.B. Sendemasten, s. BENDIX 1998)

Aus diesem Grund sind über die letzten Dekaden verschiedene Techniken der bodengebundenen Fernerkundung entwickelt worden, die eine zeit-höhenkontinuierliche Erfassung (**Profiling**) von Temperatur, Luftfeuchte und Windfeld in der Grenzschicht erlauben. Wie bei den bodengebundenen indirekten Messverfahren wird die Beziehung zwischen der Ausbreitung elektromagnetischer Strahlung bzw. Schallwellen und dem zu erfassenden Klimaelement ausgenutzt. In der Regel handelt es sich um **Impulsmessverfahren** auf monostatischer Basis (Abb. 9.16).

Vom Sensor (Erregersystem) wird in bestimmten Zeitabständen (**Pulswiederholrate**) ein kurzer Sendeimpuls (elektromagnetische Welle oder Schall) einer bekannten Stärke (Intensität) und Frequenz in die Grenzschicht ausgesendet (Zeitpunkt t_0). Die Ausbreitungsgeschwindigkeit und –richtung der Wellen sowie die Schwächung des Signals hängt nun in der Regel von der Schichtung und Dynamik der Atmosphäre ab. Ein Teil des Signals wird beispielsweise von Inhomogenitäten in der thermischen Schichtung (=Dichtesprung, z.B. Inversionen) reflektiert (bzw. emittiert) und wandert zum Sendesystem zurück, das im monostatischen Fall mittlerweile auf Empfang umgestellt ist.

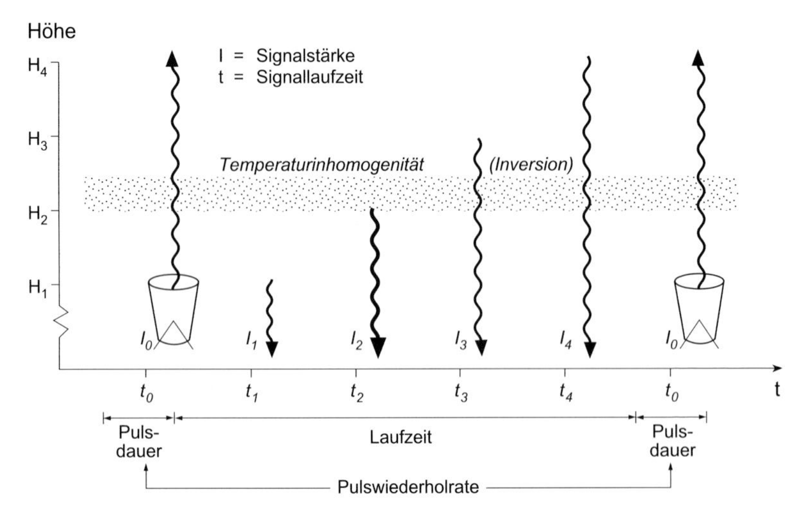

Abb. 9.16: Grundsätzliches Messprinzip von Impulsmessgeräten zum Profiling der atmosphärischen Grenzschicht (verändert nach BENDIX 1998)

Zwei Größen erlauben nun die zeit-höhenkontinuierliche Auswertung des Signals: (a) Die **Laufzeit** des reflektierten Impulses, d.h. zu welchem Zeitpunkt nach dem Sendeimpuls das Signal empfangen wird (t_1-t_4), ist ein Maß dafür, aus welcher Höhenschicht das Signal kommt, da sich die Wellen des Messsignals grundsätzlich mit Licht- bzw. Schallgeschwindigkeit ausbreiten. (b) Die **Intensität** des reflektierten Signals (I_1-I_4) enthält die (indirekte) Information über den Zustand der Atmosphäre in dem entsprechenden Höhenbereich, wenn die Wechselwirkung zwischen Reflexion (Emission) und Ausprägung des Klimaelements bekannt ist.

9.3.1 Messung der Wolkenhöhe – Ceilometer

Zur Messung der Wolkenuntergrenze (Ceiling) von niedrigliegender Grenzschichtbewölkung dient der **Wolkenhöhenmesser** (**Ceilometer**). Die gängigen Geräte arbeiten entweder mit Streulicht im sichtbaren Spektralbereich (**Streulicht-Ceilometer**) oder mit gebündeltem Licht (**Laser-Ceilometer**). Es handelt sich somit um ein klassisches **LIDAR**-Verfahren (*L*ight *D*etection *A*nd *R*anging). Vom Wolkenhöhenmesser wird ein Lichtimpuls ausgesendet und das an der Wolkenuntergrenze reflektierte Signal mit einer Empfängerschaltung (z.B. Photodiode) aufgezeichnet. Die Wolkenhöhe ergibt sich direkt aus der Laufzeit des Lichtimpulses.

$$h_c = \frac{c}{2} \cdot t \tag{9.10}$$

wobei: h_c = Wolkenhöhe [m], t = Laufzeit des Lichtimpulses vom Zeitpunkt t_0 bis zum Empfang [s], c = Lichtgeschwindigkeit =$2{,}997925 \cdot 10^8$ $m \cdot s^{-1}$

9.3.2 SODAR

Zum indirekten Profiling der Temperaturschichtung und zur zeit-höhenkontinuierlichen Erfassung des Windfelds in der Grenzschicht werden im Rahmen eines akustischen Impulsmessverfahrens Schallwellen verwendet. Als Messgerät dient ein **Schallradar**, das auch als **SODAR** (*SO*nic *D*etection *A*nd *R*anging) bezeichnet wird. Zur Erfassung der Temperaturstruktur (Erkennung von Inversionen und Konvektion) genügt ein Gerät mit einem Erregersystem, zur Ableitung des Windfelds werden drei zeitgleich betriebene Erregersysteme mit unterschiedlicher Ausrichtung benötigt (Doppler-SODAR, Abb. 9.17).

SODARgeräte arbeiten im Schallbereich, der durch das menschliche Ohr wahrgenommen werden kann (~1,6 kHz, λ ~20 cm). Grundlage des Erregersystems ist eine Lautsprechermembran (z.B. Hornlautsprecher), die über einem Parabolspiegel (∅ ~ 1,2 m) zentriert angebracht ist. Von einem Taktgeber im Steuerrechner werden im Rahmen der Pulswiederholrate (5–20 s) kurze Schallimpulse (37–

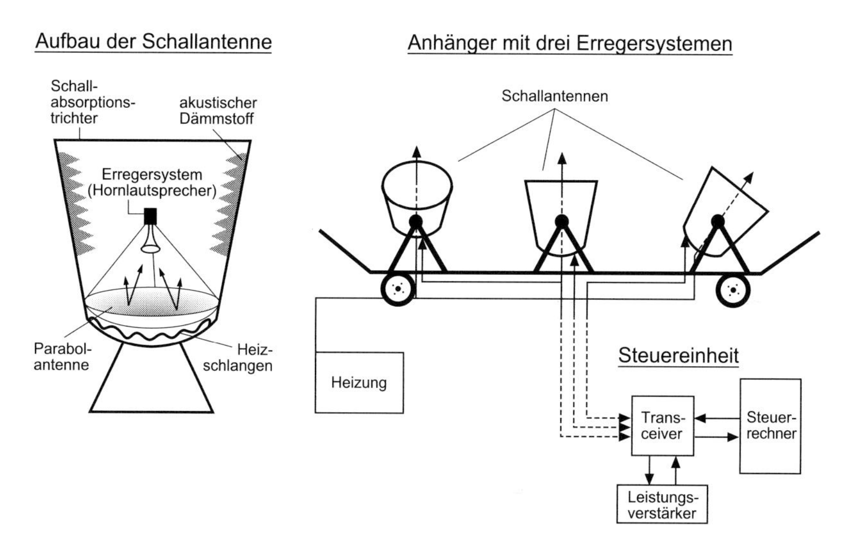

Abb. 9.17: Typische Bauart eines Doppler-SODARs

150 ms) generiert und über einen Leistungsverstärker (~60 W) auf den Lautsprecher übertragen. Der Schallimpuls wird über den Parabolspiegel in die Atmosphäre abgegeben. In den Sendepausen wird der Lautsprecher als Mikrophon verwendet. Während der Empfangsphase wird das aus der Atmosphäre rückgestreute Schallsignal über den Parabolspiegel gebündelt und auf die Lautsprechermembran zentriert. Damit der ausgesendete Schallimpuls nicht störend wirkt, aber auch um den Umweltlärm (=Hintergrundrauschen im Empfangssignal) im Bereich der Sende-/-empfangsfrequenz möglichst vom Erregersystem fernzuhalten, wird die Sensoranordnung in der Regel von einem Schallabsorptionstrichter umgeben, der im Inneren mit akustischem Dämmstoff ausgekleidet ist. Wichtig ist weiterhin, dass die Parabolantenne ab Temperaturen um den Gefrierpunkt beheizt wird, da sonst Eis- und Schneebeläge die Funktionsweise stark beeinträchtigen. Auch muss der Spiegel regelmäßig z.B. von Laub befreit werden.

Schallreflexion findet in der Atmosphäre vor allem an starken Dichtesprüngen in Folge von thermischen Inhomogenitäten statt. Dazu gehören beispielsweise Temperaturinversionen und Konvektionsblasen. Die Intensität des Rückstreusignals ist letztlich proportional zum **Temperaturstrukturparameter** (C^2_T), der die mittlere quadratische Temperaturdifferenz zwischen zwei Höhenpunkten mit dem Abstand Δz repräsentiert:

$$C_T^2 = \left(\frac{T(z) - T(z + \Delta z)}{\Delta z^{1/3}} \right)^2 \qquad [K \cdot m^{-2/3}] \qquad (9.11)$$

wobei: T = Temperatur [K]; z = Höhe über Grund [m]

Der Strukturparameter steht mit der empfangenen Leistung eines monostatischen SODARs (Streuwinkel=180°) über die **SODAR-Gleichung** in direktem Zusammenhang:

$$P_E = 4{,}98 \cdot 10^{-3} \cdot \frac{P_t \cdot k^{1/3} \cdot c \cdot \tau}{R^2 \cdot T^2} \cdot C_T^2 \cdot A \cdot L \qquad (9.12)$$

wobei: P_E = akustische Empfangsleistung [W], P_t = akustische Sendeleistung [W], R = Abstand Antenne-rückstreuende Schicht [m], c = mittlere Schallgeschwindigkeit [$m \cdot s^{-1}$], τ = Pulsdauer [s], A = Antennenfläche [m^2], L = Schwächung der akustischen Welle, T= mittlere absolute Temperatur der sondierten Schicht [K], k= Wellenzahl der akustischen Welle [m^{-1}]

Mit einem einfachen **Vertikal-SODAR** (1 vertikal ausgerichtete Schallantenne) können verschiedene Typen von Temperaturinhomogenitäten erfasst werden, indem die als **SODARgramm** (s. Abb. 5.16) aufgezeichnete akustische Empfangsleistung entsprechend ausgewertet wird (BENDIX 1998). Aus einer Strukturanalyse der Sodargramme können sowohl Inversionshöhen als auch die Höhe der konvektiven Mischungsschicht abgeleitet werden (z.B. FOKEN *et al.* 1987, DE *et. al.* 1998, BENDIX 1998).

Zur Erfassung von horizontalen Windfeldern wird ein **Doppler-SODAR** mit drei Schallantennen benötigt. Eine Antenne (Nr. 3) wird vertikal ausgerichtet und zwei weitere so geneigt (einheitlicher Neigungswinkel zwischen 20 und 30° = Antennenzenit), dass ihre Blickrichtungen in der Horizontalen senkrecht aufeinander stehen (z.B. Antenne 1 ist 20° nach Norden und Antenne 2 20° nach Osten geneigt). Da sich die Luft über dem SODAR mit ihren eingebetteten Temperaturinhomogenitäten in Bewegung befindet, erfährt die Frequenz des rückgestreuten Signals eine Frequenzverschiebung (**Dopplereffekt**). Neben Laufzeit und Rückstreuintensität muss zur Ableitung des Windfelds mit jeder Antenne als dritter Parameter daher die Doppler-Verschiebung ausgewertet werden. Bewegt sich eine Inhomogenität auf die SODAR-Antenne zu, erhöht sich die Frequenz des reflektierten Schallsignals gegenüber der Sendefrequenz (v_r wird positiv), entfernt sie sich von der Antenne, nimmt die Frequenz ab (v_r wird negativ). Die mit dem SODAR messbare Dopplerverschiebung steht somit in direktem Verhältnis zur **Radialgeschwindigkeit** v_r (= horizontale Bewegungskomponente im Bezug zur Antennenachse) der Inhomogenitäten und damit zur Windgeschwindigkeit:

$$v_r = \frac{f \cdot C}{f_0} - C \tag{9.13}$$

wobei: v_r = Radialgeschwindigkeit bezogen auf die Achse der SODAR-Antenne [$m \cdot s^{-1}$], f_0 = Sendefrequenz [kHz], f = Frequenz nach Dopplerverschiebung [kHz], C = Schallgeschwindigkeit [$m \cdot s^{-1}$]

Die Windgeschwindigkeit ergibt sich nun aus den Radialgeschwindigkeiten an den drei Antennen wie folgt:

$$v = \left[\arctan\left(\frac{(vr_2 - vr_3 \cdot \cos\Phi) / \sin\Phi}{(vr_1 - vr_3 \cdot \cos\Phi) / \sin\Phi} \right) \right]^{0,5} \tag{9.14}$$

wobei: v = Windgeschwindigkeit [$m \cdot s^{-1}$], vr = Radialwindgeschwindigkeiten bezogen auf die Achse der jeweiligen SODAR-Antenne 1-3 [$m \cdot s^{-1}$], Φ = Zenitwinkel der Antennen 1 und 2

Für die Windrichtung folgt:

$$d = \pi - \alpha - \arctan\left(\frac{(vr_2 - vr_3 \cdot \cos\Phi)}{(vr_1 - vr_3 \cdot \cos\Phi)}\right) \qquad (9.15)$$

wobei: d = Windrichtung, α = Azimutwinkel von Antenne 1, = 0 wenn nach Norden geneigt, Radialwindgeschwindigkeiten bezogen auf die Achse der jeweiligen SODAR-Antenne 1-3 [$m \cdot s^{-1}$], Φ = Zenitwinkel der Antennen 1 und 2

Mit einfachen Vertikal-SODARs kann die Grenzschicht bis etwa 1600 m Höhe abgetastet werden, für Doppler-SODARs beträgt die Reichweite der Sondierung zwischen 40 und 600 m über Grund. Bei Regen kann keine Sondierung vorgenommen werden, da in die Schallantennen fallende Tropfen starke Störgeräusche verursachen, die das Messsignal überlagern. Die erreichbare Vertikalauflösung von SODAR-Geräten liegt typischerweise bei etwa 20 m. Bei einer Reichweite von 600 Metern könnten daher 30 Schichten unterschieden werden. SODAR-Geräte müssen horizontfrei aufgestellt sein, da sonst Festzielechos die Messung verfälschen können.

9.3.3 Wind-RADAR

Aktive Mikrowellensysteme, auch als **RADAR** (*Ra*dio *D*etection *A*nd *R*anging) bezeichnet, werden in der Meteorologie für verschiedene Zwecke eingesetzt: (a) **Wetterradars** zur Messung von Niederschlag, (b) **Wolkenradars** zur Erfassung von Wolkeneigenschaften und (c) **Windradars** zur Erfassung des Windfelds.

Für die Geländeklimatologie spielen besonders **Doppler Radarwind-Profiler** im Frequenzbereich von 1000 MHz (UHF) eine Rolle. Ihre maximale vertikale Reichweite beträgt ca. 5 km, die beste vertikale Auflösung liegt bei etwa 30 m. Doppler Radarwind-Profiler funktionieren nach dem gleichen Prinzip wie das im vorhergehenden Kapitel vorgestellte Doppler SODAR. Die von den Antennen ausgesendete Mikrowellenstrahlung wird an bewegten atmosphärischen Inhomogenitäten teilweise reflektiert und zur Antenne zurückgestreut. Laufzeit, Reflexionsintensität und Dopplerverschiebung werden aufgezeichnet und können schichtweise in Radialgeschwindigkeiten und damit in das horizontale Windfeld überführt werden. Der Vorteil gegenüber Doppler SODARs ist die größere vertikale Reichweite der mikrowellengestützten Windprofiler.

9.3.4 Ableitung von Temperaturprofilen – RASS

Das Profiling der Lufttemperatur wird heute mit einer Kombination aus SODAR und bistatischem RADAR betrieben, dem sogenannten **RASS**-Prinzip (*R*adio *A*coustic *S*ounding *S*ystem).

Grundlage der Methode ist, dass eine Schallwelle an ihrer Wellenfront die Dielektrizitätskonstante der Luft kurzfristig verändert und dadurch eine elektromagnetische Welle an dieser Inhomogenität teilweise reflektiert wird. Da die Schallgeschwindigkeit eine Funktion der Lufttemperatur ist (s. Gleichung 9.5, Kap. 9.2.3), kann durch die Messung der Ausbreitungsgeschwindigkeit einer Schallwellenfront auf die Temperatur der Schicht, in der sich die Wellenfront bewegt, rückgeschlossen werden. Das RASS-Prinzip basiert also letztlich auf der Verfolgung und Vermessung einer akustischen Welle in der Atmosphäre (wave tracking). Dazu ist eine spezifische Anordnung aus SODAR und RADAR notwendig (Abb. 9.18).

In der Mitte steht ein SODAR, das Schallwellen einer bestimmten Frequenz aussendet. Links davon wird die Sendeantenne eines Doppler-Radars aufgestellt, die einen kontinuierlichen Strom von Mikrowellen abstrahlt (CW Radar = *C*ontinous *W*ave). Die aufwärts strebenden Schallwellen interagieren in jeder Höhenschicht mit der Mikrowelle und können somit zeit-höhenkontinuierlich verfolgt werden. An der rechts vom SODAR befindlichen RADAR-Empfangsantenne wird als zentraler Parameter die Dopplerverschiebung aufgezeichnet, die aus der Verlagerungsgeschwindigkeit der Schallwellenfront resultiert. Die somit gemessene Schallgeschwindigkeit ist letztlich eine Funktion der virtuellen Temperatur.

Die Temperaturschichtung ergibt sich nach Low *et al.* (1998) aus:

$$T_v(z) = \left(\frac{C(z) - v_r(z)}{K_d} \right)^2 \quad \text{mit} \quad K_d = \left(\frac{c_p \cdot R}{c_v \cdot M} \right)^{0,5} \approx 20,046 \ [\text{m}\cdot\text{s}^{-1}\cdot\text{K}^{-1}] \qquad (9.16)$$

wobei: $T_v(z)$ = Virtuelle Temperatur in der Höhe z [K], C(z) = Schallgeschwindigkeit in der Höhe z [$\text{m}\cdot\text{s}^{-1}$], $v_r(z)$ Radialgeschwindigkeit der Schallwelle bezogen auf den Radarstrahl [$\text{m}\cdot\text{s}^{-1}$], c_p = Spez. Wärmekapazität der Luft bei konstantem Druck 1005 [$\text{J}\cdot\text{kg}^{-1}\cdot\text{K}^{-1}$], c_v = Spez. Wärmekapazität der Luft bei konstantem Volumen 718 [$\text{J}\cdot\text{kg}^{-1}\cdot\text{K}^{-1}$], R = Universelle Gaskonstante 8,314 [$\text{J}\cdot\text{mol}^{-1}\cdot\text{K}^{-1}$], M = Molekulargewicht der Luft 0,02896 [$\text{kg}\cdot\text{mol}^{-1}$]

Die angebrachte Korrektur auf die laterale Verdriftung der Schallwelle (v_r) bei Horizontalwind ist möglich, wenn zur Schallerzeugung ein Doppler-SODAR eingesetzt wird. Bei hohen Windgeschwindigkeiten driftet der Schallimpuls allerdings sehr schnell aus der Radarkeule, so dass die vertikale Reichweite des RASS ab-

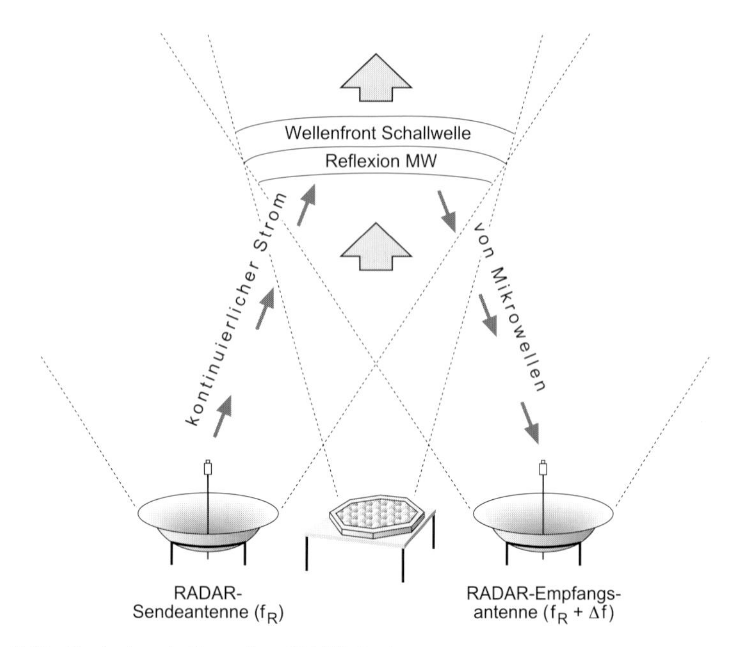

Abb. 9.18: Typischer Aufbau eines RASS-Systems

nimmt. Typischerweise eignen sich RASS-Systeme zur Temperaturmessung zwischen 0,1–1,5 km Höhe.

Damit die oben angeführte Messkonfiguration korrekt arbeitet, müssen die Gerätefrequenzen so aufeinander abgestimmt sein, dass die Wellenlänge der Schallwelle ungefähr der halben Wellenlänge der Mikrowelle entspricht:

$$\lambda_S = \frac{C}{f_S} \approx \frac{\lambda_R}{2} = \frac{1}{2} \cdot \frac{c}{f_R} \tag{9.17}$$

wobei: $\lambda_{S/R}$ = Wellenlänge SODAR bzw. RADAR [m], $f_{S/R}$ = Frequenz SODAR/RADAR [Hz bzw. s^{-1}], C,c = Schall- bzw. Lichtgeschwindigkeit [$m \cdot s^{-1}$]

Da die Schallgeschwindigkeit über die Schichten temperaturbedingt nicht konstant bleibt, ändert sich auch die Wellenlänge. Der Frequenzbereich des SODARs muss daher an der natürlicherweise zu erwartenden Spannweite der Lufttemperatur angepasst sein. Für ein RADAR mit einer Frequenz von 50 MHz wäre eine Schallfrequenz des SODARs zwischen 80–100 Hz (-60 bis +40°C) erforderlich.

9.3.5 Profiling der Luftfeuchte

Zum Profiling der Luftfeuchte sind in den letzten Jahren mehrere Verfahren entwickelt worden, die allerdings zum Teil noch experimentellen Charakter aufweisen (STEINHAGEN *et al.* 1998).

Das **DIAL** (*DI*fferential *A*bsorption *L*idar) ist ein Laser System, bei dem kurze, hochenergetische Lichtpulse (~50 mJ, Pulsdauer ~200 ns) in zwei verschiedenen Wellenlängen vertikal nach oben ausgesendet werden und der zurückgestreute Anteil von einer entsprechenden Empfängerschaltung aufgezeichnet wird. Ein Kanal wird in einen Spektralbereich gelegt, der nahezu frei von Absorption (off) ist, der andere in den Bereich einer Absorptionslinie des zu vermessenden Gases (on). Für Wasserdampf wird eine Wellenlänge (on) bei ~0,73 µm verwendet. Die empfangene Intensität im absorbierenden Kanal muss gegenüber der im nicht-absorbierenden Kanal umso kleiner werden, je höher der Wasserdampfgehalt und damit die Absorption im gescannten Messvolumen ist. Die Relation der beiden Empfangsstärken ist proportional zur Anzahldichte der Wasserdampfmoleküle:

$$N(z) = \frac{1}{2 \cdot \sigma \cdot \Delta z} \cdot \ln\left(\frac{P_{on}(zi) \cdot P_{off}(zj)}{P_{on}(zj) \cdot P_{off}(zi)}\right) \quad \text{mit } \Delta z = zj - zi \text{ und } z = \frac{zi + zj}{2} \qquad (9.18)$$

wobei: $N(z)$ = Mittlere Anzahldichte an Wasserdampfmolekülen in der Schicht z [m^{-3}], σ = Molekular-differentieller Absorptionsquerschnitt ($= \sigma_{on} - \sigma_{off}$) [$m^2$], zi, zj = Ober- bzw. Untergrenze der betrachteten Schicht [m], P_{on}, P_{off} = Empfangsstärke im absorbierenden und nicht-absorbierenden Kanal

Aus dieser Information können Profile der absoluten Feuchte abgeleitet werden. Die Höhenzuordnung des jeweiligen Rückstreusignals erfolgt standardmäßig nach der Laufzeit.

Weiterhin werden passive **Mikrowellenradiometer** mit Vertikalsicht eingesetzt, um Luftfeuchteprofile abzuleiten. Sie messen letztlich die Emission von Wasserdampf bzw. Wolkenwasser in dafür empfindlichen Spektralbereichen (z.B. 23,8 bzw. 31,4 GHz). Die Vertikalauflösung derartiger Geräte ist derzeit allerdings für geländeklimatologische Fragestellungen noch nicht optimal.

9.4 Spezielle Methoden der Weiterverarbeitung

9.4.1 Kombination von Sensoren – Bestimmung von Wärmeflüssen

Für die Erfassung bestimmter Parameter in der unteren Grenzschicht reicht die Messung mit einer automatischen Klimastation häufig nicht aus. Vielmehr bedarf es einer spezifischen Kombination verschiedener Sensoren, darauf angepasster Rechenvorschriften und definierter Randbedingungen. In der angewandten Geländeklimatologie spielen vor allem turbulente Austauschvorgänge im Zusammenhang mit den **Wärmebilanzgrößen** (fühlbarer, latenter Wärmestrom, Bodenwärmestrom) eine zentrale Rolle. Die turbulenten Flüsse können dabei mit verschiedenen Methodenkombinationen erfasst werden. Auf eine vollständige Ableitung der rechentechnischen Grundlagen inklusive der aufwendigen Korrekturverfahren muss hier verzichtet werden. Eine vertiefende Betrachtung zu Wärmeflussmessungen geben OKE (1987) und FOKEN (2003).

Direkte Flussmessungen werden mit der **Eddy-Kovarianz Methode** (auch **Eddy Correlation** Methode) durchgeführt. Zwar lassen sich die für den Rechenweg notwendigen Parameter mit einer geeigneten Sensorenkombination direkt messen, allerdings gelten die Ergebnisse nur unter bestimmten Voraussetzungen: (a) Der Messstandort muss eine vollständig homogene Struktur aufweisen, (b) er muss hindernisfrei sein und (c) es dürfen im Messbereich keine internen Grenzschichten wirksam werden. Letztlich lassen sich die Turbulenz (Parameter Schubspannungsgeschwindigkeit) sowie der turbulente fühlbare und latente Wärmestrom wie folgt ableiten:

$$u_*^2 = \overline{-u' \cdot w'}\,;\;\; L = \overline{T' \cdot w'} \cdot \rho \cdot c_p\,;\;\; V = \overline{q' \cdot w'} \cdot \rho \cdot L_v \qquad (9.19)$$

wobei: u_* = Schubspannungsgeschwindigkeit $[m \cdot s^{-1}]$, u' = Schwankungen im Horizontalwind $[m \cdot s^{-1}]$, w' = Schwankungen im Vertikalwind $[m \cdot s^{-1}]$, L = Fühlbarer Wärmestrom $[W \cdot m^{-2}]$, V = Latenter Wärmestrom $[W \cdot m^{-2}]$, ρ = Luftdichte $[kg \cdot m^{-3}]$, T' = Schwankungen der Lufttemperatur [K], q' = Schwankung der spezifischen Feuchte $[kg \cdot kg^{-1}]$, L_v = Spezifische Verdunstungswärme, s. Anhang B $[J \cdot kg^{-1}]$, c_p = Spez. Wärmekapazität der Luft bei konstantem Druck 1005 $[J \cdot kg^{-1} \cdot K^{-1}]$

Mit einer Eddy-Kovarianzstation müssen nun die hochfrequenten (10–20 Hz) Schwankungen im Windfeld, der Temperatur und der Feuchte gemessen werden. Dazu sind Sensoren mit sehr hoher Ansprechgeschwindigkeit notwendig. Typischerweise werden eingesetzt: (a) ein Ultraschallanemometer zur Erfassung von w', (b) ein sehr dünnes Thermocouple zur Ableitung von T' und (c) ein Absorptionshygrometer zur Messung von q'. Zur Ergänzung der Wärmebilanz kann der Bodenwärmestrom direkt mit Wärmeflussplatten gemessen werden. Als empfohlener Messbetrieb werden Mittelungszeiten von 30 Minuten vorgeschlagen.

Unter bestimmten Bedingungen können turbulente Flüsse auch mit einfachen **Profilmethoden** auf der Basis konventioneller Sensorik bestimmt werden. Bei der **Gradientmethode** werden Standardmessungen von Temperatur, Feuchte und Windgeschwindigkeit auf zwei Niveaus benötigt.

$$u_* = \frac{k \cdot \Delta\bar{u}}{\ln(z2/z1)}; \; L = -C_a \cdot k^2 \cdot \frac{\Delta\bar{u} \cdot \Delta\bar{T}}{\left[\ln(z2/z1)\right]^2}; \; V = -L_v \cdot k^2 \cdot \frac{\Delta\bar{u} \cdot \Delta\bar{a}}{\left[\ln(z2/z1)\right]^2} \quad (9.20)$$

wobei: u_* = Schubspannungsgeschwindigkeit [$m \cdot s^{-1}$], L = Fühlbarer Wärmestrom [$W \cdot m^{-2}$], V = Latenter Wärmestrom [$W \cdot m^{-2}$], z1/z2 = Höhe der beiden Messniveaus [m], Δu = Differenz der Windgeschwindigkeit zwischen z2 und z1 [$m \cdot s^{-1}$], ΔT = Temperaturdifferenz zwischen z2 und z1 [K], Δa = Differenz der absoluten Feuchte [$kg \cdot m^{-3}$], L_v = Spezifische Verdunstungswärme, s. Anhang B [$J \cdot kg^{-1}$], C_a = Wärmekapazitätsdichte der Luft, s. Anhang B [$J \cdot m^{-3} \cdot K^{-1}$], k= KARMAN Zahl 0,4

Die Gültigkeit der Ergebnisse ist aber auf bestimmte Wettersituationen beschränkt: (a) Neutrale Schichtung, (b) keine starken Änderungen der Klimaelemente über die Mittelungszeit, (c) keine vertikale Divergenz bzw. Konvergenz und (d) Gültigkeit des logarithmischen Windprofils.

Ein verbreitetes Verfahren ist die **Bowen-Ratio-Methode** (auch **Bowen-Verhältnis**). Hier wird mit zwei in verschiedenen Höhenniveaus installierten Psychrometern die Differenz von Temperatur und Luftfeuchte bestimmt (Verhältnis der Messhöhen zwischen 4–8). Weiterhin muss eine Bowen-Ratio-Station über einen Strahlungsbilanzgeber und Wärmeflussplatten für den Bodenwärmestrom verfügen. Interne Grenzschichten müssen ausgeschlossen sein (homogener Standort). Die Ableitung der turbulenten Flüsse erfolgt aus der Wärmebilanzgleichung und dem Bowen-Verhältnis:

$$Bo = \frac{C_a \cdot \Delta\bar{T}}{L_v \cdot \Delta\bar{a}}; \; L = (-Q*-B) \cdot {}^{Bo}\!/_{1+Bo}; \; V = \frac{(-Q*-B)}{1+Bo} \quad (9.21)$$

wobei: Bo = Bowen-Ratio, L_v = Spezifische Verdunstungswärme, s. Anhang B [$J \cdot kg^{-1}$], C_a = Wärmekapazitätsdichte der Luft, s. Anhang B [$J \cdot m^{-3} \cdot K^{-1}$], ΔT = Temperaturdifferenz zwischen zwei Messniveaus [K], Δa = Differenz der absoluten Feuchte zwischen zwei Messniveaus [$kg \cdot m^{-3}$], Q_* = Strahlungsbilanz [$W \cdot m^{-2}$], B = Bodenwärmestrom [$W \cdot m^{-2}$], L = Fühlbarer Wärmestrom [$W \cdot m^{-2}$], V = Latenter Wärmestrom [$W \cdot m^{-2}$]

Auch bei Anwendung dieser Methode bestehen deutliche Einschränkungen. Sinnvolle Ergebnisse ergeben sich nur, wenn die Windgeschwindigkeit im oberen Messniveau >1 $m \cdot s^{-1}$ sowie die Differenz zwischen beiden Niveaus >0,3 $m \cdot s^{-1}$ ist (zusätzliche Anemometermessungen notwendig) und damit ausreichend turbulente Verhältnisse vorliegen. Bei einer Bowen-Ratio von –1 sind die Gleichungen für L und V in 9.21 nicht lösbar. Das Verfahren ergibt meist eine Überschätzung der tatsächlichen Flüsse.

9.4.2 Geostatistik und GIS

Bei der Bearbeitung räumlicher Fragestellungen ergibt sich in der Geländeklimatologie häufig das Problem, wie man Punktmessungen in die Fläche extrapolieren kann. Die dafür notwendigen **Interpolationsverfahren** werden von der **Geostatistik** bereitgestellt und können im Rahmen des vorliegenden Buchs nicht im Detail erläutert werden. Grundsätzlich sind auf der Basis derartiger Verfahren interpolierte Karten bezüglich ihrer Punktschärfe vorsichtig zu interpretieren. Als Richtschnur kann gelten, dass die Interpolation von raum-zeitlich kontinuierlichen Klimadaten wie z.B. auf Meereshöhe reduzierte Temperaturen recht gut gelingt, vor allem wenn zeitlich aggregierte Datensätze (z.B. Jahresmittel) verwendet werden. Bei zeitlich und räumlich diskontinuierlich verteilten Daten und kurzen Zeitspannen ergeben sich größere Unsicherheiten. So sind beispielsweise konvektive Niederschläge schon mit Punktmessungen nur schwer zu erfassen, da die Niederschlagszentren nicht notwendigerweise mit den Messstandorten übereinstimmen. Auch ist der Niederschlag lokal abhängig von Luv- und Leeeffekten etc., die nur in speziellen Interpolationsverfahren berücksichtigt werden können. Beim Kriging mit externer Drift (KED) kann beispielsweise die Topographie als zusätzliche Driftvariable verwendet werden. Eine Interpolation für 71 Niederschlagsstationen in Ecuador und die Überprüfung an 13 nicht an der Interpolation beteiligten Stationen ergab, dass die Qualität der Niederschlagsinterpolation bei Berücksichtigung der Topographie deutlich zunimmt (Tab. 9.1).

Tab. 9.1: Qualität der Niederschlagsinterpolation mit KED für 13 unabhängige Stationen in Ecuador (nach BENDIX & BENDIX 1998)

Kriging Einstellungen				
Variogrammanpassung	ja	ja	ja	ja
Anisotropie	ja	nein	ja	nein
Externe Drift (Topographie)	ja	ja	nein	nein
r^2	0,94	0,92	0,88	0,84
r	0,97	0,96	0,94	0,91

Einen guten Überblick über die verschiedenen in der Geländeklimatologie verwendeten Interpolationsverfahren und deren Qualität geben VICENTE-SERRANO *et al.* (2003).

Geographische Informationssysteme (**GIS**) spielen in allen Bereichen der Geographie zunehmend eine zentrale Rolle und werden mittlerweile auch für geländeklimatologische Arbeiten eingesetzt. Hier dienen sie vor allem als Steuersystem zur flächendeckenden statistischen bzw. physikalisch-numerischen Modellierung von Klimaelementen und zur Visualisierung der Modellergebnisse (Abb. 9.19). Grundsätzlich wird auf Rasterbasis gearbeitet (Raster-GIS), ergänzende Vektor-Datensätze (z.B. Wegenetz) dienen der späteren Orientierung bei der Visualisierung. Grundlage der GIS-gestützten Modellierung sind meist Flächendaten der unteren Modellrandbedingung (Erdoberfläche: Topographie, Vegetation, Landbedeckung etc.), die für jeden Rasterpunkt vorliegen müssen und zum Teil aus der Fernerkundung (z.B. Landnutzungsklassifikation) bereitgestellt werden können.

Darüber hinaus können weitere, nicht flächenhaft vorliegende Modellvariablen (Messdaten etc.) in der Datenbank vorgehalten werden. Mit GIS-internen Programmmodulen (z.B. digitale Reliefanalyse) werden grundlegende Datensätze (z.B. Digitales Geländemodell) weiter aufbereitet und neue Ebenen (z.B. Himmelssichtfaktor) hinzugefügt. Raumdaten und notwendige Zusatzinformationen werden dann über die Modellgleichungen verknüpft und in das Ergebnisraster (z.B. der topographische Strahlungsgenuss) umgesetzt. Je nach Komplexität der Modellgleichungen können die Rechenregeln mit Hilfe der in den meisten GIS-

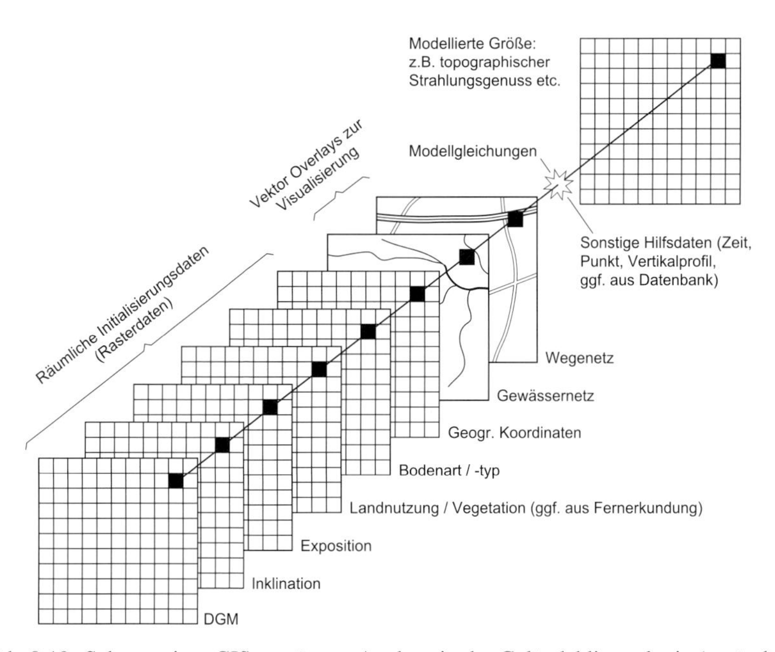

Abb. 9.19: Schema einer GIS-gestützten Analyse in der Geländeklimatologie (verändert nach Bendix & Bendix 1997)

Systemen verfügbaren Makro-Sprache kodiert werden. Beim derzeitigen Komplexitätsgrad der physikalisch-numerischen Modelle ist das aber kaum möglich. Hier sorgen entsprechende Schnittstellenprogramme dafür, dass die Modelle auf die GIS-Datenbank zugreifen bzw. die Modellergebnisse zu Visualisierungszwecken in das GIS importiert werden können.

9.4.3 Satellitenfernerkundung

Die Satellitenfernerkundung (zu Grundlagen der Fernerkundung s. z.B. Löffler 1994) bietet heute vielfältige Möglichkeiten der Beobachtung von Klimaelementen in verschiedenen Raum- und Zeitskalen (Tab. 9.2). Ihr **Vorteil** ist die flächendeckende Verfügbarkeit von Daten (Bilddaten) im Rahmen der **räumlichen Auflösung** des verwendeten Sensors bzw. der Kantenlänge eines Bildelements, auch als **Pixel** (= Picture Element) bezeichnet. Abbildende Fernerkundungssysteme liefern Rasterdatensätze des beobachteten Erd-/Atmosphärenausschnittes. Neben der Ableitung von Klimaelementen kann aus der Satellitenfernerkundung auch Zusatzinformation für GIS-gestützte Auswertungen bzw. numerische Modelle bereitgestellt werden. So werden beispielsweise mit hochauflösenden Sensoren Landbedeckungsklassifikationen durchgeführt und die ausgewiesenen Klassen mit einer typischen Rauhigkeitslänge indiziert, die dann als flächendeckender Eingangsdatensatz für die Modellierung zur Verfügung steht.

Der **Nachteil** bei der Verwendung von Satellitendaten ist die Notwendigkeit komplexer Auswerteverfahren des am Sensor anliegenden Signals. Der Träger für Informationen über den Zustand der Atmosphäre bzw. der Erdoberfläche ist die elektromagnetische Strahlung verschiedener Wellenlängen. Vom Satellit wird pro Bildpunkt letztlich die integrale Strahldichte des Gesamtsystems Erde-Atmosphäre aufgezeichnet. Dieser integrale Säulenwert setzt sich je nach Spektralbereich aus einem Signalanteil der Erdoberfläche und der Atmosphäre zusammen. Ist die Ableitung von Klimaelementen das Ziel, muss der Anteil der Erdoberfläche als Störsignal herausgefiltert werden und umgekehrt. Darüber hinaus ist zur Auswertung der so korrigierten Radianzen die Ableitung einer **Transferfunktion** notwendig, die die Beziehung zwischen elektromagnetischer Strahlung und Klimaelement numerisch beschreibt. Mit ihrer Hilfe kann dann die Größenordnung des Klimaelements je Pixel abgeleitet werden (**Retrieval**-Verfahren). Tatsächlich gibt es heute eine Vielzahl von Verfahren auf der Basis der verschiedensten Sensoren.

Wie und ob ein spezielles Satellitensystem für geländeklimatologische Untersuchungen eingesetzt werden kann, hängt in erster Linie von der spektralen, räumlichen und zeitlichen Auflösung des Sensors ab (Tab. 9.2). Unter **spektraler Auflösung** versteht man die Anzahl der Spektralkanäle, in denen der Sensor gleichzeitig misst. Möchte man beispielsweise die Albedo einer Landschaft erfassen, reichen Kanäle im solaren Spektrum aus. Wenn aber Aussagen über die Oberflächentemperatur getroffen werden sollen (**Thermometrie**), muss der Sensor über mindestens einen Spektralkanal im thermischen Infrarot (bei l ~10–11 µm) verfügen. Die **zeitliche Auflösung** besagt, wie häufig ein Bild von einem bestimmten Ausschnitt der Erdoberfläche aufgezeichnet wird. Sie wird auch als **Repetitionsrate** bezeichnet. Möchte man die dynamische Entwicklung z.B. von Grenzschichtwolken untersuchen, ist eine möglichst hohe zeitliche Auflösung erforderlich. Unglücklicherweise korrelieren räumliche und zeitliche Auflösung negativ, d.h. räumlich hochauflösende Systeme haben eine deutlich schlechtere zeitliche Auflösung als räumlich niedrigaufgelöste Systeme (Tab. 9.2). Eine sehr hohe zeitliche Auflösung ist grundsätzlich nur mit geostationären Systemen wie dem europäischen Wettersatelliten *M*eteosat *S*econd *G*eneration (MSG-1 = Meteosat-8) zu erreichen. Die zeitliche Auflösung der polarumlaufenden Plattformen hängt von der gescannten Streifenbreite ab. Bei hoher Streifenbreite (=moderate Auflösung der einzelnen Bildelemente) kann ein Gebiet mit einem Satelliten zweimal pro Tag erfasst werden (z.B. NOAA-AVHRR), bei geringer Streifenbreite (=hohe Auflösung der einzelnen Bildelemente) geht sie deutlich zurück (z.B. Landsat ETM).

Je nach Skala der geländeklimatologischen Aufgabenstellung muss der geeignete Sensor ausgewählt werden. Da aufgrund der hohen zeitlichen Dynamik geländeklimatologischer Phänomene vor allem eine hohe zeitliche Auflösung erforderlich ist, werden derzeit am häufigsten Daten der operationellen **Wettersatellitensysteme** (MSG, NOAA, TERRA/AQUA) eingesetzt. Sie decken in der Summe die raum-zeitlichen Skalen zwischen Mikro α bis Meso γ ab und erlauben es daher, Informationen im Übergangsbereich zwischen Lokal- und Mesoklima bereitzustellen. Der mikroklimatische Anteil des Geländeklimas wird nicht erfasst, für mehr statische Anwendungen greifen hier, wenn auch nur bezogen auf die räumliche Auflösung, die hochaufgelösten **Erderkundungssatelliten** (Landsat bis QuickBird). Eine Sonderstellung nehmen Sensoren im Mikrowellenbereich ein. Passive Radiometer (wie das *A*dvanced *M*icrowave *S*canning *R*adiometer AMSR) sind räumlich in der Regel schlecht aufgelöst und nur noch für die Übergangsbereiche von Geländeklima zum Großklima interessant. Aktive Systeme (*S*ynthetic *A*perture *R*ADAR wie das AMI-SAR) können räumlich hochaufgelöst betrieben werden, allerdings bei gleichzeitiger Reduktion der zeitlichen Auflösung.

In den letzten Jahren ist es gelungen, sowohl die räumliche wie auch zeitliche Auflösung der Wettersatellitensysteme deutlich zu verbessern (Abb. 9.20). So kann mit dem HRV-Kanal (*H*igh *R*esolution *V*isible) von **MSG** (MSG-1 = Meteosat-8) die Dynamik von Grenzschichtphänomenen (v.a. Grenzschichtbewölkung)

Tab. 9.2: Ausgewählte Satellitensysteme/Instrumente mit Nutzungsmöglichkeiten für die Geländeklimatologie

Satellit/ Instrument	Anzahl Spektralkanäle	Nominale räumliche Auflösung [m]	Repetitionsrate [Tage]	meteorologische Skala
MSG SEVIRI	1 PAN (HRV) 1 VIS 1 NIR 9 IR	1000 3000 3000 3000	0,01 (15 min)	Raum: ≥ Meso γ Zeit: ≥ Mikro α
NOAA AVHRR	1 VIS 1 NIR 3 IR	1100 1100 1100	0,5·Satellit^{-1}	Raum: ≥ Meso γ Zeit: ≥ Meso β
TERRA/AQUA MODIS	1 VIS 2 VIS 7 VIS 1 NIR 1 NIR 6 NIR 2 IR 16 IR	250 500 1000 250 500 1000 500 1000	0,5·Satellit^{-1}	Raum: ≥ Mikro α Zeit: ≥ Meso β
Landsat ETM	1 PAN 3 VIS 2 NIR 2 IR	15 30 30 30 / 60 (11 μm)	16	Raum: ≥ Mikro β Zeit: ≥ Meso α
TERRA ASTER	2 VIS 1 NIR 6 IR 5 IR	15 15 30 (1,6–2,4 μm) 90 (>8 mm)	16	Raum: ≥ Mikro α Zeit: ≥ Meso α
Quickbird BGIS	1 PAN 3 VIS 1 NIR	0,64 2,5 2,5	3,5	Raum: ≥ Mikro γ Zeit: ≥ Meso α
TERRA/AQUA AMSR	8 MW (passiv)	5000–50000	0,5·Satellit^{-1}	Raum: ≥ Meso β Zeit: ≥ Meso β
ENVISAT AMI-SAR	1 MW (aktiv) = RADAR (VV, HH)	10–1000	Je nach Betriebsart	Je nach Betriebsart

VIS = $\lambda \leq 0{,}78\ \mu m$, NIR $0{,}78 < \lambda \leq 1{,}4\ \mu m$, IR $\lambda > 1{,}4\ \mu m$, MW = Mikrowelle, PAN = Panchromatisch (=Breitband VIS bis ggf. ins NIR), HH = Polarisation horizontal, VV = Polarisation vertikal

mittlerweile im Zeitabstand von 15 Minuten und einer räumlichen Auflösung von nominal 1 km verfolgt werden. Bei den Polarorbitern konnte besonders mit dem **MODIS**-Instrument (*MOD*erate Resolution *I*maging *S*pectroradiometer) an

Bord der TERRA und AQUA Plattformen eine deutliche Verbesserung erzielt werden. Einerseits ist der Übergang zur operationellen hyperspektralen Atmosphärenfernerkundung gelungen (36 engbandige Spektralkanäle), andererseits konnte die räumliche Auflösung einzelner Kanäle von 1,1 km bei NOAA-AVHRR auf 250 m erhöht werden. Mit den 250 m Daten ist es möglich, Strukturen in Grundschichtwolken zu erkennen (s. Abb. 9.20), die z.B. die Unterscheidung von Nebel/St und Sc zulassen. Es ist im Rahmen des vorliegenden Buchs nicht möglich, auf alle Retrieval-Verfahren im Detail einzugehen. Vielmehr soll im folgenden ein kurzer Überblick über derzeit verfügbare Methoden mit einschlägigen Literaturverweisen für ein tiefergehendes Studium präsentiert werden.

Neben den spektralen Strahlungsflüssen wird recht häufig die flächendeckende Verteilung von Albedo und Oberflächentemperatur (v.a. Erdoberfläche und Wolken) abgeleitet. Bei der Albedoberechnung müssen nach erfolgter Kalibrierung terrestrische und atmosphärische Reflexanteile sorgfältig getrennt, Beobachtungsgeometrie und Atmosphärenzusammensetzung zum Aufnahmezeitpunkt berücksichtigt und die spektralen Einzelwerte in einen Breitbandwert umgerechnet werden (s. z.B. BENDIX 1995).

Die Ableitung der Oberflächentemperatur wird mit Hilfe von Sensoren im großen IR-Fenster (~11 µm) durchgeführt. Dabei wird aus der spektralen Strahldichte mit Hilfe der inversen Planck Funktion die sogenannte **Schwarzkörper-Äquivalenttemperatur** (**Blackbody Temperature**) berechnet. Zur Ableitung der wahren **Oberflächentemperatur** (Thermometrie z.B. zur Erfassung von Wärmeinseln) müssen allerdings Korrekturen v.a. auf den atmosphärischen Wasserdampfgehalt, die Beobachtungsgeometrie und den Emissionsgrad der Oberfläche durchgeführt werden (s. z.B. BECKER & LI 1992). Dabei sollte klar sein, dass die Oberflächentemperatur nicht mit der Lufttemperatur gleichgesetzt werden kann (s. Abb. 5.2). Mit Hilfe komplexer Rechnungen und unter Zuhilfenahme weiterer Zusatzdaten (GIS, Punktdaten) können auch die einzelnen Parameter der Strahlungs- und Wärmebilanz abgeleitet werden (z.B. BERGER 2001, PARLOW 2003). Wolkentyp (Nebel, Cirren etc.), Wasserphase (Eis-, Wasserwolken) und Bewölkungshäufigkeit lassen sich in Raum und Zeit auf der Basis von Verfahren der **Wolkenklassifikation** detektieren (s. z.B. BENDIX & BACHMANN 1991, BENDIX *et al.* 2004). Das Retrieval von optischen (z.B. optische Dicke) und mikrophysikalischen (z.B. Flüssigwasserweg, effektiver Tropfenradius) Wolkeneigenschaften erfordert Retrievalverfahren unter Einbezug von Strahlungstransferrechungen und Parametrisierungsschemata (z.B. BENDIX 2002).

Zur Ableitung des gesamten Wasserdampfgehalts in einer pixelbezogenen Säule (niederschlagsverfügbares Wasser, **precipitable water**) werden die sogenannten **Split-Window** Kanäle (bei 11 und 12 µm Wellenlänge) herangezogen (z.B. ECK & HOLBEN 1994). Die Erfassung von Niederschlagsfeldern ist aufgrund ihrer hohen

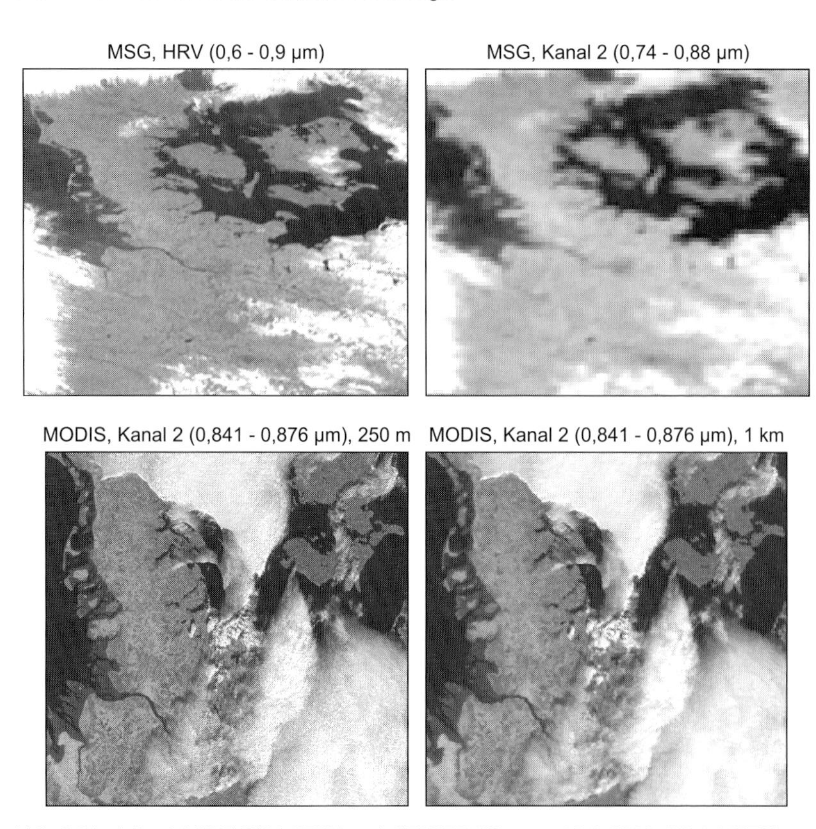

Abb. 9.20: (oben) MSG Bild (HRV und SEVIRI #2) vom 12.2.2003 (13:24 UTC) und (unten) TERRA-MODIS Bild (#2 in 250 m und 1 km Auflösung) vom 7.12.2001 (10:24 UTC)(Empfang: *M*arburg *S*atellite *S*tation, MSS)

raum-zeitlichen Dynamik vor allem an geostationäre Sensoren (s. z.B. BENDIX *et al.* 2001) bzw. an den Einsatz passiver Mikrowellenradiometer gebunden (z.B. DRÜEN & HEINEMANN 1998). Windfelder in der Grenzschicht können in beschränktem Maße aus dem Zug von Grenzschichtwolken mit Hilfe von Kreuzkorrelationsmethoden und geostationären Satellitenbild-Sequenzen abgeschätzt werden (**Wolkenwinde = Cloud Motion Winds**) (z.B. SCHMETZ *et al.* 1993, BENDIX & BENDIX 1998). Auch Lufttrübungen in der Grenzschicht durch Aerosole lassen sich aus der Satellitenperspektive beobachten. Abgeleitet wird in der Regel die **aerosol-optische Dicke** aus Daten im sichtbaren Spektralbereich (z.B. IGNATOV *et al.* 1995). Aufgrund der hohen Variabilität in der Zusammensetzung von natürlichem Aerosol (absorbierende, nicht-absorbierende Bestandteile) und dem sehr heterogenen Hintergrundsignal ist die Bestimmung über Landoberflächen aber noch mit großen Unsicherheiten behaftet.

Gerade für numerische Modelle im Grenzbereich zwischen Erdoberfläche und Atmosphäre ist die Kenntnis einiger Oberflächenparameter (=untere Randbedingung) von besonderer Bedeutung. Für die Abschätzung der Verdunstung muss u.a. flächendeckende Information über die Vegetation vorliegen. Besonders der **Blattflächenindex** (LAI, s. Abb. 6.5) ist ein wichtiges Maß zur Ableitung der Transpiration. Zur flächendeckenden Bestimmung des LAI kommen häufig Verfahren zum Einsatz, die das unterschiedliche Reflexionsverhalten grüner Vegetation im Übergang vom roten Spektrum zum nahen Infrarot ausnutzen. Aus zwei Spektralkanälen im roten und NIR-Bereich lässt sich ein Vegetationsindex ableiten (**NDVI** = *N*ormalised *D*ifference *V*egetation *I*ndex), der wiederum mit Hilfe von Feldmessungen in eine numerische Beziehung zum LAI gesetzt werden kann (z.B. Bach 1995). Zur Abschätzung der Evaporation ist darüber hinaus die Kenntnis der Bodenfeuchteverteilung unumgänglich. Hier haben sich sowohl Verfahren mit passiven bzw. aktiven (RADAR) Sensoren etabliert, die aber in der Regel nur einen Schätzwert der Bodenfeuchte in den oberen Zentimetern (Oberflächenfeuchte) von vegetationsfreien Flächen liefern. Infrarotverfahren nutzen beispielsweise die Oberflächentemperaturänderung im Tagesverlauf, die bei feuchten Böden kleiner (hohe Verdunstungskälte) als bei trockenen sein sollte (z.B. Wetzel *et al.* 1984). Aktive Mikrowellenverfahren (RADAR) basieren auf der Tatsache, dass die Dielektrizitätskonstante von Böden mit zunehmender Bodenfeuchte ansteigt. Ein von einem aktiven Instrument ausgesendeter Mikrowellenimpuls (SAR) wird an der Grenzfläche feuchter Boden-Atmosphäre umso stärker reflektiert, je höher die Dielektrizitätskonstante und damit der Bodenwassergehalt ist. In der Regel werden sensorspezifische und auf die Beobachtungsgeometrie abgestimmte Transferfunktionen zwischen RADAR-Rückstreukoeffizienten und volumetrischer Bodenfeuchte bestimmt und für das flächendeckende Retrieval der Bodenfeuchte verwendet (z.B. Wagner & Scipal 2000).

9.5 Numerische Simulationsmodelle

In der geländeklimatologischen Forschung werden verschiedene Modelltypen eingesetzt. Im folgenden sollen zwei Arten von meteorologischen Simulationsmodellen beschrieben werden, die typischerweise für die physikalisch-numerische Simulation von Geländeklima (Topo-, Mesoklimaanteil) Verwendung finden. Mit diesen Werkzeugen sind auch flächendeckende Aussagen über die Dynamik von Geländeklima unter veränderten Rahmenbedingungen (z.B. Klimaszenarien bei verschiedenen Raumplanungsvarianten) möglich, so dass sie häufig im Verlauf von Planungsvorhaben zum Einsatz kommen.

9.5.1 Grundlegende Modellarchitektur

Ein numerisches Simulationsmodell versucht die komplexe Klimadynamik auf der Basis der zugrundeliegenden Gleichungssysteme physikalisch möglichst vollständig und korrekt abzubilden. Es ist rechnergestützt und benötigt je nach Modellarchitektur und Komplexitätsgrad extrem hohe Rechenkapazitäten (ggf. „Supercomputer"). Für jedes im Modell betrachtete Luftvolumen müssen die dynamischen Grundgleichungen numerisch gelöst werden. Sie basieren auf den Erhaltungssätzen für Masse (Kontinuitätsgleichung), Energie (1. Hauptsatz der Thermodynamik) und Impuls (=Masse·Geschwindigkeit, EULERsche Bewegungsgleichungen für u, v, w) (s. dazu EMEIS 2000).

Modelle werden in der Geländeklimatologie auf ein beschränktes Gebiet angewendet und sind damit räumlich begrenzt. Der gewählte Raumausschnitt wird auch als **Modelldomäne** bezeichnet. Normalerweise findet bei mesoskaligen Modellen keine Rückkopplung mit dem synoptischen Grundzustand statt, großräumige Parameter (z.B. synoptischer Wind) werden zur Initialisierung vorgegeben. Die übliche Realisation eines numerischen Simulationsmodells basiert auf der Umsetzung der gewählten Domäne in ein regelmäßiges Gitter (**Gitterpunktmodell**, Abb. 9.21).

Die Modelldomäne selbst ist durch verschiedene Flächen nach außen abgesetzt. Die **unteren Randbedingungen** des Modells werden durch den Zustand der Erdoberfläche festgelegt. Hier steht das Modell vor allem über die molekularen bzw. turbulenten Flüsse (Bodenwärmestrom, turbulenter Fluss fühlbarer und latenter Wärme) in Wechselwirkung mit der Erdoberfläche und den darunter liegenden Boden- bzw. Wasserschichten.

Seitlich ist das Modell in die umgebende Atmosphäre eingebettet. An den lateralen Grenzflächen steht die Modelldomäne in Wechselwirkung mit dem Zustand der umgebenden Luftmassen (Wind, Temperatur, Feuchte, Druck) (**seitliche Randbedingungen**). Nach oben hin wird die Modelldomäne je nach Architektur durch eine Schicht innerhalb der Atmosphäre bzw. durch den Übergang zum Weltraum (Obergrenze der Atmosphäre) abgegrenzt. Die **oberen Randbedingungen** werden besonders durch die Strahlungsströme (v.a. solarer Antrieb, terrestrische Ausstrahlung) charakterisiert. Das Gitter innerhalb der Domäne wird durch die horizontale und vertikale Auflösung (Anzahl Schichten) der Gitterelemente festgelegt. Häufig nimmt die vertikale Auflösung nach oben hin ab, da in höheren Atmosphärenschichten die Änderungen der Klimaelemente mit der Höhe weniger stark sind als nahe der unteren Grenzfläche (Energieumsatzfläche).

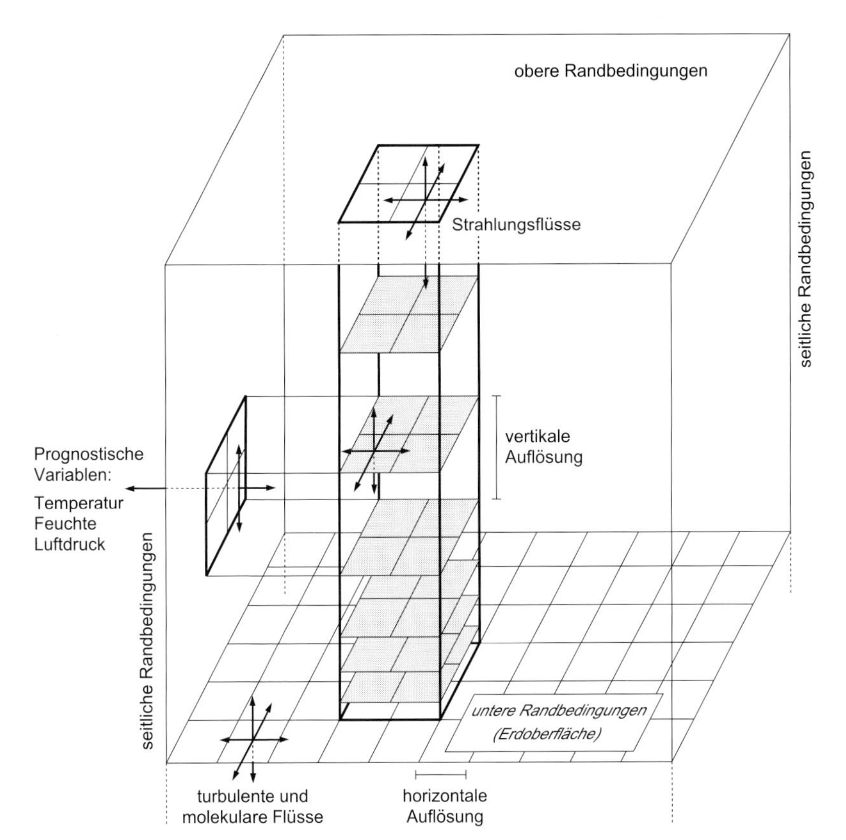

Abb. 9.21: Schematischer Aufbau eines numerischen Simulationsmodells in der Geländeklimatologie

Ein vollständiges 3D-Simulationsmodell muss pro **Zeitschritt** die Änderung der Klimaelemente in x, y und z-Richtung berechnen. Die Zeit wird nicht als eigenständige Dimension betrachtet, ist aber eine wichtige modellimmanente Größe. Die Länge eines Zeitschritts (Sekunde bis 40 Minuten) orientiert sich an der Modellarchitektur und dem Simulationsziel. Pro Zeitschritt muss für jedes Gitterelement (z.B. Würfel) berechnet werden, wie sich die Klimaelemente verändern und dabei die Wechselwirkung (z.B. über den Impulsaustausch) mit den benachbarten Gitterelementen berücksichtigt werden. Dazu müssen die o.a. primitiven Differentialgleichungen (Impuls etc.) diskretisiert, d.h. in Differenzengleichungen umgesetzt werden (numerische Lösungsverfahren). Damit lässt sich dann die zeitliche Veränderung eines Klimaelements (= **prognostische Variable**) pro Gitterelement ableiten. Die üblichen prognostischen Variablen sind in der Regel das Windfeld (**Strömungsmodell**), der Luftdruck, die Temperatur und die Luftfeuchtigkeit (Wasserdampf und Flüssigwasser). Derartige Verfahren werden auch als **prognostische Modelle** bezeichnet.

Allerdings gibt es kein umfassendes Modell, das alle raum-zeitlichen Skalen und somit gleichzeitig mikroskalige Turbulenzen wie auch makroskalige Wellenregime physikalisch vollständig simulieren kann. Vielmehr werden je nach Skala unterschiedliche Modelle eingesetzt (Abb. 9.22).

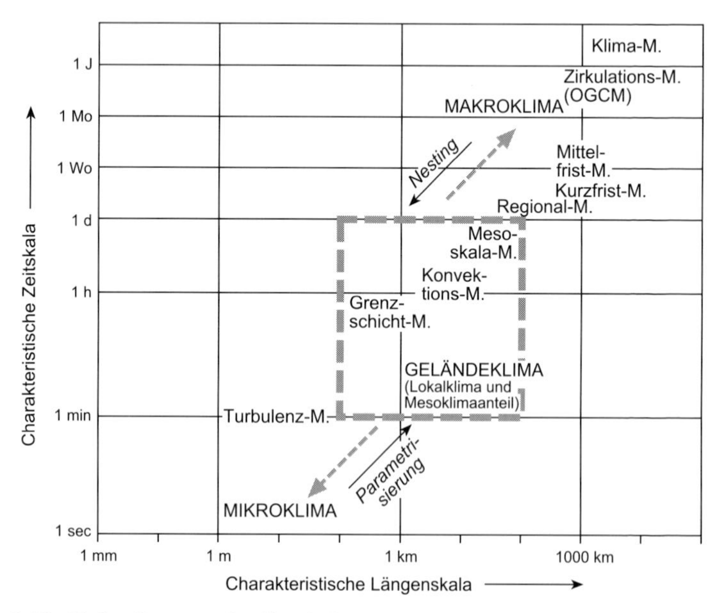

Abb. 9.22: Skalendiagramm für Simulationsmodelle in der Meteorologie (verändert nach ETLING 1980)

Im Bereich des Mikroklimas kommen **Turbulenzmodelle** zum Einsatz, die in Raum und Zeit extrem hochaufgelöst sein müssen. Sie beschreiben die turbulenten Flüsse numerisch explizit. Der Bereich von Topo- und Mesoklima wird durch verschiedene Modelltypen abgedeckt. Am Übergang zur Mikroskala werden **Grenzschichtmodelle** eingesetzt. Hier stellt die obere Begrenzung der Domäne die Peplopause dar. Im unteren Auflösungsbereich finden sich im Übergang zum

Makroklima die **Mesoskala-Modelle**. Darüber folgen typische Modelle für die großräumige Wettervorhersage sowie die gekoppelten globalen Ozean-Zirkulationsmodelle (**OGCM**), die vor allem in der Klimawandelforschung eingesetzt werden.

Ein zentrales Problem von Geländeklimamodellen mit Gitterweiten zwischen 100 m und 10 km besteht darin, dass einige Prozesse aufgrund ihrer abweichenden raum-zeitlichen Auflösung nicht mehr explizit, also durch vollständige Differentialgleichungssysteme beschrieben werden können. Das trifft besonders auf die turbulenten Flüsse zu, die bezogen auf die angesprochene Modellauflösung subskalige Prozesse darstellen. Damit realistische Modellergebnisse erzielt werden können, muss der Einfluss der subskaligen Prozesse aber berücksichtigt werden. Möchte man beispielsweise die Windgeschwindigkeit an einem Gitterpunkt prognostizieren, so setzt sich der Ergebniswert aus dem aus den prognostischen Gleichungen in der gewählten Gitterauflösung (skaligen) berechenbaren Anteil und einem unbekannten subskaligen Turbulenzanteil zusammen, der aber nicht explizit im Gitter dargestellt werden kann. Damit ergibt sich im Gleichungssystem eine Unbekannte, es ist nicht geschlossen. Zur **Schließung** muss nun der Term (hier der turbulente Anteil) als mittlerer Wert über das Gitterelement beschrieben, d.h. parametrisiert werden. Zur **Parametrisierung** verwendet man häufig einen Proportionalitätsfaktor K (**K-Parametrisierung**, s. ETLING 1981), dessen Wert proportional zur Stärke der atmosphärischen Turbulenz gesetzt wird. Auch extern benötigte Parameter der unteren Grenzfläche (GIS-Ebenen wie Topographie, Landbedeckung) werden der Parametrisierung zugeschlagen, ebenso wie die explizite Vorhersage von Temperatur und Wassergehalt der Bodenschicht, wenn sie von einem gekoppelten **Erdbodenmodell** (s. SVAT-Modell) geliefert werden. Eine gute Zusammenfassung über Parametrisierungsverfahren z.B. für Konvektion und Turbulenz gibt HEISE (2002).

Der Antrieb des Modells an den seitlichen Rändern der Modelldomäne kann auf verschiedene Weise geleistet werden. Entweder wird der Zustand der umgebenden Atmosphäre mit Hilfe von Messdaten festgelegt, oder durch räumlich gröber aufgelöste Modelle mit größerer Raumabdeckung bestimmt. Häufig (v.a. in der Wettervorhersage) werden hierarchische Modellkaskaden (Global-Regional-Lokalmodelle) aufgebaut. Wird ein höherskaliertes (z.B. mesoskaliges) Modell in ein globaleres (z.B. Regionalmodell) eingehängt, spricht man von **Nesting**. Um in der Wettervorhersage die Modellergebnisse den gemessenen Werten anzugleichen und damit eine realitätsnähere Abbildung des Wettergeschehens zu bekommen, werden in regelmäßigem Zeitabstand reale Messdaten assimiliert und die Modellergebnisse in Richtung der Beobachtung gezwungen (**Nudging**). Methoden der **Datenassimilation** für die Modellkette des Deutschen Wetterdienstes (GME, LM) beschreiben WERGEN & BUCHHOLD (2002).

9.5.2 Mesoskalamodelle

Für geländeklimatologische Modellierungen werden heute überwiegend **nicht-hydrostatische Modelle** verwendet (Gleichungssystem s. Anhang 9). Die prognostische Variable Windfeld wird durch die drei Bewegungsgleichungen für die Strömungskomponenten u, v und w bestimmt. Der erste Hauptsatz der Thermodynamik liefert die Temperaturänderung. Die Bilanzgleichung für die Diffusion von Luftbeimengungen ist universell einsetzbar. Sie kann sowohl für die Berechnung der Wasserdampfkonzentration, der Flüssigwasserkonzentration und im Fall von lufthygienischen Fragestellungen (Ausbreitungsrechnungen) auch der Schadstoffkonzentration dienen. Der Luftdruck wird als dynamische Variable aus dem vorhandenen Strömungsfeld durch Kombination von Kontinuitätsgleichung und Bewegungsgleichungen abgeleitet (diagnostische Druckgleichung). Die Kontinuitätsgleichung wird je nach Modell in zwei verschiedenen Varianten verwendet (Anhang 9). Bei der **Boussinesq-Approximation** wird davon ausgegangen, dass turbulente Dichte- und Druckvariationen vernachlässigt werden können und Dichtevariationen nur von der Änderung der Temperatur abhängen. Die **anelastische Approximation** wird benötigt, wenn dynamische Phänomene simuliert werden sollen, deren vertikale Erstreckung keine höhenkonstante Dichte zulassen (z.B. thermische Konvektion in komplexer Topographie). Die Wahl der Approximationsmethode hat Auswirkungen auf die räumliche Einsetzbarkeit des Modells (Abb. 9.24). Einen Überblick über die in Deutschland entwickelten nicht-hydrostatischen und geländeklimatologisch relevanten Modelle, ihre Architektur sowie die verwendeten Approximations- bzw. Parametrisierungsschemata gibt Schlünzen (1994). Über das Lokal-Modell (LM) des Deutschen Wetterdienstes berichten Doms *et al.* (2002). Ein Problem beim Betrieb nicht-hydrostatischer Modelle ist der hohe Zeitaufwand zur numerischen Lösung der diagnostischen Druckgleichung.

Daher werden neben nicht-hydrostatischen auch **hydrostatische Modelle** verwendet (s. z.B. Bendix 1998), die wesentlich geringere Anforderungen an die notwendige Rechenkapazität stellen (Gleichungssystem s. Anhang 10). Die diagnostische Druckgleichung wird hierbei durch die statische Druckgleichung ersetzt. Damit kann die Vertikalgeschwindigkeit nicht mehr explizit beschrieben werden, sondern ergibt sich aus den horizontalen Druckgradienten. Wird also im Modell eine Luftsäule erwärmt, dehnt sie sich gegenüber den benachbarten, nicht erwärmten Säulen zuerst nach oben aus. Die Druckflächen werden vertikal verlagert und es folgt, wie bereits bei den thermischen Windsystemen (Kap. 8, Abb. 8.1) besprochen, ein horizontaler Druckgradient. Der Druckgradient erzeugt nun die Beschleunigung des Horizontalwinds für die Bewegungsgleichungen (u, v-Komponente). Wie bei den thermischen Windsystemen erläutert, muss aus Kontinuitätsgründen (Massenerhalt) eine Vertikalzirkulation mit der für den Massenerhalt notwendigen Geschwindigkeit zum Ausgleich der horizontalen Massenverlagerung einsetzen. Damit wird in hydrostatischen Modellen die Vertikalwindgeschwindigkeit alleine aus dem horizontalen Strömungsfeld abgeleitet. Das bedeutet aber, dass im Vertikalwindfeld Beschleunigungs- und Reibungsfreiheit vorherrschen muss. Effekte wie Vertikalbeschleunigung beim Anströmen eines Hangs bzw. durch thermische Konvektion können damit in hydrostatischen Modellen nicht adäquat abgebildet werden. Abbildung 9.23 (Colorado Tal) zeigt dies am Beispiel der potentiellen Temperaturschichtung, die durch geländebestimmte Vertikalbeschleunigung (Anströmung des ostexponierten Hangs mit entsprechender Ausbildung von vertikalen Wellen) modifiziert wird. Die wellenförmige Struktur im vertikalen Beschleunigungsbereich lässt sich nur im nicht-hydrostatischen Modellergebnis nachvollziehen.

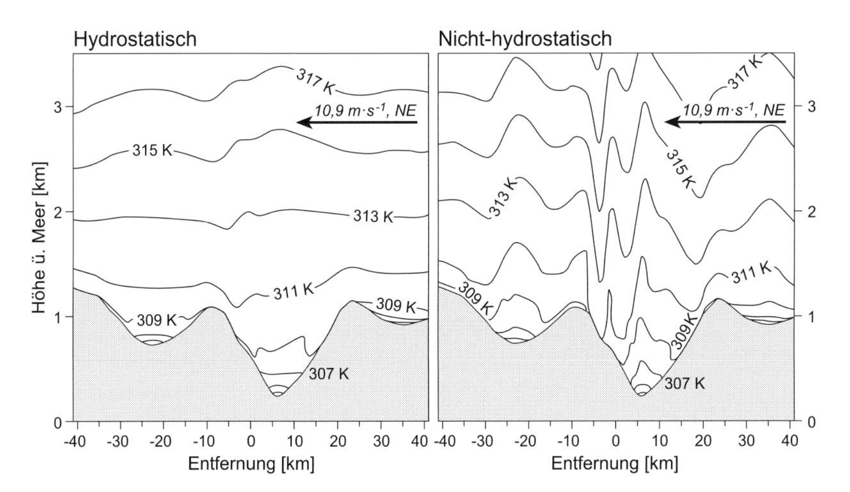

Abb. 9.23: Hydrostatisch und nicht-hydrostatisch modellierte potentielle Temperatur für das Tal des Colorado River, 16.6.1986, 2:00 LT (verändert nach ENGER *et al.* 1993)

Insgesamt ist die Einsetzbarkeit der verschiedenen Modellannahmen auf bestimmte Fragestellungen (bzw. Längenskalen) beschränkt (Abb. 9.24). Mit beiden nicht-hydrostatischen Ansätzen kann das Geländeklima auch in komplexer Topographie sinnvoll simuliert werden. Auf größeren Skalen (>25 km, Regionalklima) ist allerdings die Boussinesq-Approximation nicht mehr gültig. Hydrostatische Modelle sind nur für den Mesoskalabereich >10 km sinnvoll einsetzbar.

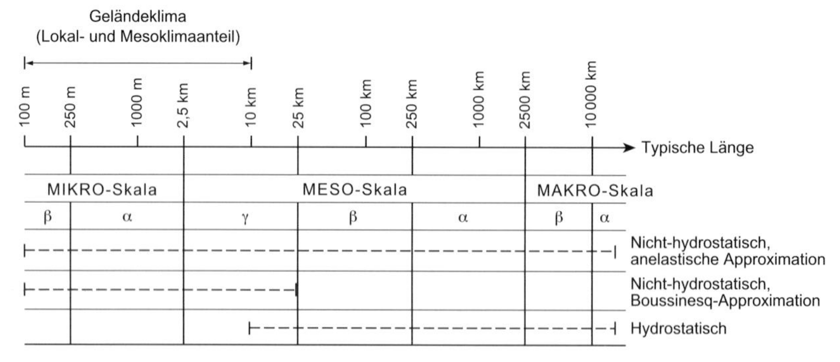

Abb. 9.24: Räumliche Gültigkeitsbereiche verschiedener Modellannahmen (verändert nach WIPPERMANN 1980)

9.5.3 SVAT-Modelle

Zur Simulation der atmosphärischen Wasser- und Wärmeflüsse im Übergangsbereich von Boden, Vegetation und Atmosphäre werden spezielle Typen von Simulationsrechnungen verwendet, die sogenannten **SVAT-Modelle** (*S*oil-*V*egetation-*A*tmosphere *T*ransfer). Sind sie mit Mesoskalamodellen gekoppelt (dann häufig als Boden- bzw. Erdbodenmodell bezeichnet), liefern sie einerseits die unteren Randbedingungen für das Mesoskalamodell (z.B. turbulente Flüsse), können andererseits durch die prognostischen Variablen des Mesoskalamodells angetrieben werden (= Randbedingungen des SVAT-Modells).

Das typische Schema eines SVAT-Modells ist in Abbildung 9.25 dargestellt. In der Regel ähnelt die Architektur der eines Gittermodells, wobei die einzelnen Gitterelemente (Pixel) zumindest in der Atmosphäre nicht lateral miteinander interagieren, sondern pro Rasterelement nur die vertikalen Flüsse simuliert werden.

Der vertikale Aufbau umfasst mehrere Bodenschichten, eine Vegetationsschicht und eine Atmosphärenschicht. Soll eine Wettersituation mit Schnee/Eisbedeckung simuliert werden, liegen der Bodenoberfläche an den entsprechenden Gitterpunkten noch verschiedene Schnee-/Eisschichten auf.

Für den Betrieb eines SVAT-Modells sind externe Parameter (GIS-Layer) erforderlich: Die Topographie (Digitales Geländemodell), der Landbedeckungstyp (z.B. aus einer Satellitenbildklassifikation) mit Abschätzung des prozentualen Anteils einer Bedeckungsklasse je Gitterelement (z.B. Vegetationsanteil, Anteil unbedeckter Boden) sowie der Blattflächen- bzw. Stammflächenindex pro Pixel. Ferner müssen Bodenfarbe und Bodenart für jeden Gitterpunkt bekannt sein. An der oberen Grenzfläche wird das SVAT-Modell mit externen Werten (Messungen oder Mesoskalamodell) von Windgeschwindigkeit, Temperatur, spezifischer Feuchte, Regenrate, Luftdruck und solarer bzw. thermaler Einstrahlung angetrieben. Die prognostischen Variablen sind die zentralen Parameter der Energie- und Wasserbilanz, die für jeden Zeitschritt bestimmt werden.

Auf der Seite der Energiebilanz stehen die kurz- und langwelligen Strahlungsflüsse, die turbulenten Flüsse von fühlbarer und latenter Wärme, der Bodenwärmestrom sowie Boden-, Blatt- und Lufttemperatur. Die Albedo der einzelnen Pixel wird anteilig aus der Vegetationsalbedo (Parametrisierung über den LAI) und der Albedo des unbedeckten Bodens, abgeleitet aus Bodenfeuchte und Bodenfarbe, berechnet. Die Schneealbedo ist eine Funktion mehrerer Größen wie Schneealter, Verschmutzungsgrad, Sonnenzenit etc. Die turbulenten Flüsse von

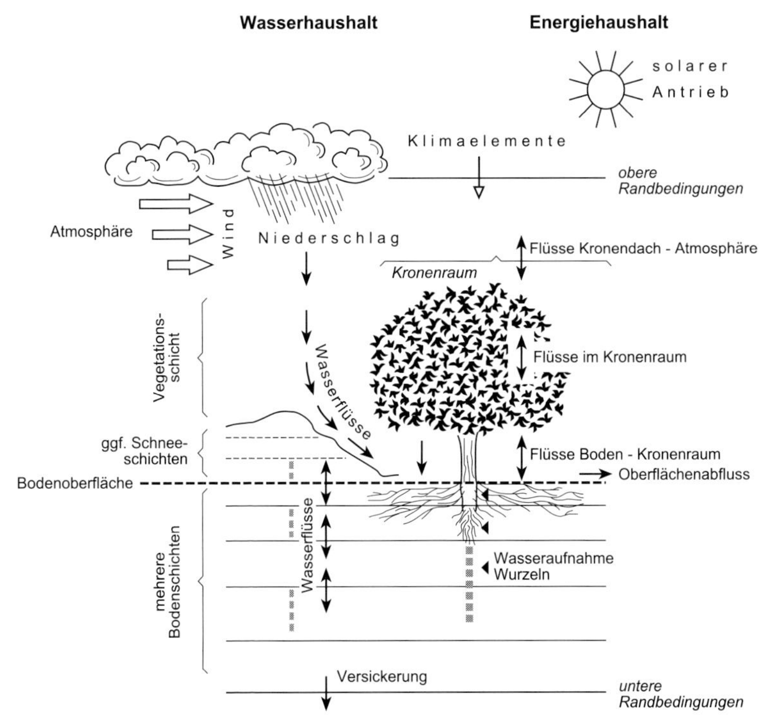

Abb. 9.25: Schema eines typischen SVAT-Modells (verändert nach Dai *et al.* 2001)

latenter und fühlbarer Wärme werden in drei verschiedenen Stufen bestimmt: zwischen Atmosphäre (Referenzhöhe) und Kronendach, zwischen Ober- und Untergrenze des Kronenraums und zwischen Stammraum und Bodenoberfläche. Über die Bestimmung der Evapotranspiration sind die turbulenten Flüsse mit den Wasserbilanzgliedern verbunden. Beim Wasserhaushalt werden simuliert: Die Evapotranspiration (inkl. Interzeptionsspeicher), die Wasserflüsse aus der Atmosphäre bzw. zwischen Kronenraum und Erdoberfläche sowie die Wasserflüsse im Boden (z.B. Wurzelwasserentnahme, Perkolation etc.) und an der Bodenoberfläche (Abfluss). Ein grundlegender Gleichungssatz für ein State-of-the-Art SVAT-Modell (Common Land Model CLM) kann beispielsweise DAI *et al.* (2003) entnommen werden.

Anhang 0: Wichtige Größen zur planetaren Grenzschicht

Zur Ableitung der Mischungsschichthöhen bzw. zum Verständnis von turbulenten Austauschvorgängen in der planetaren Grenzschicht ist die Kenntnis einiger Größen notwendig. Im folgenden werden einfache Möglichkeiten der Berechnung beschrieben, die in der angewandten Geländeklimatologie verbreitet sind (VDI 2003). Genauere Parametrisierungsmöglichkeiten einzelner Größen und entsprechende Fehlerbetrachtungen finden sich in FOKEN (2003).

Die **Schubspannungsgeschwindigkeit** beschreibt als ein zentraler Turbulenzparameter die Impulsübertragung auf den Boden und somit die vertikale Flussdichte des Horizontalimpulses aus den Turbulenzelementen der Grenzschicht.

$$u_* = v_a \cdot \frac{k}{\ln(z_a / z_0)}$$

wobei: u_* = Schubspannungsgeschwindigkeit (*friction velocity*) [$m \cdot s^{-1}$], k = KARMAN Zahl = 0,4, v_a = Windgeschwindigkeit in Anemometerhöhe [$m \cdot s^{-1}$], z_a = Anemometerhöhe [m] (Referenzhöhe 10 m), z_0 = Rauhigkeitslänge (*roughness length*) [m] z.B. nach folgenden empirischen Ansätzen (VDI-KRL 1988):

$$z_0 \sim 0{,}1 \cdot z_H \text{ bzw. bei gut abgegrenzten Hindernissen } z_0 \sim 0{,}5 \cdot z_H \cdot s_* / S_*$$

wobei: z_H = Hindernishöhe [m], s_* = mittlere Windangriffsfläche [m^2], S_* = spezifische Grundfläche [m^2] = Gesamtfläche aller Hindernisse/Anzahl

Die **Rauhigkeitslänge** (auch **Rauhigkeitshöhe** bzw. **Rauhigkeitsparameter**) entspricht dabei der Höhe über der Unterlage, in der die Windgeschwindigkeit theoretisch Null wird. Zur Modellierung homogener Landschaftseinheiten empfehlen sich die Werte der nachfolgenden Tabelle.

Möchte man im Gelände, wo Hindernisse unregelmäßig verteilt sind, die tatsächliche Rauhigkeitslänge bestimmen (**effektive Rauhigkeitslänge**, z.B. TAYLOR 1987), kann man dies mit Hilfe hochaufgelöster Windmessungen nach folgender Gleichung durchführen:

$$z_0 \sim \frac{z_a}{\exp(\bar{v}/\sigma_u)}$$

wobei: z_0 = effektive Rauhigkeitslänge [m], z_a = Anemometerhöhe [m], $\bar{v}$ = mittlere Windgeschwindigkeit [$m \cdot s^{-1}$] und σ_u = Standardabweichung der Windgeschwindigkeit [$m \cdot s^{-1}$]

Die Anemometerhöhe sollte dabei im Bereich von $20 \cdot z_0$ bis $100 \cdot z_0$ liegen; eine Vorschätzung von z_0 auf der Basis der nachfolgenden Tabelle ist also notwendig. Die effektive Rauhigkeitslänge soll nur für Windgeschwindigkeiten >5 $m \cdot s^{-1}$, getrennt für alle Anströmungsrichtungen in 30° umfassenden Sektoren als Median der jeweiligen Messungen bestimmt werden. Wenn die Abweichungen der einzelnen Medianwerte der Sektoren vernachlässigbar sind, können sie gemittelt werden. Ansonsten gelten für jeden Sektor die bestimmten effektiven Rauhigkeitslängen.

Typische Rauhigkeitslängen verschiedener Landschaftseinheiten

z_0 [m]	Oberfläche
0,01	Wasser, Dünen, Sandflächen
0,02	Wiesen/Weiden, Grünland, Salzwiesen, Gewässerläufe, spärliche Vegetation, Gezeitenzonen, Mündungsgebiete
0,05	Gletscher/Dauerschnee, Lagunen, Ackerland nicht bewässert, Sport- und Freizeitanlagen, Abbauflächen
0,1	Sümpfe, Torfmoore, Flughäfen
0,2	Strassen, Schienen, städtische Grünflächen, Weinbauflächen, komplexe Parzellen, Heiden, Felsflächen vegetationsfrei, Landwirtschaft, natürliche Flächen
0,5	Hafengebiete, Obst- und Beerenobstbestände, Wald-Strauch-Übergangsstadien
1,0	Lockere Siedlungsflächen, Industrie- und Gewerbeflächen, Baustellen, Nadelwälder
1,5	Laubwälder, Mischwälder
2,0	Bebaute Stadtflächen

Das Verhältnis von quadrierter Schubspannungs- und Windgeschwindigkeit wird als **Bodenreibungskoeffizient** bzw. **Spannungskoeffizient** (**drag coefficient**) bezeichnet:

$$C_D = \frac{u_*^2}{v_a^2}$$

wobei: C_D = Spannungskoeffizient, u_* = Schubspannungsgeschwindigkeit [$m \cdot s^{-1}$], v_a = Windgeschwindigkeit in Anemometerhöhe [$m \cdot s^{-1}$]

Darüber hinaus gibt die **Verschiebungshöhe** (auch **Verdrängungshöhe**) d_0 an, wie weit die theoretischen meteorologischen Profile (die Zunahme der Windgeschwindigkeit mit der Höhe nach dem logarithmischen Windprofil) aufgrund von Bewuchs oder Bebauung in der Vertikalen zu verschieben sind.

$d_0 = \frac{2}{3} \cdot z_H$ für Vegetationsbestände etc. bzw. $d_0 = 0{,}8 \cdot z_H$ bei dichter Bebauung

wobei: d_0 = Verschiebungshöhe [m], z_H = Hindernishöhe [m]

Ein weiterer Turbulenzparameter ist die **Monin–Obukhov–Länge**, mit dessen Hilfe sich die Schichtungsstabilität ableiten lässt:

$$MO = -\frac{u_*^3 \cdot T \cdot \rho \cdot c_p}{k \cdot g \cdot L}$$

wobei: MO = Monin–Obukhov–Länge [m], u_* = Schubspannungsgeschwindigkeit [$m \cdot s^{-1}$], T = Lufttemperatur [K], ρ = Luftdichte [$kg \cdot m^{-3}$], c_p = Spezifische Wärme von Luft bei konstantem Druck [1005 $J \cdot kg^{-1} \cdot K^{-1}$], g = Schwerebeschleunigung 9,81 [$m \cdot s^{-2}$], L = Fühlbarer Wärmestrom [$W \cdot m^{-2} = J \cdot m^{-2} \cdot s^{-1}$], k = KARMAN Zahl = 0,4

Ist L nicht bekannt, kann MO in Abhängigkeit der Schichtungsstabilität annäherungsweise aus Profilmessungen von Wind und Temperatur bestimmt werden (ROEDEL 1992). Für den labilen (Ri < -0,2) bzw. neutralen Bereich gilt:

$$MO \approx \frac{z_a \cdot T \cdot (dv/dz)^2}{g \cdot (dT/dz)} \text{ (labil) bzw. } MO \approx \frac{3}{4} \cdot \frac{z_a \cdot T \cdot (dv/dz)^2}{g \cdot (dT/dz)} \text{ (neutral)}$$

und für den stabilen Fall folgt:

$$\frac{1}{MO} \approx \frac{v_a \cdot k}{4{,}7 \cdot u_* \cdot \ln(z_a/z_0) \cdot (z_a - z_0)}$$

wobei: MO = Monin–Obukhov–Länge [m], T = Lufttemperatur [K], g = Schwerebeschleunigung 9,81 [$m \cdot s^{-2}$], k = KARMAN Zahl = 0,4, z = Messhöhe [m], z_a = Anemometerhöhe [m], v = Windgeschwindigkeit [$m \cdot s^{-1}$], v_a = Windgeschwindigkeit in Anemometerhöhe [$m \cdot s^{-1}$], u_* = Schubspannungsgeschwindigkeit [$m \cdot s^{-1}$], z_0 = Rauhigkeitslänge [m]

Auf der Basis von Monin-Obukhov- und Rauhigkeitslänge lassen sich die Ausbreitungs-/Stabilitätsklassen nach Klug/Manier (Richtlinie VDI 3782 Blatt 1) ableiten.

Monin–Obukhov–Länge und Stabilitätsklassen nach VDI 3782 Blatt 1

Klasse	z_0 0,01	0,02	0,05	0,1	0,2	0,5	1,0	1,5	2
I sehr stabil	7	9	13	17	24	40	65	90	118
II stabil	25	31	44	60	83	139	223	310	406
III/1 indifferent	∞	∞	∞	∞	∞	∞	∞	∞	∞
III/2 indifferent	-25	-32	-45	-60	-81	-130	-196	-260	-326
IV labil	-10	-13	-19	-25	-34	-55	-83	-110	-137
V sehr labil	-4	-5	-7	-10	-14	-22	-34	-45	-56

Ist die Höhe der Mischungsschicht (h_m) aus Messungen (Radiosonde, SODAR, LIDAR etc.) nicht bekannt, kann sie basierend auf den Stabilitätsklassen für Deutschland wie folgt abgeschätzt werden (VDI 2003): Für die Klassen IV und V wird grundsätzlich eine Höhe von 1100 m angenommen. Für alle anderen Klassen ergibt sich 800 m bzw. der Wert aus folgenden Gleichungen, wenn er 800 m unterschreitet.

$$h_m = \alpha \cdot \frac{u_*}{f_c} \text{ für } MO \geq u_*/f_c \text{ bzw. } h_m = \alpha \cdot \frac{u_*}{f_c} \cdot \left(f_c \cdot MO / u_* \right)^{0,5} \text{ für } 0 < MO < u_*/f_c$$

wobei: $\alpha = 0,3$, f_c = Coriolisparameter 10^{-4} [s^{-1}]

Die Höhenlage der (mechanisch-) **internen Grenzschicht** im Luv gelegener Oberflächen mit abweichender Rauhigkeit berechnet sich vereinfacht aus (FOKEN 2003):

$$h_{IG} = 0,3 \cdot \sqrt{x} \text{ (Untergrenze) bzw. } h_{IG} = 0,43 \cdot x^{0,5} \text{ (Schichtmitte)}$$

wobei: h_{IG} = Höhe der (mechanisch-) internen Grenzschicht [m], x = Horizontalentfernung zum Punkt mit Rauhigkeitswechsel [m]

Die Höhenlage der (thermisch-) internen Grenzschicht nach:

$$h_{IG} = c \cdot \left(\frac{u_*}{v} \right) \cdot \left[\frac{x \cdot (\theta_1 - \theta_2)}{dT/dz} \right]^{0,5}$$

wobei: h_{IG} = Höhe der (thermisch-) internen Grenzschicht [m], x = Horizontalentfernung zum Punkt mit Temperaturwechsel [m], θ_1 = potentielle Temperatur der luvseitigen Oberfläche vor dem Temperaturwechsel [K], θ_2 = potentielle Temperatur [K], dT/dz = vertikaler Temperaturgradient [$K \cdot m^{-1}$], c~1

Anhang 1: Formeln zur Beleuchtungsgeometrie

Die Ableitung der **topographischen Bestrahlungsstärke** benötigt Kenntnisse zur Beleuchtungsgeometrie im System Sonne-Erde. Dazu ist die Berechnung von (Symbole und Einheiten siehe Symbolverzeichnis):

- Sonnenhöhe (β) und Sonnenazimut (Ω) sowie des
- Exzentrizitätsfaktors (Ex) notwendig. Der Exzentrizitätsfaktor beschreibt die Änderung der Solarkonstante in Abhängigkeit der Entfernung Sonne-Erde. Der Betrag der Solarkonstante (1368 $W \cdot m^{-2}$) schwankt im Jahresverlauf um ca. ± 3%.
- Sonnenhöhe (β) und –azimut (Ω) ergeben sich aus (SONNTAG & BEHRENS 1992):

$$\beta = \text{asin}\,(\sin\phi \cdot \sin\delta + \cos\phi \cdot \cos\delta \cdot \cos h)$$

$$\Omega = \text{acos}\,((\sin\delta \cdot \cos\phi - \cos\delta \cdot \sin\phi \cdot \cos h)/\cos\beta); \qquad t < 12$$

$$\Omega = 360° - \text{acos}\,((\sin\delta \cdot \cos\phi - \cos\delta \cdot \sin\phi \cdot \cos h)/\cos\beta); \qquad t \geq 12$$

mit:

Mittlere Sonnenzeit: $t = UTC + \Delta / 15°$

Stundenwinkel der wahren Sonne: $h = 15° \cdot (t + zt - 12)$

Zeitgleichung: $zt = 0{,}1644 \cdot \sin 2\Delta - 0{,}1277 \cdot \sin M$

Mittlere Anomalie der Sonne: $M = 356{,}6° + 0{,}9856° \cdot N$

Deklination der Sonne: $\sin(\delta) = \sin(23{,}44°) \cdot \sin(\Delta_\theta)$

mit: geozentrische scheinbar ekliptale Länge der Sonne:

$$\Delta_\theta = 279{,}3° + 0{,}9856° \cdot N + 1{,}92° \cdot \sin(356{,}6° + 0{,}9856° \cdot N)$$

- Der Exzentrizitätsfaktor berechnet sich nach SLATER (1980):

$$Ex = 1{,}00011 + 0{,}034221 \cdot \cos\Pi + 0{,}00128 \cdot \sin \Pi + 0{,}000719 \cdot \cos 2\Pi + 0{,}000719 \cdot \text{sind}\ 2\Pi$$

mit:

$$\Pi = 2\pi \cdot (N - 1)/365$$

➢ Die solare Bestrahlungsstärke bezogen auf eine horizontale Fläche berechnet sich ohne Berücksichtigung der Atmosphäre aus:

$K\downarrow = I_0 \cdot \sin \beta \cdot Ex$

Beispiel:

Geographische Breite: 47°N	Geographische Länge: 7°O
Julianischer Tag: 266 = 22. September	Zeit: 8:00 UTC
→ Sonnenhöhe: 25,8°	Sonnenazimut: 120,9° (SO)
→ Exzentrizitätsfaktor: 0,993236	K↓: 591,97 $W \cdot m^{-2}$

Anhang 2:
Berechnung der Transmission

Die genaue Berechnung der partiellen **Transmissionen** (Kapitel 2.1.1) τ_{Gas}, τ_{Ozon}, τ_{Luft}, τ_{WV} und τ_{Ae} kann mit Hilfe von Strahlungstransfermodellen durchgeführt werden. In erster Näherung können aber auch die folgenden Gleichungen Verwendung finden (IQBAL 1983):

➢ Schwächung der Strahlung durch Rayleighstreuung an Luftmolekülen (τ_{Luft}):

$$\tau_{Luft}=\exp[-0{,}0903\cdot m_a^{0,84}\cdot(1+ m_a- m_a^{1,01})]$$

➢ Schwächung der Strahlung durch Ozonabsorption (τ_{Ozon}):

$$\tau_{Ozon}=1-[0{,}1611\cdot\chi\cdot(1+139{,}48\cdot\chi)^{-0,3035}-0{,}002715\cdot\chi\cdot(1+0{,}044\cdot\chi+0{,}0003\cdot\chi^2)^{-1}]$$

wobei: $\chi = o\cdot m_r$

Ein typischer Wert für die Ozonsäule (o) in der Atmosphäre ist 0,35 cm (WARNECKE 1991)

➢ Schwächung der Strahlung durch Absorption an Wasserdampf (τ_{WV}):

$$\tau_{WV}=1-\{2{,}4959\cdot\gamma\cdot[(1+79{,}034\cdot\gamma)^{0,6828}+6{,}385\cdot\gamma]^{-1}\}$$

wobei: $\gamma = pw\cdot m_r$

Werte für das niederschlagsverfügbare Wasser (pw: Precipitable Water, $g\cdot cm^{-2}$) in der Atmosphäre können aus aktuellen Radiosondenprofilen abgeleitet werden (TOMASI & DESERTI 1988):

$$pw = \int_0^z a \cdot dz$$

wobei: a = absolute Feuchte [$g\cdot cm^{-3}$] und z = Höhe der Atmosphäre [cm]

Sind keine Radiosondendaten verfügbar, so können typische Werte für die Wasserdampfsäule und T_0 aus verschiedenen Standardatmosphären (pw_{St}) verwendet werden (TOMASI & DESERTI 1988 und TANRÉ *et al.* 1987):

Standard-Atmosphäre	Tropen	Mittelbreiten Sommer	Mittelbreiten Winter	Subarktis Winter	Subarktis Sommer
T_0	300,0	294,0	272,2	287,0	257,1
pw_{St} [$g \cdot cm^{-2}$]	4,1167	2,9243	0,8539	2,0852	0,4176

Dabei handelt es sich um Werte bezogen auf Meeresniveau. Um nun die temperatur- und druckabhängige Abnahme des Wasserdampfs mit zunehmender Geländehöhe berücksichtigen zu können, müssen diese Werte mit einem Skalierungsfaktor multipliziert werden (PINKER & EWING 1985):

$$pw = pw_{St} \cdot (p/p_0) \cdot (T_0/T)^{0,5}$$

wobei: p_0/T_0 Referenzdruck/-temperatur und p/T Stationsdruck/-temperatur. p_0 beträgt für die Standardatmosphäre 1013,25 hPa.

➢ Schwächung der Strahlung durch Extinktion am Aerosol (t_{Ae}):

$$\tau_{Ae} = \exp[-\tau_{extAe}{}^{0,873} \cdot (1+\tau_{extAe}-\tau_{extAe}{}^{0,7088}) \cdot m_a{}^{0,9108}]$$

wobei: $\tau_{extAe} = 0,2758 \cdot \tau_{extAe}(0,38\ \mu m)+0,35 \cdot \tau_{extAe}(0,5\ \mu m)$

Typische Werte für die spektrale Aerosol Optische Dicke bei 0,38 bzw. 0,5 µm in Abhängigkeit der horizontalen Sichtweite (VIS) können mit Strahlungstransfermodellen berechnet werden (hier nach TANRÉ *et al.* 1986):

VIS [km]	10	20	30	40	50	60
$\tau_{extAe}(0,38)$	0,71	0,43	0,33	0,27	0,22	0,20
$\tau_{extAe}(0,5)$	0,46	0,28	0,21	0,17	0,14	0,13

➢ Schwächung der Strahlung durch Sauerstoff und Kohlendioxid(τ_{Gas}):

$$\tau_{Gas} = \exp(-0,0127 \cdot m_a{}^{0,26})$$

Da die Transmissionskoeffizienten von der Weglänge durch die Atmosphäre abhängen, muss abschließend die optische Luftmasse eingeführt werden.

➢ Die **relative optische Luftmasse** ergibt sich aus:

$$m_r = 1/(\sin(\beta)+1,5 \cdot \beta^{-0,72}) \approx 1/\sin(\beta)$$

und die absolute optische Luftmasse, die über den Luftdruck eines Ortes (p) die Geländehöhe und damit die Verkürzung der Weglänge durch die Atmosphäre berücksichtigt, folgt aus:

$$m_a = m_r \cdot p/p_0$$

Berechnet wird damit die relative Verlängerung/Verkürzung des Strahlungspfades durch die Atmosphäre bei abnehmender Sonnenhöhe bzw. zunehmender Geländehöhe. Der Referenzwert bei senkrechtem Sonneneinfall ($\beta = 90°$) ist 1 (= 100%). Bei $\beta = 30°$ ergibt sich für m_r der Wert 2. Das entspricht einer Verdopplung (200%) der Weglänge durch die Atmosphäre.

Beispiel:

β: 80° p: 1000 hPa	o: 0,35 cm	pw: 2,9243 $g \cdot cm^{-2}$	$T=T_0$
$\tau_{extAe}(0{,}38)$: 0,71	$\tau_{extAe}(0{,}5)$: 0,46		
$\rightarrow \tau_{Luft}$: 0,91	$\rightarrow \tau_{Ozon}$: 0,98	$\rightarrow \tau_{Gas}$: 0,99	
$\rightarrow \tau_{WV}$: 0,88	$\rightarrow \tau_{Ae}$: 0,70	$\rightarrow \tau$: 0,55	

Anhang 3:
Albedo (α) und Emissionsvermögen (ε)

Die folgenden Angaben sind aus OKE (1987) entnommen. Sie beziehen sich auf das gesamte solare bzw. terrestrische Spektrum (Breitband). Es sei angemerkt, dass die Werte in der Natur je nach spezifischer Eigenart der Oberflächen und der Sonnenhöhe deutlich um den angegebenen Wert variieren können. Das spektrale (selektive) Reflexions- und Emissionsvermögen weicht ebenfalls von den Breitbandwerten ab.

Oberfläche	α	ε
Boden, dunkel und feucht	0,05	0,9
Boden, hell und trocken	0,4	0,98
Hohes Gras (~1 m)	0,16	0,9
Niedriges Gras (~2 cm)	0,26	0,95
Feldfrüchte	0,18–0,25	0,9–0,99
Laubwald, Winter	0,15	0,97
Laubwald, Sommer	0,2	0,98
Nadelwald	0,05–0,15	0,97–0,99
Wasser, β = 40–50°	0,03–0,1	0,92–0,97
Wasser, β < 20°	0,1–1	0,92–0,97
Alte Schneedecke	0,4	0,82
Frischer Schnee	0,95	0,99
Treibeis	0,3–0,45	0,92–0,97
Gletschereis	0,2–0,4	0,98
Asphalt	0,05–0,2	0,95
Beton	0,1–0,35	0,71–0,9
Backstein	0,2–0,4	0,9–0,92

Anhang 4: Berechnung der Albedo mit Landsat TM

Zur flächendeckenden Ableitung der **Albedo** (α) werden häufig Daten aus der Satellitenfernerkundung verwendet. Ein auf dem siebenkanaligen TM (Thematic Mapper) Radiometer (TM1-TM7) des Erderkundungssatelliten Landsat basierendes Verfahren erlaubt die Berechnung mit einer räumlichen Auflösung von 25 m (DUGUAY & LEDREW 1992):

- Vegetationsbedeckte Oberflächen:

$$\alpha = 0{,}526 \cdot R_{TM2} + 0{,}362 \cdot R_{TM4} + 0{,}112 \cdot R_{TM7}$$

- Vegetationsfreie Oberflächen:

$$\alpha = 0{,}526 \cdot R_{TM2} + 0{,}474 \cdot R_{TM4}$$

- Schneebedeckte Oberflächen:

$$\alpha = 0{,}526 \cdot R_{TM2} + 0{,}232 \cdot R_{TM4} + 0{,}13 \cdot (0{,}63 \cdot R_{TM4}) + 0{,}112 \cdot R_{TM7}$$

Die spektrale Reflexion (R_λ) in den einzelnen Spektralbanden von Landsat TM (λ= TM2, 4 oder 7) ergibt sich aus (DUGUAY & LEDREW 1992, GILABERT *et al.* 1994):

$$R_\lambda = p \cdot Ex \cdot (L\uparrow_\lambda - Lp\uparrow_\lambda)/(\tau_\lambda - Lp\downarrow_\lambda)$$

wobei:

$$L\uparrow_\lambda = A0 + A1 \cdot DN$$

In der folgenden Tabelle sind die Kalibrierungskoeffizienten A0 und A1 (METZLER & MALILA 1985) sowie die zur Berechnung von $L\uparrow_\lambda$ – (analog zur Berechnung von $\hat{S}\downarrow + \hat{D}\downarrow$) notwendige spektrale Solarkonstante ($L0_\lambda$) nach PRICE (1987) für Landsat-5 angegeben. Die Grauwerte (DN) umfassen den Bereich 0–255.

Kanal	Spektralbereich [μm]	A0 [mW·cm^{-2}·sr^{-1}·μm^{-1}]	A1 [mW·cm^{-2}·sr^{-1}·μm^{-1}· DN^{-1}]	$L0_\lambda$ [mW·cm^{-2}·μm^{-1}]
TM2	0,52–0,60	-0,2805	0,11750	181,3
TM4	0,76–0,90	-0,1500	0,08143	104,3
TM7	2,08–2,35	-0,1500	0,00568	7,7

Die spektralen Transmissionsgrade (τ_λ) werden in der Regel mit der Hilfe von Strahlungstransfermodellen bestimmt; die Wahl des Oberflächentyps erfolgt über eine Landnutzungsklassifikation oder auf der Basis von Vegetationsindizes.

Schwieriger ist die Abschätzung der Pfadradianz $Lp\uparrow_\lambda$. Darunter versteht man denjenigen Strahlungsanteil, der dem Strahlungspfad (Raumwinkelsegment) Erde-Satellit als Folge von Streuprozessen in der Atmosphäre unabhängig von der Reflexstrahlung des Zielpunkts (Pixel) hinzugefügt wird. Auch hier besteht grundsätzlich die Möglichkeit, diese Größe mit Hilfe von Strahlungstransfermodellen abzuleiten. Eine einfachere Methode besteht darin, die minimale Strahldichte der jeweiligen Höhenstufe („Dark Pixel") als repräsentativen Wert der Pfadradianz anzunehmen (GILABERT *et al.* 1994).

Anhang 5: Berechnung der Schwarzkörperstrahlung mit TM

Auch für die Kalibrierung des Thermalkanals von Landsat TM gilt nach METZLER & MALILA (1985):

$$L\uparrow_\lambda = A0 + A1 \cdot DN$$

mit: $A0 = 0{,}1238$ [$mW \cdot cm^{-2} \cdot sr^{-1} \cdot \mu m^{-1}$] und $A1 = 0{,}00563$ [$mW \cdot cm^{-2} \cdot sr^{-1} \cdot \mu m^{-1} \cdot DN^{-1}$]

Mit Hilfe der inversen Planckfunktion können die ermittelten Strahldichten in Schwarzkörpertemperaturen (T_{BB}) und unter Verwendung von Gleichung (3.19) in die Schwarzkörperstrahlung L_{BB} am Sensor umgerechnet werden (s. folgende Lookup Tabelle). L_{BB} setzt sich aus folgenden Komponenten zusammen (BARTOLUCCI *et al.* 1988):

$$L_{BB} = \varepsilon \cdot L\uparrow \cdot \tau + (1 - \varepsilon) \cdot \hat{L}\downarrow \cdot t + L_p$$

L_{BB} ist eine gute Schätzung von $L\uparrow$. Dabei ist zu beachten, dass L_{BB} durch die Pfadradianz (L_p) kontaminiert ist (s. Anhang 4), die zusammen mit dem Transmissionskoeffizienten der Atmosphäre mit Hilfe aufwendiger Strahlungstransferrechnungen bestimmt werden kann. Der Einfluss der Transmission ist an Strahlungstagen mit guter Sichtweite und/oder in Hochgebirgen relativ unbedeutend. Unter den genannten Bedingungen sind hinsichtlich einer variablen atmosphärischen Transmission Abweichungen zwischen T_{BB} und T_0 von 0,1 bis 0,6 K zu erwarten (BARTOLUCCI *et al.* 1988).

Eine weitere Fehlerquelle bei der Konversion von Strahldichten in Oberflächentemperaturen liegt in der Vernachlässigung der Emissivität, die einen Fehler von 0,22 K bei $T_0 = 255$ K bzw. 0,67 K bei $T_0 = 330$ K je Prozent Reduktion von ε hervorruft. Bei einem Emissionsvermögen <1 muss auch die reflektierte Gegenstrahlung (2. Term rechte Seite) für die Berechnung der wahren Oberflächentemperatur berücksichtigt werden, die in normalen Energiebilanzrechnungen hinsichtlich ihrer Größenordnung vernachlässigbar ist. Das Emissionsvermögen kann überschlagsmäßig mit Hilfe einer Landnutzungsklassifikation und den Koeffizienten aus Anhang 3 bestimmt werden. Ist das Emissionsvermögen der Landoberfläche nicht bekannt, wird zur Berechnung von T_0 aus Satellitendaten häufig 0,96 verwendet (ULIVIERI & CANNIZZARO 1985). Für größere Raumeinheiten kann ε mit einer Auflösung von etwa 1 km^2 direkt aus Satellitendaten (NOAA-AVHRR) abgeleitet werden (BECKER & LI 1990).

Lookup Tabelle für Landsat-5 TM, Kanal 6

DN	$L\uparrow_\lambda$	T_{BB}	L_{BB}	DN	$L\uparrow_\lambda$	T_{BB}	L_{BB}	DN	$L\uparrow_\lambda$	T_{BB}	L_{BB}	DN	$L\uparrow_\lambda$	T_{BB}	L_{BB}
0	1,24	203,1	96,6	64	4,84	260,0	259,3	128	8,45	293,4	419,9	192	12,05	319,3	589,0
1	1,29	204,5	99,3	65	4,90	260,8	262,1	129	8,50	293,9	422,7	193	12,11	319,6	591,9
2	1,35	205,9	102,0	66	4,96	261,4	264,5	130	8,56	294,3	425,0	194	12,16	320,0	594,9
3	1,41	207,3	104,8	67	5,01	261,9	267,0	131	8,62	294,8	427,9	195	12,22	320,4	597,1
4	1,46	208,8	107,7	68	5,07	262,5	269,4	132	8,67	295,1	430,3	196	12,28	320,8	600,1
5	1,52	210,0	110,4	69	5,12	263,1	271,9	133	8,73	295,5	432,6	197	12,33	321,1	603,1
6	1,58	211,3	113,1	70	5,18	263,8	274,4	134	8,79	296,0	435,5	198	12,39	321,4	605,4
7	1,63	212,5	115,7	71	5,24	264,4	276,9	135	8,84	296,4	437,9	199	12,45	321,9	608,4
8	1,69	213,8	118,6	72	5,29	264,9	279,4	136	8,90	296,9	440,9	200	12,50	322,3	611,4
9	1,74	214,9	121,0	73	5,35	265,4	281,5	137	8,95	297,4	443,2	201	12,56	322,5	613,7
10	1,80	216,1	123,8	74	5,41	266,0	284,1	138	9,01	297,8	445,6	202	12,61	322,9	616,7
11	1,86	217,3	126,5	75	5,46	266,6	286,6	139	9,07	298,3	448,6	203	12,67	323,3	619,0
12	1,91	218,4	129,1	76	5,52	267,3	289,2	140	9,12	298,6	451,0	204	12,73	323,6	622,1
13	1,97	219,5	131,7	77	5,57	267,8	291,4	141	9,18	299,0	453,5	205	12,78	324,0	625,2
14	2,03	220,6	134,4	78	5,63	268,4	294,0	142	9,24	299,4	455,9	206	12,84	324,4	627,5
15	2,08	221,6	136,8	79	5,69	268,9	296,7	143	9,29	299,9	458,9	207	12,90	324,8	630,6
16	2,14	222,8	139,6	80	5,74	269,4	298,9	144	9,35	300,4	461,4	208	12,95	325,0	632,9
17	2,20	223,8	142,1	81	5,80	270,0	301,5	145	9,40	300,8	463,9	209	13,01	325,4	636,1
18	2,25	224,8	144,7	82	5,86	270,5	303,8	146	9,46	301,1	466,3	210	13,07	325,8	638,4
19	2,31	225,8	147,3	83	5,91	271,1	306,5	147	9,52	301,6	469,4	211	13,12	326,1	641,5
20	2,36	226,8	149,9	84	5,97	271,6	308,7	148	9,57	302,0	471,9	212	13,18	326,5	644,7
21	2,42	227,6	152,3	85	6,03	272,3	311,5	149	9,63	302,4	474,4	213	13,23	326,9	647,1
22	2,48	228,6	155,0	86	6,08	272,8	313,8	150	9,69	302,9	476,9	214	13,29	327,3	650,2
23	2,53	229,5	157,4	87	6,14	273,4	316,5	151	9,74	303,3	479,5	215	13,35	327,5	652,6
24	2,59	230,4	159,9	88	6,19	273,9	318,9	152	9,80	303,6	482,0	216	13,40	327,9	655,8
25	2,65	231,3	162,4	89	6,25	274,4	321,2	153	9,86	304,0	484,6	217	13,46	328,3	658,2
26	2,70	232,3	165,0	90	6,31	274,9	324,0	154	9,91	304,5	487,7	218	13,52	328,6	661,4
27	2,76	233,1	167,5	91	6,36	275,4	326,4	155	9,97	304,9	490,3	219	13,57	328,9	663,9
28	2,82	234,0	170,1	92	6,42	275,9	328,8	156	10,02	305,4	492,9	220	13,63	329,4	667,1
29	2,87	234,9	172,8	93	6,48	276,5	331,6	157	10,08	305,8	495,5	221	13,69	329,6	669,5
30	2,93	235,8	175,1	94	6,53	277,0	334,0	158	10,14	306,1	498,1	222	13,74	329,9	672,0
31	2,98	236,5	177,5	95	6,59	277,5	336,5	159	10,19	306,5	500,7	223	13,80	330,4	675,2
32	3,04	237,4	180,2	96	6,64	278,0	338,9	160	10,25	306,9	503,3	224	13,85	330,6	677,7
33	3,10	238,3	182,7	97	6,70	278,5	341,3	161	10,31	307,4	505,9	225	13,91	331,0	681,0
34	3,15	239,0	185,1	98	6,76	279,0	343,8	162	10,36	307,8	508,6	226	13,97	331,4	683,5
35	3,21	239,8	187,6	99	6,81	279,5	346,3	163	10,42	308,1	511,2	227	14,02	331,8	686,8
36	3,27	240,6	190,2	100	6,87	280,0	348,7	164	10,47	308,5	513,9	228	14,08	332,0	689,2
37	3,32	241,4	192,7	101	6,93	280,5	351,2	165	10,53	308,9	516,6	229	14,14	332,4	691,7
38	3,38	242,3	195,3	102	6,98	281,0	353,7	166	10,59	309,4	519,2	230	14,19	332,8	695,1
39	3,43	242,9	197,5	103	7,04	281,5	356,3	167	10,64	309,8	521,9	231	14,25	333,0	697,6
40	3,49	243,8	200,1	104	7,10	282,0	358,8	168	10,70	310,1	524,6	232	14,30	333,4	700,9
41	3,55	244,4	202,5	105	7,15	282,5	361,4	169	10,76	310,5	527,3	233	14,36	333,8	703,5
42	3,60	245,3	205,1	106	7,21	283,0	363,9	170	10,81	310,9	530,1	234	14,42	334,0	706,0
43	3,66	245,9	207,5	107	7,26	283,5	366,5	171	10,87	311,4	532,8	235	14,47	334,4	709,4
44	3,72	246,8	210,2	108	7,32	284,0	369,1	172	10,93	311,6	534,8	236	14,53	334,8	711,9
45	3,77	247,4	212,6	109	7,38	284,5	371,7	173	10,98	312,0	537,6	237	14,59	335,0	714,5
46	3,83	248,1	215,0	110	7,43	285,0	374,3	174	11,04	312,4	540,4	238	14,64	335,4	717,9
47	3,89	248,8	217,4	111	7,49	285,4	376,4	175	11,09	312,9	543,1	239	14,70	335,8	720,5
48	3,94	249,5	219,9	112	7,55	285,9	379,1	176	11,15	313,3	545,9	240	14,76	336,0	723,1
49	4,00	250,3	222,4	113	7,60	286,4	381,7	177	11,21	313,6	548,7	241	14,81	336,4	726,5
50	4,05	250,9	224,9	114	7,66	286,9	384,4	178	11,26	314,0	551,5	242	14,87	336,8	729,1
51	4,11	251,6	227,4	115	7,71	287,4	386,5	179	11,32	314,4	553,6	243	14,92	337,0	731,7
52	4,17	252,3	229,9	116	7,77	287,9	389,2	180	11,38	314,8	556,4	244	14,98	337,5	735,2
53	4,22	252,9	232,1	117	7,83	288,4	392,0	181	11,43	315,1	559,3	245	15,04	337,8	737,8
54	4,28	253,6	234,7	118	7,88	288,8	394,1	182	11,49	315,5	562,1	246	15,09	338,0	740,4
55	4,34	254,3	237,3	119	7,94	289,3	396,9	183	11,54	315,9	565,0	247	15,15	338,5	743,9
56	4,39	254,9	239,5	120	8,00	289,8	399,6	184	11,60	316,3	567,1	248	15,21	338,8	746,6
57	4,45	255,6	242,2	121	8,05	290,1	401,8	185	11,66	316,6	570,0	249	15,26	339,0	749,2
58	4,50	256,3	244,5	122	8,11	290,6	404,6	186	11,71	317,0	572,9	250	15,32	339,3	751,9
59	4,56	256,9	247,1	123	8,17	291,1	407,4	187	11,77	317,4	575,8	251	15,37	339,8	755,4
60	4,62	257,5	249,5	124	8,22	291,5	409,6	188	11,83	317,8	578,0	252	15,43	340,0	758,1
61	4,67	258,3	252,2	125	8,28	292,0	412,5	189	11,88	318,1	580,9	253	15,49	340,3	760,8
62	4,73	258,9	254,5	126	8,33	292,4	414,7	190	11,94	318,5	583,8	254	15,54	340,6	763,5
63	4,79	259,4	256,9	127	8,39	292,9	417,6	191	12,00	318,9	586,7	255	15,60	341,1	768,0

DN: Grauwert, $L\uparrow_\lambda$: Spektrale Strahldichte am Satellit [$W \cdot m^{-2} \cdot sr^{-1} \cdot \mu m^{-1}$], T_{BB}: Schwarzkörper-Temperatur, L_{BB}: Schwarzkörperstrahlung am Sensor [$W \cdot m^{-2}$] nach Gleichung (3.19)

Anhang 6: Der Bodenwärmestrom

Der **Bodenwärmestrom** (B) sowie der molekulare Wärmetransport in anderen Materialien ist vor allem vom jeweiligen **Wärmeleitfähigkeitskoeffizienten** Λ abhängig. Ein Maß für die Abschwächung von Temperaturfluktuationen an der Oberfläche mit zunehmender Tiefe ist die **Dämpfungstiefe** (d_D).

$$d_D = \sqrt{\frac{\Lambda}{\rho C \cdot \pi} \cdot 86400}$$

wobei: d_D = Dämpfungstiefe [m], ρC = Spezifische Wärme pro Volumen [$J \cdot m^{-3} \cdot K^{-1}$], Λ = Bodenwärmeleitfähigkeit [$W \cdot m^{-1} \cdot K^{-1}$], 86400 [s]

Mit ihrer Hilfe lässt sich die Zeitverzögerung (dt in Stunden) ableiten, die das Maximum einer sinusförmigen Temperaturwelle an der Bodenoberfläche benötigt, um die Bodentiefe z [m] zu erreichen:

$$dt = \frac{24 \cdot z}{2\pi \cdot d_D}$$

wobei: dt = Zeitverzögerung [h], d_D = Dämpfungstiefe [m], z = Bodentiefe [m], 24 [h]

Die Erwärmungsrate (dT/dt) einer Bodenschicht mit der Dicke dz (m) ergibt sich nach:

$$\frac{dT}{dt} = \frac{1}{\rho C} \cdot \frac{B}{dz}$$

wobei: ρC = Spezifische Wärme pro Volumen [$J \cdot m^{-3} \cdot K^{-1}$], B = Bodenwärmestrom [$W \cdot m^{-2}$], z = Strecke [m], T = Bodentemperatur [K], t = Zeit [s]

In der folgenden Tabelle sind die thermischen Eigenschaften für verschiedene Stoffe zusammengestellt (nach STOUTJESDIJK und BARKMAN 1992 sowie JONES 1992), die zur Berechnung von B, dt und dT/dt notwendig sind.

Material	Porenvolumen [vol%]	Wassergehalt [vol%]	ρC [$10^6 \cdot J \cdot m^{-3} \cdot K^{-1}$]	Λ [$W \cdot m^{-1} \cdot K^{-1}$]	d_D [m]
Sand	43	0	1,17	0,269	0,080
	38	5	1,38	1,46	0,171
	33	10	1,59	1,98	0,185
	28	15	1,80	2,18	0,183
	23	20	2,00	2,31	0,178
	13	30	2,42	2,49	0,168
	0	43	2,97	2,58	0,155
Ton	43	0	1,19	0,276	0,080
	38	5	1,40	0,586	0,107
	33	10	1,61	1,10	0,137
	28	15	1,82	1,43	0,147
	23	20	2,03	1,57	0,145
	13	30	2,45	1,74	0,140
	0	43	2,99	1,95	0,134
Torf	90	0	0,25	0,033	0,052
	80	10	0,67	0,042	0,041
	60	30	1,51	0,130	0,049
	40	50	2,35	0,276	0,057
	20	70	3,19	0,421	0,0060
	10	80	3,61	0,478	0,0061
	0	90	4,03	0,528	0,0060
Basalt	–	–	1,89	2,47	0,189
Kalk	–	–	2,18	3,42	0,207
Granit	–	–	1,34	4,94	0,309
Quarzit	–	–	1,88	5,15	0,274
Luft	–	–	0,00121	0,026	0,781
Wasser (4°C)	–	–	4,19	0,586	0,0062
Eis	–	–	1,93	2,24	0,179
Schnee	89	–	0,192	0,059	0,092
	78	–	0,384	0,142	0,101
	67	–	0,577	0,289	0,117
	56	–	0,769	0,490	0,133
Blätter	–	–	1,86–3,64	0,24–0,57	0,06–0,065
Nadeln	–	–	0,72–1,54	0,15–0,38	0,076–0,082

Anhang 7: Die Evapotranspiration

Die **Evapotranspiration** wird häufig mit Hilfe der PENMAN-MONTEITH Gleichung berechnet, für deren Anwendung allerdings vielfältige atmosphärische Parameter und Kenntnisse über die Vegetation (Widerstand der Spaltöffnungen) bekannt sein müssen (s. MONTEITH & UNSWORTH 1995).

$$ET = \frac{dE/dT \cdot (S + B/A) + \frac{\rho \cdot c_p}{r_a} \cdot (E - e)}{dE/dT + C \cdot p \cdot \left(1 + r_s/r_a\right)} \cdot \frac{1}{L_v \cdot a}$$

mit: ET = Evapotranspiration [10^3 mm·s^{-1}], T = Temperatur [K], E = Sättigungsdampfdruck [Pa], S = Strahlungsbilanz [W·m^{-2}], B = Bodenwärmestrom [W·m^{-2}], ρ = Luftdichte [kg·m^{-3}], c_p= Spezifische Wärme der Luft bei konstantem Druck = 1005 [J·kg^{-1}·K^{-1}], r_a= aerodynamischer Verdunstungswiderstand [s·m^{-1}], e = Dampfdruck [Pa], C = Psychrometer-Konstante [K^{-1}] = 0,662·10^{-3}, Luftdruck [Pa], L_v = Spezifische Verdampfungswärme, temperaturabhängig, s. Anhang B [J·Kg^{-1}], a = absolute Feuchte [kg·m^{-3}], r_s = Bestandswiderstand Luft [s·m^{-1}]

Zur Abschätzung der stomatären Verdunstung wird häufig die grüne Blattfläche eines Vegetationsbestands geschätzt. Die Angabe erfolgt als sogenannter **grüner Blattflächenindex** (**LAI = Leaf Area Index**) und ist definiert als die Summe der grünen Blattoberfläche im m^2 bezogen auf einen Quadratmeter Boden (Einheit = m^2·m^{-2}). Je größer der Blattflächenindex ist, desto mehr Spaltöffnungen (pflanzenspezifisch) sind für die Verdunstung verfügbar.

Anhang 8:
Die Windkomponenten

Das Windfeld wird in der Meteorologie entweder durch Windrichtung und Windgeschwindigkeit oder vektoriell durch die u-, v- und w-Komponenten angegeben.

Die u-Komponente repräsentiert den zonalen, also West-Ost bzw. Ost-West gerichteten Geschwindigkeitsanteil der Gesamtströmung. Bei Winden aus dem Ostsektor nimmt u positive, bei westlichen Richtungen negative Werte an. Die v-Komponente gibt den meridional (N-S oder S-N) gerichteten Strömungsanteil an. Positive v-Werte ergeben sich bei nördlicher Anströmung, negative bei Winden aus dem Südsektor. Der vertikale Geschwindigkeitsanteil wird durch die w-Komponente ausgedrückt. Vor allem für die Mittelung der Windrichtung ist es notwendig, die Umrechung zwischen beiden Systemen herbeiführen zu können. Eine skalare Mittelung der Windrichtung ist nämlich wegen dem Nordsprung (360° auf 0°) wenig sinnvoll. Die Umrechung erfolgt nach:

Hintransformation:

$$u = vv \cdot \sin(dd) \quad \text{bzw.} \quad v = vv \cdot \cos(dd)$$

wobei: u- und v-Komponente [$m \cdot s^{-1}$], vv = Windgeschwindigkeit [$m \cdot s^{-1}$], dd = Windrichtung in 0–360°, rechtsdrehend (90° = Ost, 180° = Süd, 270° = West).

Rücktransformation:

$$vv = \sqrt{u^2 + v^2} \quad \text{und} \quad \alpha = \operatorname{atan}\left|\frac{u}{v}\right|$$

wobei: α = Hilfswinkel zwischen 0° und 90°

Die Windrichtung ergibt sich mit Hilfe folgender Tabelle (v muss > 0 sein!):

v	+	–	–	+
u	+	+	–	–
dd =	α	180°-α	180°+α	360°-α

Die Mittelung der Windrichtung sollte aufgrund des oben angeführten Nullpunktproblems vektoriell erfolgen. Dazu sind aus den Messdaten von vv und dd (z.B. Stundenwerte) mit der Hintransformation die jeweiligen u- und v-Komponenten zu berechnen. Alle u- und v-Werte werden dann über den gewünschten Zeitraum (z.B. Tagesmittel) gemittelt und die Mittelwerte von u und v mit Hilfe der Rücktransformation in die mittlere Windrichtung umgewandelt.

Anhang 9: Grundlegende Modellgleichungen einer nicht-hydrostatischen Modellatmosphäre

1. Bewegungsgleichungen: ^ = synoptischer Anteil, ¯ = mesoskaliger Anteil, ′ = turbulenter Anteil, $_g$ = geostrophisch

$$\frac{\partial \bar{u}}{\partial t} = f \cdot (\bar{v} - v_g) - \frac{1}{\hat{\rho}} \cdot \frac{\partial \bar{p}}{\partial x} - \nabla \cdot \overline{v' u'} - \bar{v} \cdot \nabla \bar{u}$$

$$\frac{\partial \bar{v}}{\partial t} = f \cdot (\bar{u} - u_g) - \frac{1}{\hat{\rho}} \cdot \frac{\partial \bar{p}}{\partial y} - \nabla \cdot \overline{v' v'} - \bar{v} \cdot \nabla \bar{v}$$

$$\frac{\partial \bar{w}}{\partial t} = g \cdot \frac{\bar{\theta}}{\hat{\theta}} - \frac{1}{\hat{\rho}} \cdot \frac{\partial \bar{p}}{\partial z} - \nabla \cdot \overline{v' w'} - \bar{v} \cdot \nabla \bar{w}$$

wobei: u, v, w = Komponenten des Windfelds [$m \cdot s^{-1}$], v = Windgeschwindigkeit [$m \cdot s^{-1}$], t = Zeit [s], g = Schwerebeschleunigung [$m \cdot s^{-2}$], x,y,z = Raumkoordinaten [m], ρ = Luftdichte [$kg \cdot m^{-3}$], p = Luftdruck [Pa], θ = Potentielle Temperatur [K], f = Coriolisparameter [s^{-1}]

2. Kontinuitätsgleichung

$\Delta \cdot \bar{v} = 0$ (Boussinesq-Approx.) oder $\Delta \cdot \hat{\rho} \cdot \bar{v} = 0$ (Anelastische Approx.)

3. Erster Hauptsatz der Thermodynamik

$$\frac{\partial \bar{\theta}}{\partial t} = Q_\theta - \nabla \cdot \overline{v' \theta'} - \bar{v} \cdot \nabla(\hat{\theta} + \bar{\theta})$$

wobei: Qθ = Diabatische Wärmequellen wie Strahlung und Kondensationswärme

4. Diffusionsgleichung für Luftbeimengungen (v.a. Wasserdampf)

$$\frac{\partial \bar{c}}{\partial t} = Q_c - \nabla \cdot \overline{v' c'} - \bar{v} \cdot \nabla \bar{c}$$

wobei: Q_c = Quellen für die Luftbeimengung (Wasserdampf), c = Konzentration (z.B. spezifische Feuchte in $kg \cdot kg^{-1}$)

5. Diagnostische Druckgleichung

$$\Delta^2 \bar{\rho} = F(\bar{u}, \bar{v}, \bar{w}, \bar{\theta})$$

Anhang 10: Grundlegende Modellgleichungen einer hydrostatischen Modellatmosphäre

1. Bewegungsgleichungen: ^ = synoptischer Anteil, ¯ = mesoskaliger Anteil, ′ = turbulenter Anteil, $_g$ = geostrophisch

$$\frac{\partial \bar{u}}{\partial t} = f \cdot (\bar{v} - v_g) - \frac{1}{\hat{\rho}} \cdot \frac{\partial \bar{p}}{\partial x} - \nabla \cdot \overline{v' u'} - \bar{v} \cdot \nabla \bar{u}$$

$$\frac{\partial \bar{v}}{\partial t} = f \cdot (\bar{u} - u_g) - \frac{1}{\hat{\rho}} \cdot \frac{\partial \bar{p}}{\partial y} - \nabla \cdot \overline{v' v'} - \bar{v} \cdot \nabla \bar{v}$$

$$\frac{\partial \bar{w}}{\partial z} = -\left[\frac{\partial \bar{u}}{\partial x} \cdot \frac{\partial \bar{v}}{\partial y}\right]$$

wobei: u, v, w = Komponenten des Windfelds [$m \cdot s^{-1}$], ν = Windgeschwindigkeit [$m \cdot s^{-1}$], t = Zeit [s], g = Schwerebeschleunigung [$m \cdot s^{-2}$], x,y,z = Raumkoordinaten [m], ρ = Luftdichte [$kg \cdot m^{-3}$], p = Luftdruck [Pa], θ = Potentielle Temperatur [K], f = Coriolisparameter [s^{-1}]

2. Kontinuitätsgleichung

$\Delta \cdot \bar{v} = 0$ (Boussinesq-Approx.) oder $\Delta \cdot \hat{\rho} \cdot \bar{v} = 0$ (Anelastische Approx.)

3. Erster Hauptsatz der Thermodynamik

$$\frac{\partial \bar{\theta}}{\partial t} = Q_\theta - \nabla \cdot \overline{v' \theta'} - \bar{v} \cdot \nabla(\hat{\theta} + \bar{\theta})$$

wobei: Q_θ = Diabatische Wärmequellen wie Strahlung und Kondensationswärme

4. Diffusionsgleichung für Luftbeimengungen (v.a. Wasserdampf)

$$\frac{\partial \bar{c}}{\partial t} = Q_c - \nabla \cdot \overline{v' c'} - \bar{v} \cdot \nabla \bar{c}$$

wobei: Q_c = Quellen für die Luftbeimengung (Wasserdampf), c = Konzentration (z.B. spezifische Feuchte in $kg \cdot kg^{-1}$)

5. Statische Druckgleichung

$$\frac{\partial \overline{p}}{\partial z} = g \cdot \hat{\rho} \cdot \frac{\overline{\theta}}{\hat{\theta}}$$

6. Höhengleichung

$$\frac{\partial H}{\partial t} = -\int_0^H \left[\frac{\partial \overline{u}}{\partial x} + \frac{\partial \overline{v}}{\partial y} \right] dz$$

wobei: H = Modellhöhe [m]

Anhang B: Im Text verwendete Größen

Thermische Ausstrahlung

$$A = \varepsilon \cdot \sigma \cdot T^4$$

wobei: A = Spezifische Ausstrahlung eines Schwarzkörpers [$W \cdot m^{-2}$], ε = Emissionsvermögen = 1 für Schwarzkörper , σ = STEFAN-BOLTZMANNsche Konstante [$5{,}6697 \cdot 10^{-8}\ W \cdot m^{-2} \cdot K^{-4}$] und T = Temperatur des Schwarzkörpers [K]

Potentielle Temperatur

$$\theta = T \cdot \left(\frac{p_0}{p} \right)^{0{,}286}$$

wobei: θ = Potentielle Temperatur [K], p_0 = Luftdruck der Vergleichsfläche [hPa], p = Luftdruck [hPa], T = Temperatur der Druckfläche p [K]

Virtuelle Temperatur:

$$T_v = (1 + 0{,}6078 \cdot q) \cdot T$$

wobei: T_v = Virtuelltemperatur [K], T = Lufttemperatur [K], q = spezifische Feuchte [$kg \cdot kg^{-1}$]

Taupunkttemperatur

$$Td = \frac{234{,}67 \cdot \log(e) - 184{,}2}{8{,}233 - \log(e)}$$

wobei: Td = Taupunkttemperatur [°C], e = Dampfdruck [hPa]

Wärmekapazitätsdichte

$$C_a = 1005 \cdot (1{,}2754298 - 0{,}0047219538 \cdot T + 1{,}6463585 \cdot 10^{-5} \cdot T)$$

wobei: C_a = Wärmekapazitätsdichte [$J \cdot m^{-3} \cdot K^{-1}$], T = Lufttemperatur [°C]

Spezifische Verdunstungswärme

$$L_v = (2{,}5008 - 0{,}002372 \cdot T) \cdot 10^6$$

wobei: L_v = spezifische Verdunstungswärme [$J \cdot kg^{-1}$], T = Lufttemperatur [°C]

Dampfdruck (MAGNUS-Formel)

$$e = 6{,}1078 \cdot 10^{(a \cdot Td)/(b+Td)}$$

Sättigungsdampfdruck (MAGNUS-Formel)

$$E = 6{,}1078 \cdot 10^{(a \cdot T)/(b+T)}$$

wobei: e = Dampfdruck [hPa], E = Sättigungsdampfdruck [hPa], Td = Taupunkttemperatur [°C], T = Lufttemperatur [°C], a = 7,5 über Wasser, 7,6 über unterkühltem Wasser (<0°C) und 9,5 über Eis, b = 235 über Wasser, 240,7 über unterkühltem Wasser und 265,5 über Eis

Spezifische Feuchte $q = 0{,}622 \cdot \frac{e}{p}$

wobei: q = spezifische Feuchte [$kg \cdot kg^{-1}$], p = Luftdruck [hPa], e = Dampfdruck [hPa]

Sättigungsmischungsverhältnis: $r_w = 0{,}622 \cdot \frac{E}{(p - E)}$

wobei: r_w = Sättigungsmischungsverhältnis [$kg \cdot kg^{-1}$], E= Sättigungsdampfdruck [hPa], p = Luftdruck [hPa]

Absolute Feuchte $a = \frac{0{,}21668 \cdot e}{T}$

Absolute Sättigungsfeuchte $\rho_w = \frac{0{,}21668 \cdot E}{T}$

wobei: a = Absolute Feuchte [$kg \cdot m^{-3}$], ρ_w = absolute Sättigungsfeuchte [$kg \cdot m^{-3}$], e = Dampfdruck [hPa], E = Sättigungsdampfdruck [hPa], T = Lufttemperatur [K]

Relative Luftfeuchte $f = (e/E) \cdot 100$

wobei: f = Relative Luftfeuchte [%], e = Dampfdruck [hPa], E = Sättigungsdampfdruck [hPa]

Relatives Sättigungsdefizit $s = 100 - f$

wobei: s = relatives Sättigungsdefizit [%], f = relative Luftfeuchte [%]

Sprungsche Psychrometerformel $e = E - C \cdot p \cdot (T - T_f)$

wobei t: e = Dampfdruck [hPa], E = Sättigungsdampfdruck bei der Temperatur des feuchten Thermometers [hPa], T = Lufttemperatur am trockenen Thermometer [K], T_f = Temperatur des feuchten Thermometers [K], p = Luftdruck [hPa], C = Psychrometer-Konstante [K^{-1}] = $0{,}662 \cdot 10^{-3}$ für feuchte Thermometer bzw. $0{,}57 \cdot 10^{-3}$ für vereiste Thermometer.

Anhang C: Einheiten und ihre Umrechnung

Größe	SI-Einheit[1]		
Länge	1 m	= 100 cm	= 0,001 km
Volumen	1 m^3	= 10^6 cm^3	
Dichte	1 $kg\cdot m^{-3}$	= 10^{-3} $g\cdot cm^{-3}$	
Geschwindigkeit	1 $m\cdot s^{-1}$	= 3,6 $km\cdot h^{-1}$	= 1,9435 kn = 3,281 $ft\cdot s^{-1}$ = 2,24 $mi\cdot h^{-1}$
Kraft	1 $kg\cdot m\cdot s^{-2}$ = 1 N	= 10^5 dyn	
Druck	1 $kg\cdot m^{-1}\cdot s^{-2}$ = 1 Pa	= 1 $N\cdot m^{-2}$ = 10^{-5} bar	= $7{,}5\cdot 10^{-3}$ Torr 1 hPa = 1 mb, 1 Torr = 1 mm Hg
Arbeit, Energie	1 $kg\cdot m^2\cdot s^{-2}$ = 1 J		= 10^7 erg
Leistung	1 $kg\cdot m^2\cdot s^{-3}$ = 1 W	= 1 $J\cdot s^{-1}$	= 0,2388 $cal\cdot s^{-1}$ = 10^7 $erg\cdot s^{-1}$
Wärme, Energie	1 J	= 0,2388 cal	= 1 N·m = 1 W·s 1 kW·h = $3{,}6\cdot 10^6$ J = 860 kcal
Wärmeflussdichte Strahldichte	1 $W\cdot m^{-2}$	= 1 $J\cdot m^{-2}\cdot s^{-1}$	= 0,2388 $cal\cdot m^{-2}\cdot s^{-1}$ = $1{,}433\cdot 10^{-3}$ $ly\cdot min^{-1}$
Temperatur	K, (°C) , 1 K = 1°C = 1,8°F = 0,8°R	K = °C + 273,15 °C = K – 273,15	°C = 5/9·°F-32 = 5/4·°R
Niederschlag	1 mm	= 1 $l\cdot m^{-2}$	= 0,001 $m^3\cdot m^{-2}$

[1]SI = Système International d'Unites

Anhang D: Wichtige Konstanten

Konstante	Symbol	Wert	Einheit
Lichtgeschwindigkeit im Vakuum	c	$2{,}997925 \cdot 10^{8}$	$[m \cdot s^{-1}]$
PLANCKsches Wirkungsquantum	h	$6{,}626 \cdot 10^{-34}$	$[J \cdot s]$
BOLTZMANN-Konstante	κ	$1{,}381 \cdot 10^{-23}$	$[J \cdot K^{-1}]$
STEFAN-BOLTZMANN-Konstante	σ	$5{,}6697 \cdot 10^{-8}$	$[W \cdot m^{-2} \cdot K^{-4}]$
Universelle Gaskonstante	R	8,314	$[J \cdot mol^{-1} \cdot K^{-1}]$
Spezifische Gaskonstante für Luft	R_L	287,05	$[J \cdot kg^{-1} \cdot K^{-1}]$
Spezifische Gaskonstante für Wasserdampf	R_W	461,6	$[J \cdot kg^{-1} \cdot K^{-1}]$
Spezifische Wärmekapazität v. Luft b. konst. Druck	c_p	1005	$[J \cdot kg^{-1} \cdot K^{-1}]$
Spezifische Wärmekapazität v. Luft b. konst. Volumen	c_v	718	$[J \cdot kg^{-1} \cdot K^{-1}]$
Normaldruck	p_0	1013	[hPa]
KARMAN Zahl	k	0,4	

Anhang E: Temperaturabhängige Größen

Luft-temperatur [°C]	Luftdichte ρ [kg·m^{-3}]	Wasserdichte ρ_{fw} [kg·m^{-3}]*	Molekularer Diffusionskoeffizient für Wärme κ [m^2·s^{-1}] ·10^{-4}	Molekularer Diffusions-koeffizient für Wasserdampf κ_W [m^2·s^{-1}] ·10^{-4}
-30	1,433		0,165	0,187
-20	1,376		0,183	0,205
-10	1,324	918 (Eis)	0,195	0,220
0	1,275	999	0,208	0,234
10	1,230	999	0,222	0,249
20	1,188	998	0,235	0,264
30	1,149	996	0,249	0,280

* Wegen der Dichteanomalie des Wassers liegt die maximale Dichte von 1000 [kg·m^{-3}] bei 4°C

Literatur

Ergänzende Lehrbücher:

Arya, S. P. 1988: Introduction to Micrometeorology. San Diego *et al.*

Barry, R.G. 2001: Mountain, Weather & Climate. London.

Berényi, D. 1967: Mikroklimatologie – Mikroklima der bodennahen Atmosphäre. Stuttgart.

DIN-VDI (Hrsg.) 1999a: Umweltmeteorologie, meteorologische Messungen. Teil 1: Wind, Temperatur, Feuchte und Niederschlag. DIN-VDI-Taschenbuch 332. Berlin *et al.*

DIN-VDI (Hrsg.) 1999b: Umweltmeteorologie, meteorologische Messungen. Teil 2: Globalstrahlung, Lufttrübung, visuelle Wetterbeobachtung und agrarmeteorologische Messstationen. DIN-VDI-Taschenbuch 333. Berlin *et al.*

Emeis, S. 2000: Meteorologie in Stichworten. Hirt^s Stichwortbücher. Berlin & Stuttgart.

Eriksen, W. 1975: Probleme der Stadt- und Geländeklimatologie. Darmstadt.

Flemming, G. 1994: Wald, Wetter, Klima. Einführung in die Forstmeteorologie. Berlin.

Foken, T. 2003: Angewandte Meteorologie. Mikrometeorologische Grundlagen. Berlin et al.

Garratt, J. R. 1992: The atmospheric boundary layer. Cambridge.

Geiger, R., Aron, R. H. & Todhunter, P. 1995: The climate near the ground. 5. Aufl., Braunschweig & Wiesbaden.

Häckel, H. 1990: Meteorologie. Stuttgart.

Houze, R.A. Jr. 1993: Cloud Dynamics. San Diego *et al.* .

Hupfer, P. & Kuttler, W. 1998: Witterung und Klima. Witterung und Klima. Stuttgart & Leipzig.

Jones, H. G. 1992: Plants and microclimate. 2. Aufl., Cambridge.

Kraus, H. 2001: Die Atmosphäre der Erde. Berlin *et al.*

Kyle, T. G. 1993: Atmospheric transmission, emission and scattering. Oxford *et al.*

Lauer, W. & Bendix, J. 2004: Klimatologie. Das Geographische Seminar. Braunschweig.

Löffler, E. 1994: Geographie und Fernerkundung. Studienbücher Geographie. Berlin & Stuttgart.

Monteith, J.L. & Unsworth, M.H. 1995: Principles of environmental physics. London.

Munn, R.E. 1966: Descriptive Micrometeorology. New York & London.

Oke, T. R. 1987: Boundary layer climates. 2. Aufl., London & New York.

Roedel, W. 1992: Physik unserer Umwelt – Die Atmosphäre. Berlin *et al.*

Schneider-Carius, K. 1953: Die Grundschicht der Troposphäre. Leipzig.

Sorbjan, Z. 1989: Structure of the atmospheric boundary layer. Englewood Cliffs.

Stoutjesdijk, Ph. & Barkmann, J. J. 1992: Microclimate, vegetation and fauna. Knivsta.

Stull, R. B. 1988: Introduction to boundary layer meteorology. Dordrecht, Boston & London.

Stull, R. B. 2000: Meteorology today. Brooks/Cole.

VDI-KRL (= VDI Kommission Reinhaltung der Luft) 1988: Stadtklima und Luftreinhaltung. Berlin *et al.*

Warnecke, G. 1991: Meteorologie und Umwelt. Berlin *et al.*

WEISCHET, W. 2002: Einführung in die Allgemeine Klimatologie, Nachdruck 6. Auflage. Berlin & Stuttgart.

WHITEMAN, C. D. 2000a: Mountain Meteorology – Fundamentals and applications. New York & Oxford.

YOSHINO, M. Y. 1974: Climate in a small area. Tokyo.

CD's:

VDI (= Verein Deutscher Ingenieure) 2003: Technische Anleitung zur Reinhaltung der Luft – TA Luft, mit zugehörigen VDI-Richtlinien und DIN-Normen. Berlin *et al.*

Verwendete Literatur

AHRENS, D. 1975: Feuchte- und Temperatursondierung in der bodennahen Atmosphäre über Mannheim. *Meteorol. Rdsch.* **28**; 129–138.

AULITZKY, H. 1967: Lage und Ausmaß der „Warmen Hangzone" in einem Quertal der Inneralpen. *Ann. d. Meteorol. N.F.* **3**; 159–165.

BACH, H. 1995: Die Bestimmung hydrologischer und landwirtschaftlicher Oberflächenparameter aus hyperspektralen Fernerkundungsdaten. *Münch. Geogr. Abh.* **B21**. München.

BARR, S. & ORGILL, M.M. 1989: Influence of external meteorology on nocturnal valley drainage flow. *J. Appl. Meteorol.* **28**; 497–517.

BARTOLUCCI, L.A., CHANG, M., ANUTA, P.E. & GRAVES, M.R. 1988: Atmospheric effects on Landsat TM thermal IR data. *IEEE Transact. Geosc. Remote Sensing* **26**; 171–176.

BECKER, F. & LI, Z.L. 1990: Towards a local split window method over land surface. *Int. J. Remote Sensing* **11**; 369–393.

BECKER, F. & LI, Z.L. 1992: Temperature-independent thermal infrared spectral indices and land surface temperature determined from space. In: MATHER (Edt.): TERRA-1 – the role of earth observations from space; 185–201. London & Washington.

BERGER, F.H. 2001: Bestimmung des Energiehaushaltes am Erdboden mit Hilfe von Satellitendaten. *Tharandter Klimaprotokolle* **Bd. 5**. Inst. Hydr. & Meteorol. TU Dresden.

BENDIX, J. & BACHMANN, M. 1991: Ein operationell einsetzbares Verfahren zur Nebelerkennung auf der Basis von AVHRR-Daten der NOAA-Satelliten. *Meteorol. Rdsch.* **43**; 169–178.

BENDIX, J. 1992: Nebelbildung, -verteilung und –dynamik in der Poebene – Eine Bearbeitung digitaler Wettersatellitendaten unter besonderer Berücksichtigung anwendungsorientierter Aspekte. *Bonner Geogr. Abh.* **86**; 187–301.

BENDIX, J. 1995: A case study on the determination of fog optical depth and liquid water path using AVHRR data and relations to fog liquid water content and horizontal visibility. *Int. J. Remote Sensing* **16**; 515–530.

BENDIX, A. & BENDIX, J. 1997: GIS in der Klimaökologie – ein Beispiel aus dem Bolivianischen Bergland. *Peterm. Geogr. Mitt.* **141**; 145–153.

BENDIX, J. 1998: Ein neuer Methodenverbund zur Erfassung der klimatologisch-lufthygienischen Situation von Nordrhein-Westfalen. Untersuchungen mit Hilfe boden- und satellitengestützter Fernerkundung und numerischer Modellierung. *Bonner Geogr. Abh.* **98**. Bonn.

BENDIX, J. & BENDIX, A. 1998: Climatological Aspects of the 1991/92 El Niño in Ecuador. *Bulletin de L'Institut Francaise d'Etudes Andines* **27**; 655–666.

BENDIX, J. 2000: Precipitation dynamics in Ecuador and northern Peru during the 1991/92 El Niño: a Remote Sensing perspective. *Int. J. Remote Sensing* **21**; 533–548.

BENDIX, J., REUDENBACH, CH., TASCHNER, S., LUDWIG, R. & MAUSER, W. 2001: Retrieval konvektiver Niederschläge in Mitteleuropa mit Fernerkundungsdaten und Modellen. *DLR Mitteilungen* **2001-02**; 69–78.

BENDIX, J. & RAFIQPOOR, M.D. 2001: Thermal conditions of soils in the Páramo of Papallacta (Ecuador) at the upper tree line. *Erdkunde* **55**, 257–276.

BENDIX, J. 2002: A satellite-based climatology of fog and low-level stratus in Germany and adjacent areas. *Atmosph. Res.* **64**; 3–18.

BENDIX, J., ECKEL, M., GRLJUSIC, D., REUDENBACH CH. & THIES, B. 2003a: Begleitende Klimastudie Gemeinde Lahntal. LCRS Marburg.

BENDIX, J., GÄMMERLER, S., REUDENBACH, C. & BENDIX, A. 2003b: A case study on rainfall dynamics during El Niño /La Niña 1997/99 in Ecuador and surrounding areas as inferred from GOES-8 and TRMM-PR observations. *Erdkunde* **57**; 81–93.

BENDIX, J., ROLLENBECK, T. & PALACIOS, W.E. 2004: Cloud detection in the Tropics – a suitable tool for climate-ecological studies in the high mountains of Ecuador. *Int. J. Remote Sensing* **25** (in print).

BERNHOFER, CH., GAY, L.W., GRANIER, A., JOSS, U., KESSLER, A., KÖSTNER, SIEGWOLF, R., TENHUNEN, J.D. & VOGT, R. 1996: The HartX-synthesis: An experimental approach to water and carbon exchange of a Scots Pine plantation. *Theor. Appl. Climatol.* **53**; 173–185.

BIRD, R.E. 1984: A simple, solar spectral model for direct-normal and diffuse horizontal irradiance. *Solar Energy* **32**; 461–471.

BORN, K. 1996: Seewindzirkulationen: Numerische Simulationen der Seewindfront. *Bonner Meteorol. Abh.* **H 47**. Bonn.

BOWERS, J.D. & BAILEY, W.G. 1989: Summer energy balance regimes for alpine tundra, Plateau Mountain, Alberta, Canada. *Arctic and Alpine Res.* **21**; 135–143.

BROCKHAUS, W. 1995: Temperaturunterschiede zwischen einer Berg- und einer Talstation im Schwarzwald auf Grund 10jähriger Registrierungen. *Meteorol. Zeitschr. N.F.* **4**; 24–30.

CASTRO, I.P. & APSLEY, D.D. 1997: Flow and dispersion over topography: a comparison between numerical and laboratory data for two-dimensional flows. *Atmosph. Environ.* **31**; 839–850.

CLARK, D.B., XUE, Y., HARDING, R.J. & VALDES, P.J. 2001: Modelling the impact of land surface degradation on the climate of tropical North Africa. *J. Climate* **14**; 1809–1822.

COLETTE, A., CHOW, F.K. & STREET, R.L. 2003: A numerical study of inversion-layer breakup and the effects of topographic shading in idealized valleys. *J. Appl. Meteorol.* **42**; 1255–1272.

COPPIN, P.A. & TAYLOR, K.J. 1983: A three component anemometer/ thermometer system for general micrometeorological research. *Boundary-Layer Meteorol.* **20**; 27–42.

DAI, Y., ZENG, X. & DICKINSON, R.E. 2001: Common Land Model (CLM). Technical Documentation and users guide. o.O.

DAI, Y., ZENG, X. DICKINSON, R.E., BAKER, I., BONAN, G.B., BOSILOVICH, M.G., DENNING, A.S., DIRMEYER, P.A., HOUSER, P.R., NIU, G., OLESON, K.W., SCHLOSSER, C.A. & YANG, Z.-L. 2003: The Common Land Model. *Bull. Am. Meteorol. Soc.* **84**; 1013–1023.

DAILEY, P.S. & FOVELL, R.G. 1999: The sea-breeze and horizontal convective rolls. *Month. Weather Rev.* **127**; 858–864.

DAVID, F. & KOTTMEIER, CH. 1986: Ein Beispiel für eine Hügelüberströmung mit nahezu kritischer Froudezahl. *Meteorol. Rdsch.* **39**; 133–138.

DE, A.K., MUKHERJEE, D.P., PAL, P. & DAS, J. 1998: SODARPRETER: a novel approach towards automatic SODAR data interpretation. *Int. J. Remote Sensing* **19**; 2987–3002.

DEFANT, F. 1949: Zur Theorie der Hangwinde, nebst Bemerkungen zur Theorie der Berg- und Talwinde. *Arch. f. Meteorol.* **A 1**; 421–450.

DICKINSON, R.E. 1993: Biosphere-Atmosphere Transfer Scheme (BATS). NCAR Technical Note TN-387+STR. NCAR, Boulder, Colorado.

DOMS, G., STEPPELER, J. & ADRIAN, G. 2002: Das Lokal-Modell LM. *Promet* **27**; 123–128.

DOZIER, J. 1980: A clear-sky spectral solar radiation model for snow-covered mountainous terrain. *Water Res. Research* **16**; 709–718.

DRÜEN, B. & HEINEMANN, G. 1998: Rain rate estimation from a synergetic use of SSM/I, AVHRR and meso-scale numerical model data. *Meteorol. Atmos. Phys.* **66**; 65–85.

DUGUAY, C.R. 1993: Radiation modeling in mountainous terrain: review and status. *Mountain Res. and Develop.* **13**; 339–357.

DUGUAY, C.R. & LEDREW, E.F. 1992: Estimating surface reflectance and albedo from Landsat-5 Thematic Mapper over rugged terrain. *Photogr. Eng. Remote Sensing* **58**; 531–558.

ECK, T.F. & HOLBEN, B.N. 1994: AVHRR split window temperature differences and total precipitable water over land surfaces. *Int J. Remote Sensing* **15**; 567–582.

ENGER, L., KORAČIN, D., & YANG, X. 1993: A numerical study of boundary-layer dynamics in a mountain valley. *Boundary-Layer Meteorol.* **66**; 357–394.

ETLING, D. 1980: Simulationsmodelle in der mesoskaligen Meteorologie. *Ann. d. Meteorol. N.F.* **16**; 98–105.

ETLING, D. 1981: Meso-Scale Modelle. *Promet* **1'81**; 2–26.

FINDLATER, J. 1985: Field investigations of radiation fog formation at out stations. *Meteorol. Mag.* **114**; 187–201.

FINKELE, K., HACKER, J.M., KRAUS & BYRON-SCOTT, R.A.D. 1995: A complete sea-breeze circulation cell derived from aircraft observations. *Boundary-Layer Meteorol.* **73**; 299–317.

FLEIGE, A. 1992: Nebelklimatologie der Poeben. Analyse von Bodenbeobachtungen und Radiosondendaten der Jahre 1951–1989. Diplomarbeit Geogr. Inst. Univ. Bonn, unveröffentlicht.

FOKEN, TH., HARTMANN, K.-H., KEDER, J., KÜCHLER, W., NEISSER, J. & VOGT, F. 1987: Possibilities of an optimal encoding of SODAR information. *Z. Meteorol.* **35**; 348–354.

FORKEL, R. 1985: Ein zweidimensionales numerisches Modell zur Nebelprognose. Dissertation FB Physik Univ. Mainz. Mainz.

FRANKE, J. & TETZLAFF, G. 1987: Zum Auftreten interner Schwerewellen im Kaltluftabfluss. *Meteorol. Rdsch.* **40**; 118–126.

FRANKENBERG, P., LAUER, W. & RHEKER, J.R. 1990: Das Klimatabellenbuch. Braunschweig.

FREYTAG, C. 1981: Häufigkeit niedertroposphärischer Windmaxima. *Meteorol. Rdsch.* **34**; 105–113.

FREYTAG, C. (Hrsg.) 1985: Atmosphärische Grenzschicht in Alpentälern während der Experimente HAWAI, DISKUS und MERKUR. *Wiss. Mitt. Meteorol. Inst. Univ. München* **132**. München.

FREYTAG, C. 1987: Results from the MERKUR experiment: Mass budget and vertical motions in a large valley during mountain and valley wind. *Meteorol. Atmos. Phys.* **37**; 129–140.

GILABERT, M.A., CONESE, C. & MASELLI, F. 1994: An atmospheric correction method for the automatic retrieval of surface reflectance from TM images. *Int. J. Remote Sensing* **15**; 2065–2086.

GRAVENHORST, G., KNYAZIKHIN, YU., KRANIGK, J., MIESSEN, G., PANFYROV, O. & SCHNITZLER, K.-G. 1999: Is forest albedo measured correctly? *Meteorol. Zeitschrift N.F.* **8**; 107–114.

GROISMAN, P.Y. & LEGATES, D.R. 1994: The accuracy of United States precipitation data. *Bull. Am. Meteorol. Soc.* **75**; 215–227.

GROSS, G. & WIPPERMANN, F. 1987: Channeling and countercurrent in the upper Rhine Valley: Numerical simulations. *J. Clim. Appl. Meteorol.* **26**; 1293–1304.

GOODISON, B.E., LOUIE, P.Y.T. & YANG, D. 1998: WMO solid precipitation measurement intercomparison – Final report. WMO Instr. and Obs. Meth. (IOM) Report No. 67. Genf.

GUTSCHE, A. & LEFEBVRE, CH. 1981: Statistik der „maximalen“ Mischungsschichthöhe nach Radiosondenmessungen an den aerologischen Stationen des Deutschen Wetterdienstes im Zeitraum 1957–1973. *Ber. Dtsch. Wetterd.* **154**. Offenbach a. Main.

HAUF, T. & WITTE, N. 1985: Fallstudie eines nächtlichen Windsystems. *Meteorol. Rdsch.* **38**; 33–42.

HEISE, E. 2002: Parametrisierungen. *Promet* **27 Nr. 3/4**; 130–141.

HENNEMUTH, B. & SEMMLER, H. 1982: Das Windfeld am Haardtrand während MESOKLIP – Abschätzung der Hangwindzirkulation und Beobachtungsergebnisse. *Meteorol. Rdsch.* **35**; 113–121.

V. D. HOVEN, I. 1957: Power spectrum of horizontal wind speed in the frequency range from 0.0007 to 900 cycles per hour. *J. Meteorol.* **14**; 160–164.

HÜGLI, H. 1980: De la synthèse d'images appliquée aux maquettes de terrain numeriques. *Mitt. Inst. Geodäsie Photogr. ETH Zürich* **28**. Zürich.

HUTTEL, CH. 1997: Las grandes regiones climaticas y sus formaciones vegetales. In: WINCKELL, A. (Hrsg.): Los paisajes naturales del Ecuador, Vol. 1; 53–68. Quito.

IGNATOV, A.M., STOWE, L.L, SAKERIN, S.M. & KOROTAEV, G. K. 1995: Validation of the NOAA/NESDIS satellite aerosol product over the North Atlantic in 1989. *J. Geophys. Res.* **100 D3**; 5123–5132.

IQBAL, M. 1983: An introduction to solar radiation. Toronto.

JACOBS, A.F.G., HEUSINKVELD, B.G. & BERKOWICZ, S.M. 2001: Differentiating between dew and fog deposition. Proc. 2nd Conf. on Fog and Fog Collection, St. Johns, Canada, 15–20 July 2001; 305–308.

KALTHOFF, N., BINDER, H.-J., KOSSMANN, M., VÖGTLIN, R., CORSMEIER, U., FIEDLER, F & SCHLAGER, H. 1998: Temporal evolution and spatial variation of the boundary layer over complex terrain. *Atmos. Environ.* **32**; 1179–1194.

KALTHOFF, N., FIEDLER, F., KOHLER, M., KOLLE, O., MAYER, H. & WENZEL, A. 1999: Analysis of energy balance components as a function of orography and land use and comparison of results with the distribution of variables influencing local climate. *Theor. Appl. Climatol.* **62**; 65–84.

KING, E. 1973: Untersuchung über kleinräumige Änderungen des Kaltluftflusses und der Frostgefährdung durch Straßenbauten. *Ber. Dtsch Wetterd.* **130**. Offenbach a. Main.

KISTEMANN, T. & LAUER, W. 1990: Lokale Windsysteme in der Charazani-Talung (Bolivien). *Erdkunde* **44**; 46–59.

KLINK, K. 1995: Temporal sensitivity of regional climate to land-surface heterogeneity. *Phys. Geogr.* **16**, 289–314.

KLÖPPEL, M. 1980: Abbau nächtlicher Bodeninversionen durch konvektive Prozesse. *Meteorol. Rdsch.* **33**; 84–90.

KNOCH, K. 1949: Die Geländeklimatologie, ein wichtiger Zweig der angewandten Klimatologie. *Ber. Dtsch. Landesk.* **7**; 115–123.

KOO, Y.-S. & REIBEL, D.D. 1995: Flow and transport modeling in the sea-breez part II: Flow model application and pollutant transport. *Boundary-Layer Meteorol.* **75**; 209–234.

KOSSMANN, M., VÖGTLIN, R., CORSMEIER, U., VOGEL, B., FIEDLER, F., BINDER, H.-J., KALTHOFF, N. & BEYRICH, F. 1998: Aspects of the convective boundary layer structure over complex terrain. *Atmos. Environ.* **32**; 1323–1348.

KOSSMANN, M., CORSMEIER, U., DE WEKKER, S.F.J., FIEDLER, F., VÖGTLIN, R., KALTHOFF, N., GÜSTEN, H. & NEININGER, B. 1999: Observations of handover processes between the atmospheric boundary layer and the free troposphere over mountainous terrain. *Contr. Atmos. Phys.* **72**; 329–350.

KOTTMEIER, CH. 2002: Meteorologische Messmethoden. Skriptum Inst. f. Meteorol. und. Klimaf., Univ. Karlsruhe. Unveröffentlicht.

KRAAS, F., BENDIX, J. & DIX, A. 1997: Die Stadt Bonn – Übersichtsexkursion. *Arb. z. Rhein. Landesk.* **66**; 33–46.

KRAUS, H. & ALKHALAF, A. 1995: Characteristic surface energy balances for different climate types. *Int. J. Climatol.* **15**; 275–284

KRAUS, K. & SCHNEIDER, W. 1988: Fernerkundung, Band 1, Physikalische Grundlagen und Aufnahmetechnik. Bonn.

LAUER, W. 1995: Die Tropen – klimatische und landschaftsökologische Differenzierungen. *Rundgespr. Kom. f. Ökolog.* **Bd. 10**; 43–60. München.

LAUTENSACH, H. & BÖGEL, R. 1956: Der Jahresgang des mittleren geographischen Höhengradienten der Lufttemperatur in verschiedenen Klimagebieten der Erde, *Erdkunde* **10**; 270–282.

LOW, D.J., ADACHI, T. & TSUDA, T. 1998: MU radar-RASS measurement of tropospheric turbulence parameters. *Meteorol. Z. N.F.* 7; 345–354.

LYONS, T.J. 2002: Clouds prefer native vegetation. *Meteorol. Atmosph. Phys.* **80**; 131–140.

MAHFOUF, J.-F., RICHARD, E. & MASCART, P. 1987: The influence of soil and vegetation on the development of mesoscale circulations. *J. Clim. Appl. Meteorol.* **26**; 1483–1495.

MARKS, D. & DOZIER, J. 1979: A clear-sky longwave radiation model for remote Alpine areas. *Archiv Met. Geoph. Biokl.* **B 27**; 159–187.

MCARTHUR, L.J.B., & HAY, J.E. 1981: A technique for mapping the distribution of diffuse solar radiance over sky hemisphere. *J. Appl. Meteorol.* **20**; 421–429.

MEURER, M. 1984: Höhenstufen von Klima und Vegetation. *Geogr. Rdsch.* **36**; 395–403.

METZLER, M.D. & MALILA, W.A. 1985: Characterization and comparison of Landsat-4 and Landsat-5 Thematic Mapper data. *Photogr. Eng. Remote Sensing* **31**; 1315–1330.

MÜLLER, H., REITER, R. & SLADKOVIC, R. 1984: Die vertikale Windstruktur beim MERKUR-Schwerpunkt: „Tagesperiodische Windsysteme“ aufgrund von aerologischen Messungen im Inntal und im Rosenheimer Becken. *Arch. Meteorol. Geophys. Biokl. Ser. B* **33**; 359–372.

NEU, U., KÜNZLE, T. & WANNER, H. 1994: On the relation between ozon storage in the residual layer and daily variation in near-surface ozon concentrations – a case study. *Boundary-Layer Meteorol.* **69**; 221–247.

NEUMANN, J. & SAVIJÄRVI, H. 1986: The sea breeze on a steep coast. *Contr. Atmos. Phys.* **59**; 375–389.

NULLET, D. & JUVIK, J.O. 1994: Generalised mountain evaporation profiles for tropical and subtropical latitudes. *Singapore J. Tropical Geogr.* **15**; 17–24.

NULLET, D. & JUVIK, J.O. 1997: Measured altitudinal profiles of UV-B irradiance in Hawai'i. *Physical Geogr.* **18**; 335–345.

ORLANSKI, I. 1975: A rational subdivision of scales for atmospheric processes. *Bull. Am. Meteorol. Soc.* **56**; 527–530.

PAMPERIN, H. & STILKE, G. 1985: Nächtliche Grenzschicht und LLJ im Alpenvorland nahe dem Inntalausgang. *Meteorol. Rdsch.* **38**; 145–156.

PARLOW, E. 2003: The urban heat budget derived from satellite data. *Geogr. Helv.* **58**; 99–111.

PERAIRA DE OLIVEIRA, A. & FITZJARRALD, D.R. 1994: The Amazon river breeze and the local boundary layer: II. Linear analysis and modelling. *Boundary-Layer Meteorol.* **67**; 75–96

PINKER, R.T. & EWING, J.A. 1985: Modelling surface radiation: model formulation and validation. *J. Clim. Appl. Meteorol.* **24**; 389–401.

PRICE, J.C. 1987: Calibration of satellite radiometers and comparison of vegetation indices. *Remote Sensing Environ.* **21**; 15–27.

PULS, K.E. 1984: Oberflächen-Temperaturen von Weizenähren mit Infrarot-Messungen. *Meteorol. Rdsch.* **37**; 90–92

REUDENBACH, C. & BENDIX, J. 1998: Experiments with a straightforward model for the spatial forecast of fog/low stratus clearance based on multi-source data. *Meteorol. Appl.* **5**; 202–216.

RICHTER, D. 1995: Ergebnisse methodischer Untersuchungen zur Korrektur des systematischen Messfehlers des Hellmann-Niederschlagsmessers. *Ber. Dtsch. Wetterd.* **194**. Offenbach a. Main.

RICHTER, M. 1996: Klimatologische und pflanzenmorphologische Vertikalgradienten in Hochgebirgen. *Erdkunde* **50**; 205–237.

SACHWEH, M. 1992: Klimatologie winterlicher autochthoner Witterung im nördlichen Alpenvorland. *Münch. Geogr. Abh.* **A45**. München.

SAUNDERS, I.R. & BAILEY, W.G. 1997: Longwave radiation modelling in mountainous environments. *Phys. Geogr.* **18**; 37–52.

SCHÄDLICH, S. 1998: Regionalisierung von aktueller Verdunstung mit Flächenparametern aus Fernerkundungsdaten. *Münch. Geogr. Abh.* **B27**. München.

SCHILLING, V.K. 1991: A parameterization for modelling the meteorological effects of tall forests – a case study of a large clearing. *Boundary-Layer Meteorol.* **55**; 283–304.

SCHLÜNZEN, K.H. 1994: Mesoscale modelling in complex terrain – an overview on the German nonhydrostatic models. *Contr. Atmos. Phys.* **67**; 243–253.

SCHMETZ, J., HOLMLUND, K., HOFFMANN, J., STRAUSS, B., MASON, B., GAERTNER, V., KOCH, A. & VAN DE BERG, L. 1993: Operational cloud-motion winds from Meteosat infrared images. *J. Appl. Meteorol.* **32**; 1206–1225.

SCHMIDT, D. 1999: Das Extremklima der nordchilenischen Hochatacama unter besonderer Berücksichtigung der Höhengradienten. *Dresdener Geogr. Beitr.* **4**. Dresden.

SCHULZE-NEUHOFF., H. 1982: Kaltluftabfluss der Alpen bis Landsberg (Lech) wirksam? *Ann. d. Meteorol. N.F.* **19**; 201–203.

SEIFERT, G. 1963: Bemerkungen zur Inversionswetterlage Anfang Dezember 1962 in Westdeutschland. *Meteorol. Rdsch.* **16**; 82–84.

SLATER, P.N. 1980: Remote sensing: optics and optical systems. Reading.

SONNTAG, D. & BEHRENS, K. 1992: Ermittlung der Sonnenscheindauer aus pyranometrisch gemessener Bestrahlungsstärke der Global- und Himmelsstrahlung. *Ber. Dtsch. Wetterd.* **181**. Offenbach a. Main.

STEINHAGEN, H., BAKAN, S., BÖSENBERG, J., DIER, H., ENGELBART, D., FISCHER, J., GENDT, G., GÖRSDORF, U., GÜLDNER, J., JANSEN, E., LEHMANN, V., LEITERER, U., NEISSER, J. & WULFMEYER, V. 1998: Field campaign LINEX 96/1 – Possibilities of water vapor observation in the free atmosphere. *Meteorol. Z. N.F.* **7**; 377–391.

STEYN, D.G., OKE, T.R., HAY, J.E. & KNOX, J.L. 1981: On scales in meteorology and climatology. *Climat. Bull.* **30**; 1–8.

STILKE, G., WAMSER, C. & PETERS, G. 1976: Untersuchungen über den Abbau einer Bodeninversion mit direkten und indirekten Messverfahren. *Meteorol. Rdsch.* **29**; 181–186.

STURM, N., REBER, S., KESSLER, A. & TENHUNEN, J.D. 1996: Soil moisture and plant water stress at the Hartheim Scots Pine plantation. *Theor. Appl. Climatol.* **53**; 123–133.

SUTTLES, J.T., GREEN, R.N., MINNIS, P., SMITH, G.L., STAYLOR, W.F., WIELICKI, B.A., WALKER, I.J., YOUNG, D.F., TAYLOR, V.R. & STOWE, L.L. 1988: Angular radiation models for the earth-atmosphere system. *NASA Reference Pub.* **1184**.

TANRÉ, D., DEROO, C., DUHAUT, P., HERMAN, M., MORCRETTE, J.J., PERBOS, J. & DESCHAMPS, P.Y. 1987: Simulation of the satellite signal in the solar spectrum. Universite Lille.

TAYLOR, P.A. 1987: Comments and further analysis on the effective roughness lengths for use in numerical three- dimensional models. *Boundary-Layer Meteorol.* **39**; 403–418.

TELIŠMAN PRTENJAK, M. & GRISOGONO, B. 2002: Idealised numerical simulations of diurnal sea breeze characteristics over a step change in roughness. *Meteorol. Z.* **11**; 345–360.

TOMASI, C. & DESERTI, M. 1988: Vertical distribution models of water vapour for radiative transfer calculations in the atmosphere. *Techn. Paper CNR FISBAT – TP –88/1* No. 1. Bologna.

TOPP, G.C., DAVIS, J.L. & ANNAN, A.P. 1980: Electromagnetic determination of soil water content: Measurements and coaxial transmission lines. *Water Res. Research* **16**; 574–582.

ULBRICHT-EISSING, M. & STILKE, G. 1986: Zur Ausbildung besonderer Strukturen der nächtlichen Grenzschicht im Gebirgsvorland – eine vergleichende Studie. *Meteorol. Rdsch.* **39**; 256–266

ULIVIERI, C. & CANNIZZARO, G. 1985: Land surface temperature retrievals from satellite measurements. *Acta Astronautica* **12**; 977–985.

ULRICH, W. 1982: Simulation thermisch angeregter Windsysteme im Dischmatal. *Ann. d. Meteorol. N.F.* **19**; 153–155.

UNGEWITTER, G. 1984: Zur Vorhersage von Nebeleinbrüchen im Alpenvorland. *Meteorol. Rdsch.* **37**; 138–145.

UNSWORTH, M.H. & MONTEITH, J.L. 1975: Long-wave radiation at the ground. I. Angular distribution of incoming radiation. *Quart. J. R. Met. Soc.* **101**; 13–24.

URFER-HENNEBERGER, CH. 1970: Neuere Beobachtungen über die Entwicklung des Schönwetterwindsystems in einem V-förmigen Alpental (Dischmatal bei Davos). *Arch. Meteorol. Geophys. Biokl. Ser. B* **18**; 21–42.

VERGEINER, I. & DREISEITL, E. 1987: Valley winds and slope winds – observations and elementary thoughts. *Meteorol. Atmos. Phys.* **36**; 264–286.

VICENTE-SERRANO, S.M., SAZ-SÁNCHEZ, M.A. & CUADRAT, J.M. 2003: Comparative analysis of interpolation methods in the middle Ebro valley (Spain): application to annual precipitation and temperature. *Clim. Res.* **24**; 161–180.

WAGNER, P. 1994: Das Bergwindsystem des Kinzigtales (Nordschwarzwald) und seine Darstellung im mesoskaligen Strömungsmodell MEMO. *Freibg. Geogr. H.* **45**. Freiburg.

WAGNER, W. & SCIPAL, K. 2000: Der Einsatz von Radarsatelliten zur Überwachung der Bodenwasserressourcen in Afrika. *Peterm. Geogr. Mitt.* **144**; 40–45.

WANNER, H. 1979: Zur Bildung, Verteilung und Vorhersage winterlicher Nebel im Querschnitt Jura-Alpen. *Geogr. Bernensia* Bd. **7**. Bern.

WANNER, H. 1986: Die angewandte Geländeklimatologie – ein aktuelles Arbeitsgebiet der Physischen Geographie. *Erdkunde* **40**; 1–14.

WERGEN, W. & BUCHHOLD, M. 2002: Datenassimilation für das Globalmodell GME. *Promet* **27 Nr. 3/4**; 150–155.

WETZEL, P.J., ATLAS, D. & WOODWARD, R.H. 1984: Determining soil moisture from geosynchronous satellite infrared data: a feasibilty study. *J. Clim. Appl. Meteorol.* **23**; 375–391.

WHITEMAN, C. D. 2000b: Observations of thermally developed wind systems in mountainous terrain. In: BLUMEN, W. (Edt.): Atmospheric Processes over complex terrain. *Meteorol. Monogr.* **23**; 5–42. Boston MA.

WILLIAMS, L.D., BARRY, R.G. & ANDREWS, J.T. 1972: Application of computed global radiation for areas of high relief. *J. Appl. Meteorol.* **11**; 526–533.

WINIGER, M. 1979: Bodentemperaturen und Niederschlag als Indikatoren einer klimatologisch-ökologischen Gliederung tropischer Gebirge. *Geomethodica* **4**; 121–150.

WIPPERMANN, F. 1980: Mesoscale-Modelle: Auswirkung verschiedener Modellannahmen. *Ann. d. Meteorol. N.F.* **16**; 210–212.

WIPPERMANN, F. 1987: Die Kanalisierung von Luftströmungen in Tälern. *Promet* **3/4'87**; 40–50.

WIPPERMANN, F. 1988: Physikalische Grundlagen des Klimas und Klimamodelle. DFG Forschungsbericht. Weinheim.

Register

Absorption 65, 125
Absorptions-Hygrometer 205f
advective venting 38
Advektion 86, 120f, 124, 133f, 137
Advektionsventilation 38
A/D-Wandler 187f
aerosol-optische Dicke 228, 246
Albedo 45, 46, 59ff, 125, 248
  Berechnung 249f
  Breitbandalbedo 59, 248
  spektrale 59
  selektive 59
Albedometer 199
anabatischer Wind 160
anelastische Approximation 234ff, 258f
Anemometer 195ff
  Orthogonal-A. 197
  Propeller-A. 197
  Schalenstern-A. 195f
Anisotropie 58
  Anisotropiefaktor 61
Ansprechgeschwindigkeit 196
Anti-Höhenwind 153ff, 170ff
Aspirations-Psychrometer 193f
äußere Schicht 31
Ausstrahlung, langwellige 65ff
Austauschkoeffizient 41
automatische Klimastation 186ff
barokline Zone 162
Barriere Jet 183 f
Berg-Talwind 105f, 160ff
  Luftmassenhaushalt 170ff
Bergventilation 38
Bergwind 160, 166ff
Bestandsklima 24
Bewegungsgleichungen 258f
Bewölkung s. Wolke
Bewölkungshäufigkeit 146f
bidirektionale Reflexionsfunktion 61
bistatisch 209
blackbody temperature 227
Blattflächenindex (LAI) 114, 229, 255
Blocking 180
bodennahe Luftschicht 31
Bodenfeuchte 73f, 111f
  Messung 203f
  Satellitenretrieval 229
Bodenreibungskoeffizient s. Spannungskoeffizient
Bodentemperatur 73
  Messung 192
Bodenwärmestrom 71f, 253ff
  Messung 202
Boltzmann-Konstante 264
Boussinesq-Approximation 234ff, 258f
Bowen-Ratio Methode 221
Bowen-Verhältnis 75
Brunt-Väisälä-Frequenz 176
Ceilometer 212f
cloud motion winds s. Wolkenwinde
cloud venting 38
Convective Boundary Layer (CBL) 35
countercurrent 177
counter flow 153
Dampfdruck 261
Dämpfungstiefe 73, 253
Dark Pixel Methode 250
Data Collection System (DCS) 188
Datalogger 187
Datenassimilation 233
deep convection 139
DIAL 219
Dichteströmung 156f
Dielektrizitätskonstante 203f
differentielle Erwärmung 32, 125, 152
Diffusionsgleichung 258f
Diffusionskoeffizient
  molekularer f. Wärme 265
  molekularer f. Wasserdampf 265
  turbulenter f. Impuls 41
  turbulenter f. Wärme 41
  turbulenter f. Wasserdampf 77

Diffusstrahlung 55f
Direktstrahlung 46f
Divergenz 153
Dopplereffekt 215
drag coefficient s. Spannungskoeffizient
Druckgleichung
  diagnostische 258
  statische 260
Druckgradient 152, 234
Dunst 107
Eddy-Kovarianz Methode (Eddy Correlation) 220
Emissionsvermögen 66f, 248
Entrainment 38, 91, 105, 139, 146, 163
  Entrainment-Schicht 36
Erderkundungssatelliten 225
Euler-Wind 153
Evaporation 75, 110
Evapotranspiration 77f, 110ff, 255
Extinktion 46, 129
  Extinktionskoeffizient 47, 210
Exzentrizitätsfaktor 243
Feuchte s. Luftfeuchte
Feuchteinversion 122
Flurwind 28
Föhnfische 142
Frankenberger Psychrometer 193f
friction velocity s. Schubspannungsgeschwindigkeit
Froude-Zahl 176
  interne 180
  Längen-Froude Zahl 176
fühlbarer Wärmestrom 75 ff
  Messung 192
Garua 131
Gaskonstante
  universelle 264
  spezifische f. Luft 264
  spezifische f. Wasserdampf 264
Gegenstrahlung 66
Geländeklimatologie 23
Geländesichtfaktor 63, 68
Geländewinkel 52
Geostatistik 222ff
gezwungene Hebung 139f, 145f
GIS 220ff
Gradientmethode 220f
Gradient-Richardson-Zahl 42f
gravity current 156f
Grenzschicht
  bodennahe 31
  interne 34, 98, 189, 242
  mechanisch-interne 34, 242
  thermisch-interne 34, 154, 242
  konvektive 35
Grenzschichtstrahlstrom (GS) 166, 181ff
  nächtlicher 182f
handover 38
Halbraum 56
Hangaufwind 105, 160ff
Hangabwind 162 ff
Heat flux plate 202
Hellmann-Regenmesser 197
Henningsche Formel 140
Himmelssichtfaktor 57, 67
Höhengleichung 260
Horizontüberschattung 50
hydrostatisch 234ff, 259f
Impulsmessverfahren 205f, 211ff
Impulszähler 187
Interpolationsverfahren 220
Interzeption 75
Inversion 35, 88, 121
  abgehobene 90, 133
  Abgleitinversion 93
  Aufgleitinversion 93
  Absinkinversion 93
  Bodeninversion 35, 90, 132
  dynamische 93f
  freie 90
  Inversionshöhe 180
  Inversionsobergrenze (IOG) 90
  Inversionsuntergrenze (IUG) 90
  Lebenszyklus 90f
  Mehrfachinversion 108
  Passatinversion 116
  Peplopauseninversion 35ff, 123f
  Strahlungsinversion 88, 90ff
  Talinversion 39, 105, 139
  Temperaturinversionen 89ff

Isotropie 56
Kaltluftabfluss 100, 104, 108, 138, 145, 162ff
  allochthon 173
  autochthon 173
Kaltlufterosion 175
Kaltluftproduktion 162f
Kaltluftpulsation 173
Kaltluftsee 25f, 100
kapazitive Feuchtemessung 194f
Karman Zahl 264
katabatischer Wind 160
Kelvin-Helmholtz-Instabilität 158
Kernschatten 55
KH20 s. Krypton-Hygrometer
Kleinklima 23
Klimabonitätskarte 23
Klimamodell 186
Kondensationsniveau
  Cumulus-Kondensationsniveau 124
  Hebungskondensationsniveau 140
Kondensationswärme 80
Konfluenz 137, 142f, 144
Kontinuitätsgleichung 258f
Konvektion 32, 119, 144
  freie 76
  durchgreifende 139
Konvektionsrolle 158
Konvergenz 153
Koschmieders Gesetz 129
Krypton-Hygrometer 205
Lambertsche Oberfläche 61
laminare Grenzschicht 31
laminare Unterschicht 34
Landwind s. Land-Seewind
Landsat TM 249ff
Land-Seewind 87, 96ff, 119f, 127f, 137, 154ff, 154
Landwindfront 137
Laufzeit 212
LIDAR 212
Low-Level-Jet (LLJ) 152, 181ff
  nocturnal 182f
latenter Wärmestrom 77ff
  Messung 205
leaf area index (LAI) s. Blattflächenindex
Leewellen 142f, 180f
  Wellenlänge 181
Leewirbel 142f
Leitungsabgleich 191
Leitwirkung 27, 152, 177ff
Lichtgeschwindigkeit 264
lokales Windsystem 32
Lokalklima 23
Luftdichte 265
Luftdruckmessung 202f
Luftfeuchte 109ff
  absolute 262
  Messung 193ff
  relative 117f, 121f, 262
  spezifische 117f, 121f, 262
Lyman-a-Hygrometer 205
Magnetschalter 195
Mesoklima 23
Mikrowellenradiometer 219
Mischungsschicht 35
  konvektive 125
Mischungsschichthöhe 36ff, 92, 242
  maximale 36
Modell 230 ff
  Erdboden-M. (SVAT) 233
  Grenzschicht-M. 232
  Lokal-M. (LM) 234
  Modellkaskade 233
  Mesoskala-M. 233, 234ff
  Modelldomäne 230
  Modellgitter 230f
  Ozean-Zirkulations-M. (OGCM) 233
  prognostisches 232
  Strömungs-M. 232
  SVAT-M. 236ff
  Turbulenz-M. 232
MODIS 226f
molekulare Diffusion 39
Monin-Obukhov-Länge 41, 241f
monostatisch 206
mountain venting 38
MSG 226
Multiplexer 187
NDVI s. Vegetationsindex

Nebel 128ff
  Advektionsnebel 131
  Bodennebel 122, 130, 133, 139
  Dampfnebel 131
  Flussnebel 131, 135
  Hochnebel 107, 139
  Industrienebel 134
  isallobarischer Nebel 131
  isobarischer Nebel 131
  Küstennebel 131
  Luvnebel 145f
  Meernebel 131
  Mischungsnebel 131
  Moornebel 131
  Nebelobergrenze (NOG) 107
  Nebelbasis 107
  Nebeldichte 129
  Nebelmeer 131f, 137
  Nebelwelle 146
  orographischer Nebel 131
  Warmluftnebel 131
  Wolkennebel 129f
  Seenebel 131
  Strahlungsnebel 130f, 132ff
    Bildung 132f
    Auflösung 133
Nesting 233
nicht-hydrostatisch 234ff, 258f
Niederschlag 124ff
  abgesetzter 139
  Messung 197ff
  Niesel 139
  N.-Wippe 197f
niederschlagsverfügbares Wasser 245f
NOAA-AVHRR 226f
Normaldruck 264
Nudging 233
numerisches Simulationsmodell 229ff
Oberflächentemperatur 65, 86, 95, 227
Oberschicht 31
optische Dicke 47
optische Luftmasse 48 f
  absolute 48, 246f
  relative 48, 246f
orographischer Jet 183f
PAR (Photosynthetically Active Radiation) 201
Parametrisierung 233
  K-Parametrisierung 233
Penman-Monteith Gleichung 77, 110, 255
Peplopause 31
Peplosphäre 31
Pfadradianz 250
Plancksches Wirkungsquantum 264
Planetare Grenzschicht 31ff
Planetary Boundary Layer (PBL) 31
potentielle Strahlung 46
potentielle Landschaftsverdunstung 112f
Potentiometerprinzip 196
Prandl-Schicht 34
precipitable water s. niederschlagsverfügbares Wasser
profiler 211ff
Profilmethode 220ff
psychrometrische Differenz 194
Pt100 s. Widerstandsthermometer, Platin-Widerstandsthermometer
Pulswiederholrate 211
Pyranometer 199ff
  thermoelektrisches 200f
  Silizium-Photoelement 201
RADAR 216
RASS 217 ff
Radialgeschwindigkeit 215
Randsbedingungen 230ff
  obere 230f
  seitliche 230
  untere 230f
Rauchkerzen 173, 196
Rauhigkeit 33, 126
Rauhigkeitshöhe s. Rauhigkeitslänge
Rauhigkeitslänge 34, 125, 239f
  effektive 239f
Rauhigkeitsparameter s. Rauhigkeitslänge
Rausch-/Signalverhältnis 188
Raumwinkel 56
Recycling-Hypothese 124
Reed Relais 195

Reflexion 61ff
gerichtete 61
spiegelnde 61
Repetitionsrate 225
Residual Layer 36
Restschicht 36
Retrieval-Verfahren 224
Rotorbildung 181
Rotorparameter 181
roughness length s. Rauhigkeitslänge
Rückwärtsstreuung 55
Saftfluss 110f
Sättigungsdampfdruck 261
Sättigungsdefizit 115
relatives 262
Sättigungsfeuchte
absolute 262
Sättigungsmischungsverhältnis 262
Sättigungsverhältnis 121
Scatterometer 209
Schallradar s. SODAR
Schattenring 199
Schlagschatten 49ff, 106
Schließung 233
Schönwetterklima 26
Schubspannungsgeschwindigkeit 34, 239
Schwarzkörper 65
S.-Äquivalenttemperatur 227, 252
S.-Strahlung, Berechnung 251f
Schwerewellen 158
seeder-feeder Mechanismus 142
Seewind s. Land-Seewind
Seewindfront 98, 128, 154f
Sensor-Degradation 188
Sichtweite 129
Messung 209ff
SI-Einheiten 263
Skala 24ff
sky view factor 57
Smog (Smoke & Fog) 94
Smogwetterlage 94
London-Smog 134f
SODAR 174, 213ff
Doppler.-S. 213, 215
S.-Gleichung 214
SODARgramm 107, 214
Vertikal.-S. 214
Sonic-Anemometer 206ff
Solarkonstante 243
Solarstrahlung 46
Sonne 243
Deklination 243
mittlere Anomalie 243
mittlere Sonnenzeit 243
Sonnenazimut 243
Sonnenhöhe 243
Spannungskoeffizient 240
spezifische Verdunstungswärme 77, 261
spezifische Wärmekapazität 154
Luft b. konst. Druck 264
Luft b. konst. Volumen 264
split-window 227
Sprungsche Formel 194, 262
Stabilitätsklasse 240
Stammraumklima 32
Stefan-Botzmann Gesetz 65
Stefan-Botzmann-Konstante 264
Strahlungsbilanz 46ff
Messung 199ff
Strahlungsschutz 191
Streulichtmesser 209f
Subsidenz 170f
SVAT s. Modell
Tallängszirkulation 160
Talquerzirkulation 101, 104f, 121f, 138, 160, 166ff
Talwind 28, 166f
Talabwind 104f, 160, 166
Talaufwind 105, 160, 166
Taubildung 109, 132
TDR (Time Domain Reflectometry) 203
Temperatur
potentielle 261
Taupunkt-T. 261
virtuelle 261
Temperaturbeiwert 191
Temperaturgradient 95
aerologischer 95
hypsometrischer 95
Temperaturstrukturparameter 214

terminal velocity 133
terrain view factor 63
thermische Ausstrahlung 261
thermischer Jet 184
thermische Windsysteme 152ff
thermische Zelle 153
thermische Zirkulation 152f
Thermistorprinzip 190f
Thermobatterie 200, 202
Thermocouple 192f
Thermodynamik, 1. Hauptsatz 258f
Thermoelement 192f
Thermometrie 225
Thermosäule 200
Thermospannung 193
topographische Bestrahlungsstärke 52
Topoklima 23
Tracer-Methode 196
Transferfunktion 188, 192, 203f
Transmission 46 ff
    Transmissionskoeffizient 47, 245ff
Transmissometer 209f
Transpiration 75, 110
Trockental 147f
turbulenter Transport 40
turbulenter Austauschkoeffizient 41
turbulenter Diffusionskoeffizient 41
    f. Impuls 41
    f. Wärmetransport 41
    f. Wasserdampf 77
Turbulenz 40ff
    Messung 206ff
    thermische 32, 124f
    mechanische 32, 124f
    Turbulenzelemente 32, 41
    Turbulenzparameter 34
    Turbulenzwirbel 34, 41
überkritische Strömung 176
Ultraschallanemometer 206
unterkritische Strömung 176
Vegetationsindex 229
Verdrängungshöhe s. Verschiebungshöhe
Verdunstung 74, 110ff, 126
    aktuelle 110
    potentielle 110
Verschiebungshöhe 34, 240f
Vorwärtsstreuung 55
Wärmebilanz 72ff
    Wärmebilanzgleichung 71
Wärmeflussplatte 202
Wärmekapazitätsdichte 261
Wärmeleitung
    molekulare 32, 39
Wärmeleitfähigkeit 71, 154
Wärmeleitfähigkeitskoeffizient 39, 253f
Wärmestrahlung 46, 65
Warme Hangzone 102f
Wasserdichte 265
Wettersatelliten 225
Wiensches Verschiebungsgesetz 65
Widerstandsthermometer 190ff
    Halbleiter-W. 190f
    Platin-W. 190f
Wind-Deformationskoeffizient 198f
Windfahne 195f
Windkomponenten (u, v, w) 256f
Windkorrektur 199
Wolke 124 ff
    Bannerwolke 145
    Feeder-Wolke 142
    Föhnwolke 142
    orographische 141f
    Rotorwolke 142
    Seeder-Wolke 142
Wolkenhöhenmesser s. Ceilometer
Wolkenklassifikation 227
Wolkenventilation 38
Wolkenwinde 228
Zeitgleichung 243
Zeitkonstante 191
Zeitschritt 231

Weitere Publikationen zur Klimatologie:

Büdel, Julius:
Klima-Geomorphologie
2. veränd. Auflage
1981. VIII , 304 S., 82 Abb., 61 Photos, 3 Faltbeilagen, 24x17cm
ISBN 3-443-01017-2 geb., € 50,–

Reliefgenerationen in verschiedenen Klimaten (Landform Generations in Different Climates)
Hrsg.: Büdel, Julius; Hagedorn, Horst
1975. VI , 156 S., 47 Abb., 3 Tab., 7 Photos, 3 Faltbeilagen, 24x17cm
(Zeitschrift für Geomorphologie, Supplementbände, Band 23)
ISBN 3-443-21023-6 brosch., € 40,–

Borchert, Günter:
Klimageographie in Stichworten
1993. 176 S., 77 Abb., 7 Tab., 19x13cm
(Hirt's Stichwortbücher)
ISBN 3-443-03105-6 brosch., € 22,–

Emeis, Stefan:
Meteorologie in Stichworten
2000. XIV , 199 S., 25 Abb., 14 Tab., 8 Tafeln, 19x13cm
(Hirt's Stichwortbücher)
ISBN 3-443-03108-0 brosch., € 19,60

Klostermann, Josef:
Das Klima im Eiszeitalter
1999. X , 284 S., 90 Abb., 7 Tab., 21x14.5cm
ISBN 3-510-65189-8 brosch., € 29,90

Gebrüder Borntraeger · Berlin · Stuttgart
Auslieferung: E. Schweizerbart´sche Verlagsbuchhandlung, Johannesstr. 3 A, 70176 Stuttgart, Germany, Tel. +49 (0)711 351 456-0, Fax +49 (0)711 351 456-99
mail@schweizerbart.de www.borntraeger-cramer.de